完美应用 Ubuntu
（第 4 版）

何晓龙　编著

电子工业出版社
Publishing House of Electronics Industry
北京·BEIJING

内 容 简 介

本书是一本以实践为主的图书，Ubuntu 18.04 应用及实践导引贯穿了本书始终，从桌面到服务器的热门高频应用一应俱全，并辅以必要的理论，帮助大家将所学理论和实践联系起来。本书是一本兼顾 Just For Fun（兴趣）和 Just For Business（工作站和服务器应用）的 Ubuntu 图书，在突出兴趣和乐趣的基础上，大幅度充实了服务器应用场景的内容，让本书逻辑和应用更为全面和完整，将笔者多年经验毫无保留地分享给 Ubuntu 用户。

未经许可，不得以任何方式复制或抄袭本书之部分或全部内容。
版权所有，侵权必究。

图书在版编目（CIP）数据

完美应用 Ubuntu / 何晓龙编著. —4 版. —北京：电子工业出版社，2021.2
ISBN 978-7-121-38718-0

Ⅰ. ①完… Ⅱ. ①何… Ⅲ. ①Linux 操作系统 Ⅳ. ①TP316.85

中国版本图书馆 CIP 数据核字（2020）第 039524 号

责任编辑：李　冰
特约编辑：刘广钦
印　　刷：北京天宇星印刷厂
装　　订：北京天宇星印刷厂
出版发行：电子工业出版社
　　　　　北京市海淀区万寿路 173 信箱　邮编 100036
开　　本：787×1 092　1/16　印张：24.75　字数：633.6 千字
版　　次：2008 年 9 月第 1 版
　　　　　2021 年 2 月第 4 版
印　　次：2024 年 6 月第 6 次印刷
定　　价：106.00 元

凡所购买电子工业出版社图书有缺损问题，请向购买书店调换。若书店售缺，请与本社发行部联系，联系及邮购电话：(010) 88254888，88258888。
质量投诉请发邮件至 zlts@phei.com.cn，盗版侵权举报请发邮件至 dbqq@phei.com.cn。
本书咨询联系方式：libing@phei.com.cn。

前言

　　《完美应用 Ubuntu》第 1 版出版于 2008 年，回过头来审视前 3 版，发现重点一直放在笔者长期倡导的 Just For Fun 上，侧重于兴趣和乐趣，针对 Ubuntu 的应用内容不是特别完整，服务器应用的内容相对欠缺（对初学者而言还是足够的）。不敢说十年磨一剑，但凭借对 Ubuntu 的喜爱、掌握、理解和经验，笔者借此良机将第 4 版打造成一本兼顾 Just For Fun 和 Just For Business 的 Ubuntu 图书，大幅充实了服务器应用场景的内容，让本书的逻辑和应用更为全面和完整，将笔者多年经验毫无保留地分享给 Ubuntu 的初学者、爱好者和使用者。希望本书能帮助大家在工作中解决一些实际问题，在学习中少走一些弯路。

　　本书所有操作都是针对 Ubuntu 18.04 所定制的，在 Ubuntu 18.04 系统中反复测试了多次，并提供相关虚拟机，确保读者按照步骤操作就可以得到相同的结果。此外，在线资源提供了与本书相关的资源。

　　本书核心内容

　　本书正文分为 3 篇，总计 18 章及 3 个附录。

　　第 1 篇是 Ubuntu 工作站必知必会（第 1 章～第 8 章），讲解的是应用 Ubuntu 所需的基础知识和 Ubuntu 下的精选应用及应用方案，Linux 操作系统涉及多方面的知识，这里根据高频应用精选出必知必会的应用，大家按图索骥即可高效应用。

　　第 2 篇是 Ubuntu Server 必知必会（第 9 章～第 17 章），侧重服务器的应用，即精选的 Ubuntu 服务器方面的应用。从网络最基本的三大服务到最为常用的 Web 服务和数据库，再到热门的系统和数据库的高可用性技术等，都在最新的 Ubuntu LTS 版本中得以实现，笔者以最精简的内容将它们实现并呈现给广大读者，将多年经验毫无保留地分享出来。第 2 篇涉及的高频应用都是企业中最常见和最实用的应用，在本书的基础上进行了适度扩展和优化，完全可以满足企业的需求。

　　第 3 篇系统安全（第 18 章），无论是工作站还是服务器应用，安全第一的铁律是绝不可以被颠覆的。只有系统安全了，上述各种应用才有意义，大家使用时才能安心。此部分内容涉及 Ubuntu 工作站的安全加固、服务器的硬化及各种网络服务的硬化等。

不忘初心，方得始终，第 4 版的目的不变，还是帮助大家提高学习兴趣，满满的干货帮助大家将 Ubuntu 使用好，无论是工作站还是服务器，都是在应用中培养大家不断自我提升和钻研技术的能力，只不过第 4 版的应用更加丰富，难度及广度有所增加，且富于挑战性。这本书为大家指明了努力的方向，但没有任何一本书能代替大家的选择和努力。

资源获取

本书附赠超值配套资源：

https://pan.baidu.com/s/1zqFq7yX_jzIf-8xpNUL_4Q

图书内容方面的建议或反馈 QQ 群：11874375（非问答群，仅限图书内容的建议和反馈）。

致谢

首先，感谢自由软件运动的发起人 Richard Stallman 先生和 Linux 的创始人 Linus 先生，是他付出的巨大努力成就了自由软件的今天，才使得 Linux 操作系统成为今日软件创新之主流。

特别感谢 Ubuntu 项目的发起人 Mark Shuttleworth 先生 12 年来持之以恒地提升 Linux 桌面的用户体验，使得大家可以通过 Ubuntu 快速进入开源和自由软件的世界。

感谢分布于全球的各个开源项目的开发者和参与者，正因为你们的无私奉献使得开源世界如此丰富和美妙！

其次，还要感谢电子工业出版社李冰编辑十多年来的支持、鼓励和指点，她极富耐心和责任感，使得本书能够更加完美地呈现给读者。

最后，感谢那些热心读者在各大电商网站对本书中肯的建议、批评、鼓励和指正，使得本书更加完善和完美，也让笔者倍感欣慰，感谢你们！

开源技术的发展一日千里，无论是操作系统本身，还是丰富的开源应用，变动都很快，尽管每个章节都在 Ubuntu 18.04 中经过反复测试，但由于图书出版周期较长，当图书出版时，难免部分内容发生变更，再加上作者水平的限制，书中出现错误和信息未能及时更新的情况在所难免，希望大家见谅和指正。

何晓龙　于温哥华

目录

第 1 篇 Ubuntu 工作站必知必会

第 1 章 Ubuntu 的进化 ········ 001

- 1.1 GNU/Linux 的历史和文化 ········ 001
  - 1.1.1 GNU/Linux 是 Linux 的全称 ········ 001
  - 1.1.2 Linux 的诞生 ········ 002
- 1.2 Linux 发行版 TOP 10 ········ 003
- 1.3 Ubuntu 的起源和版本 ········ 004
  - 1.3.1 Ubuntu 是什么 ········ 004
  - 1.3.2 丰富的 Ubuntu 版本 ········ 005
  - 1.3.3 Ubuntu 发展路线图 ········ 008
  - 1.3.4 Ubuntu 社区 ········ 009
- 1.4 本章小结 ········ 010

第 2 章 从零风险体验到安装 Ubuntu 系统 ········ 011

- 2.1 与 Ubuntu 的第一次亲密接触 ········ 011
  - 2.1.1 零风险体验 Ubuntu 系统 ········ 011
  - 2.1.2 制作 LiveUSB 体验 Ubuntu ········ 012
- 2.2 让 Ubuntu 在硬盘安家落户 ········ 013
  - 2.2.1 对 Security Boot 说不 ········ 013
  - 2.2.2 U 盘极速安装 Ubuntu ········ 015
  - 2.2.3 Ubuntu 工作站必要的配置 ········ 018
- 2.3 本章小结 ········ 021

第 3 章 Ubuntu 默认和定制桌面环境 ········ 022

- 3.1 默认桌面环境 GNOME 3 ········ 022
  - 3.1.1 全力拥抱 GNOME 3 桌面环境 ········ 022

   3.1.2 GNOME 高频操作 026
   3.1.3 随心所欲定制 GNOME 3 028
  3.2 随心所欲定制桌面环境 033
   3.2.1 Cinnamon 桌面环境 033
   3.2.2 KDE Plasma 桌面环境 036
   3.2.3 Xfce 桌面环境 041
   3.2.4 Ubuntu 经典的桌面环境 042
  3.3 本章小结 045

第 4 章 Ubuntu 命令行及应用部署 046

  4.1 Ubuntu 文件系统 046
   4.1.1 Ubuntu 文件层次结构 047
   4.1.2 绝对路径和相对路径 048
   4.1.3 Linux 文件类型 049
  4.2 令初学者头痛的命令行 050
   4.2.1 身份权限管理及开关机 052
   4.2.2 复制文件和目录 053
   4.2.3 删除文件和目录 053
   4.2.4 创建文件和目录 054
   4.2.5 移动文件和目录 054
   4.2.6 浏览文本文件 054
  4.3 命令行软件包管理工具 055
   4.3.1 高频软件包管理命令 055
   4.3.2 一次安装一组程序 057
   4.3.3 全新格式 snap 令软件安装更便捷 059
  4.4 源代码编译安装必知必会 060
   4.4.1 源代码文件 060
   4.4.2 开源编译器 GCC 061
   4.4.3 四步从源代码到可执行文件 062
   4.4.4 Linux 中的编译安装 065
  4.5 本章小结 068

第 5 章 定制 Ubuntu 应用：只用最优秀的程序 069

  5.1 网上冲浪和下载聊天 069
   5.1.1 精选优秀应用 070
   5.1.2 部署和配置 070
  5.2 多媒体及图片文件的创建和编辑 073

	5.2.1	精选优秀应用	073
	5.2.2	部署和配置	074
5.3	Windows 兼容层应用		076
	5.3.1	精选优秀应用	076
	5.3.2	部署和配置	076
5.4	系统工具		079
	5.4.1	精选优秀应用	079
	5.4.2	部署和配置	079
5.5	本章小结		081

第 6 章 开发者 Ubuntu 工作站应用方案 082

6.1	编辑器		082
	6.1.1	Ubuntu 平台的 Notepad++ 和 Notepadqq	082
	6.1.2	当下最流行的代码编辑器 Visual Studio Code	083
6.2	集成开发环境（IDE）		088
6.3	版本管理：git 和 GitHub		090
	6.3.1	安装和配置 git	091
	6.3.2	关联 git 和 GitHub 账号	092
	6.3.3	使用 git 将代码推送到 GitHub	093
6.4	时间和思维导图管理工具		094
6.5	本章小结		095

第 7 章 构建 Ubuntu 全能家庭娱乐中心 096

7.1	构建 Ubuntu 游戏中心		096
	7.1.1	安装 N 卡驱动的准备工作	096
	7.1.2	官方 PPA 软件仓库安装 N 卡驱动	099
	7.1.3	终端手动安装 N 卡驱动	099
7.2	构建自己的 Ubuntu 游戏中心		103
	7.2.1	使用及配置游戏手柄	103
	7.2.2	PC 游戏必备——Steam 客户端	104
	7.2.3	模拟器游戏	107
7.3	使用 Ubuntu 构建自己的家庭影院		108
	7.3.1	KODI 家庭影院	108
	7.3.2	KODI 手机应用	109
7.4	本章小结		110

第 8 章 Ubuntu 部署和配置 TensorFlow 深度学习环境 ··········· 111

8.1 TensorFlow 深度学习环境的推荐软硬件 ··········· 112
8.2 部署 TensorFlow 及相关软件 ··········· 113
  - 8.2.1 安装 N 卡驱动 ··········· 113
  - 8.2.2 安装 CUDA ··········· 114
  - 8.2.3 安装 cuDNN Toolkit 套件 ··········· 116
  - 8.2.4 部署 TensorFlow ··········· 119
8.3 本章小结 ··········· 121

第 2 篇 Ubuntu Server 必知必会

第 9 章 部署和批量自动化部署 Ubuntu Server ··········· 122

9.1 服务器端存储设备及技术 ··········· 122
  - 9.1.1 服务器存储设备 ··········· 122
  - 9.1.2 服务器端存储技术 ··········· 124
  - 9.1.3 服务器文件系统选择 ··········· 125
9.2 单节点部署 Ubuntu Server ··········· 128
  - 9.2.1 将 Ubuntu Server 系统安装到服务器 ··········· 128
  - 9.2.2 配置 Ubuntu 服务器 ··········· 130
9.3 PXE 批量部署 Ubuntu Server ··········· 133
9.4 本章小结 ··········· 140

第 10 章 揭秘 Ubuntu Server 的启动过程 ··········· 141

10.1 Linux 最初的启动过程 ··········· 141
  - 10.1.1 深入 BIOS 和 UEFI 固件 ··········· 141
  - 10.1.2 深入 MBR 和 GPT 分区格式 ··········· 142
  - 10.1.3 加电自检 ··········· 145
10.2 Linux 引导程序 ··········· 147
  - 10.2.1 GRUB Legacy Boot Loader ··········· 148
  - 10.2.2 全新的 GRUB 2 引导程序 ··········· 149
10.3 关键的 1 号进程 ··········· 154
  - 10.3.1 经典启动方式 Sysvinit ··········· 154
  - 10.3.2 Sysvinit 的替代者 Systemd ··········· 157
  - 10.3.3 Systemd 系统服务管理 ··········· 159
  - 10.3.4 Systemd 带来的操作变化 ··········· 163
10.4 Linux 正常启动之后的系统 ··········· 167
10.5 本章小结 ··········· 169

第 11 章　升级编译 Linux 内核和模块进程及网络管理 170

11.1　升级及编译 Ubuntu 内核 170
11.1.1　从官方 Mainline 升级内核——Mainline 和 Livepatch Services 170
11.1.2　从内核源码编译内核 173

11.2　管理内核模块 176

11.3　进程和作业管理 177
11.3.1　程序和进程 178
11.3.2　作业管理 178
11.3.3　进程管理 178

11.4　网络配置和管理 179
11.4.1　网络参考模型 179
11.4.2　企业常用网络设备 181
11.4.3　企业环境网络配置 183

11.5　本章小结 190

第 12 章　驾驭三大基础网络服务 191

12.1　自动分配主机信息的 DHCP 服务 191
12.1.1　部署 DHCP 服务 192
12.1.2　配置 DHCP 服务 192
12.1.3　管理 DHCP 服务 194

12.2　域名解析服务 DNS 194
12.2.1　部署高可用主从架构 DNS 服务器 196
12.2.2　配置高可用主从架构 DNS 服务器 197
12.2.3　管理 DNS 服务 206

12.3　部署 NTP 网络时间服务 207
12.3.1　安装 NTP 时间服务 208
12.3.2　配置 NTP 服务 208
12.3.3　管理 NTP 服务 209
12.3.4　Chrony 实现时间服务 209
12.3.5　NTP 客户端时间同步配置 210

12.4　本章小结 211

第 13 章　征服 Web 服务双雄 212

13.1　Web 服务 212

13.2　部署和配置 Apache Web 服务器 215
13.2.1　部署 Apache 服务器 215

13.2.2	深入 Apache 配置目录	217
13.2.3	配置 Apache Web 服务	218
13.2.4	启用对 Python CGI 的支持	222
13.2.5	启用 SSL 安全加密传输	223
13.2.6	Apache 实现反向代理	225
13.2.7	Apache 实现七层负载均衡	227
13.2.8	全面管理 Apache Web 服务	229
13.3	部署和配置 Nginx Web 服务器	230
13.3.1	部署 Nginx Web 服务	230
13.3.2	深入 Nginx 配置目录	231
13.3.3	配置 Nginx Web 服务	232
13.3.4	启用 Python 支持	237
13.3.5	SSL 加密令 Nginx Web 服务器更安全	238
13.3.6	Nginx 反向代理	239
13.3.7	Nginx 实现 7 层负载均衡	240
13.3.8	全面管理 Nginx Web 服务	243
13.4	本章小结	243

第 14 章 最流行的开源数据库 MySQL ··· 244

14.1	MySQL 数据库大家族	245
14.2	部署和配置 MySQL 数据库	246
14.2.1	部署 MySQL 数据库	246
14.2.2	配置 MySQL 数据库	249
14.2.3	管理 MySQL 数据库及其衍生版本服务	255
14.3	MySQL 数据库运维和管理	255
14.3.1	企业级 MySQL 数据库的备份和恢复	255
14.3.2	MySQL 数据库客户端程序 mysql	259
14.3.3	二进制日志查看和导出工具 mysqlbinlog	264
14.3.4	MySQL 数据库管理程序 mysqladmin	265
14.4	本章小结	268

第 15 章 构建企业级 Web Service 测试和运行环境 ··· 269

15.1	LAMP Stack 黄金组合	269
15.1.1	安装 LAMP Stack	269
15.1.2	测试 LAMP Stack 工作状况	270
15.2	LEMP Stack 白金组合	271
15.2.1	部署 LEMP Stack	271

15.2.2　测试 LEMP Stack 工作状况 ……… 273
　15.3　管理 LAMP Stack 和 LEMP Stack ……… 273
　15.4　部署 Web Service 实例——WordPress 搭建博客 ……… 274
　　　15.4.1　准备 WordPress 需要的 MySQL 数据库 ……… 275
　　　15.4.2　下载并解压压缩包 WordPress 的最新版本 ……… 275
　　　15.4.3　通过浏览器完成 WordPress 的安装 ……… 275
　　　15.4.4　开始使用 WordPress ……… 276
　15.5　构建经典的 JSP 运行环境 ……… 278
　　　15.5.1　构建 JSP 运行环境 ……… 278
　　　15.5.2　扩展 JSP 运行环境 ……… 279
　15.6　本章小结 ……… 281

第 16 章　高可用集群和负载均衡集群技术 ……… 282
　16.1　企业常用的高可用集群技术 ……… 284
　　　16.1.1　部署 Keepalived ……… 286
　　　16.1.2　配置 Keepalived 的主备模式 ……… 288
　16.2　负载均衡技术 ……… 292
　　　16.2.1　HAProxy 实现负载均衡 ……… 292
　　　16.2.2　部署 HAProxy ……… 293
　　　16.2.3　HAProxy 七层负载均衡配置 ……… 295
　　　16.2.4　HAProxy 基于四层的负载均衡 ……… 297
　16.3　本章小结 ……… 301

第 17 章　驯服 MySQL 主从复制高可用集群 ……… 302
　17.1　MySQL 主从复制高可用技术 ……… 302
　　　17.1.1　实现一主多从 MySQL 主从复制 ……… 304
　　　17.1.2　实现主从节点的半同步复制 ……… 310
　　　17.1.3　实现双节点 MySQL 双主复制 ……… 312
　　　17.1.4　MySQL 主从/主主复制高可用常见故障 ……… 323
　17.2　本章小结 ……… 324

第 3 篇　系统安全

第 18 章　全方位安全加固 Ubuntu 18.04 LTS Server ……… 325
　18.1　网络安全 ……… 326
　18.2　工作站安全精要 ……… 327
　18.3　服务器安全精要 ……… 327
　　　18.3.1　服务器物理安全 ……… 327
　　　18.3.2　服务器操作系统安全 ……… 328

18.3.3　重视系统的升级包 328
18.3.4　安全加固共享内存 329
18.3.5　Ubuntu 服务器的防火墙 329
18.4　Ubuntu Server 的 SELinux-Apparmor（Application Armor） 342
18.5　各种网络服务的硬化 344
18.6　本章小结 349

附录 A　Ubuntu Server 高频命令 350

A.1　获得在线帮助命令 350
A.2　作业管理命令 352
A.3　进程管理命令 354
A.4　计划任务和服务器性能监控命令 359
A.5　磁盘操作、文件系统和逻辑卷管理命令 366
A.6　硬件管理命令和内核模块管理 376

附录 B　Ubuntu 官方版本国内用户定制 379

B.1　手动修改为国内软件仓库 379
B.2　安装中文版 manpage 手册 379
B.3　安装使用 WPS 办公套件 380
B.4　安装使用 Foxit PDF 阅读器 380

附录 C　Windows10 中使用 Ubuntu 子系统 381

C.1　安装 Ubuntu 子系统 381
C.2　使用 Ubuntu 命令终端 382
C.3　使用 Ubuntu 丰富的图形应用 384

第 1 篇　Ubuntu 工作站必知必会

第 1 章

Ubuntu 的进化

1.1　GNU/Linux 的历史和文化

1.1.1　GNU/Linux 是 Linux 的全称

GNU/Linux 是 Linux 的全称，通常大家都习惯将 GNU/Linux 简称为 Linux（本书简称为 Linux）。严格来说，Linux 只是一个内核（Kernel），如果没有 GNU 项目提供的丰富的自由软件，仅一个 Linux 内核什么也干不了，而大家使用的各种 Linux 发行版本其实只是 Linux 内核配以 GNU 丰富的自由软件而已。所以，一个 Linux 使用者，首先要知道 Linux 的全称——GNU/Linux。

GNU（Gnu is Not UNIX）项目创立于 1984 年，创始人为 Richard Matthew Stallman（缩写为 RMS，下文简称 Stallman）。正是由于这个著名项目才有了后来轰轰烈烈的自由软件运动。

Stallman 先生于 1971 年进入麻省理工学院（MIT）人工智能实验室工作，后来成为软件共享社区的重要成员。20 世纪 70 年代中期的软件圈（当时还没有商业化的软件产业）鼓励自由复制、自由学习、相互切磋，计算机软件领域的一个优良传统就是为人人所共享。但风云突变，软件业的游戏规则随着一家公司的崛起而完全改变。20 世纪 70 年代末，以微软公司创始人比尔·盖茨的《致电脑业余爱好者的一封公开信》为标志，以世界知识产权组织（WIPO）制定的《保护文学和艺术作品伯尔尼公约》（*Berne Convention for the Protection of Literary and Artistic Works*）为框架，计算机软件业迅速进入了版权时代，在这个巨大变革发生时，一个偶然的事件促使 Stallman 先生萌生了开发自由软件的念头，使他成为世界著名的自由软件精神领袖。

自由软件的故事大致如下：当时施乐（Xerox）公司先后两次赠送激光打印机（Laser Printer）给实验室，由于当时激光打印机的体积比较庞大，所以只能放到离办公室很远的地方，遗憾的是，打印机的驱动存在问题，使用起来经常出现故障，好在当时打印机还提供了驱动的源代码，所以，Stallman 很快就通过修改源代码解决了问题。可到了后来，也就是 20 世纪 70 年代末，由于软件的版权法已经生效，所以，Stallman 无法获得打印驱动的源代码，导致打印机出了问题也无法自行修改，这次偶然的事件深深触动了 Stallman，使他在头脑中诞生了自由软件的概念，并在其身体力行下，开拓了一条和商业软件封闭源代码截然不同的自由软件道路。

图 1-1　GNU 的 Logo
（图片来源：维基百科）

Stallman 认为当时最重要的是要开发一个自由的操作系统，于是 GNU 项目应运而生，通过从其程序设计中采用递归方式命名就可以看出，其目标是开发一个兼容 UNIX，与 UNIX 系统类似但又不涉及 UNIX 庞杂版权的免费操作系统。GNU 项目包括编辑器（Emacs）、编译器（GCC）、调试器（GDB）、内核（Hurd）、各种 Shell 及应用程序等多个项目，几乎涵盖了计算机应用的方方面面。GNU 的官方网址为 http://www.gnu.org/，该项目的 Logo 如图 1-1 所示。

1.1.2　Linux 的诞生

GNU 项目的内核开发进度相对滞后，而这时由 Linus 在互联网上发起开发的 Linux 项目恰好填补了 GNU 项目的这个空缺，Linux 大量借鉴了 Linus 老师为教学而创建的类 UNIX 系统 Minix，甚至早期的 Linux 系统也离不开 Minix。Minix 的运行效果如图 1-2 所示。

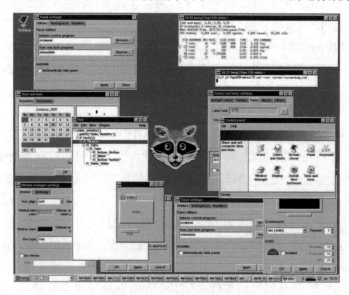

图 1-2　Minix 的运行效果（图片来源：softpedia.com）

千万不要小瞧 Minix，它可是世界上最流行的操作系统，远比 Windows 及 Linux 流行，因为从 2008 年开始，几乎所有的 Intel 处理器都植入了 Minix 系统，并且运行在处理器的 Ring -3 级别，普通用户根本无法触碰到这个隐秘的运行级别。

后来随着 Linux 的流行，许多组织和厂商纷纷推出自行定制内核和应用程序的 Linux 发行版本，如著名的 Slackware、Debian、SUSE、Red Hat 等，这就构成了我们当今能够看到的丰富多彩的 Linux 发行版本。所以，无论 Linux 发行版本的名称或开发厂商是什么，它们都具有相同的 Linux 内核。目前的 Linux 内核源自 Linus Torvalds 所维护的 Linux Kernel 项目，Linux 其实就是一个内核，并由不同公司或组织利用丰富的自由软件，自由组合或定制出数百个发行版本，Linux 内核及自由软件贯穿始终。Linux 内核官方网站地址为 http://www.kernel.org/，对 Linux 内核"喜新厌旧"的朋友可以来这里下载最新的内核进行编译和升级。

由于 Linux 最初是由 Linus 开发的，所以，这个操作系统的名称是以 Linus's UNIX 来命名的，它的英语发音类似于"丽尼克思"，重音在第一个字上，大家可以模仿 Linus Torvalds 本人的 Linux 发音。

Linux 以一只可爱的企鹅作为吉祥物和 Logo，它的名字叫 Tux，如图 1-3 所示。

图 1-3　Linux 的吉祥物——Tux
（图片来源：维基百科）

1.2　Linux 发行版 TOP 10

著名的 DistroWatch（http://distrowatch.com/）网站目前（2019 年 4 月）收录了全世界范围内的 302 种 Linux 发行版，打算从其他系统转换过来的用户，尤其是初学者，可能会感到困惑，如何选择一个适合自己的 Linux 发行版本呢？即便是多年的 Linux 用户也没有时间和精力去挨个尝试。对此，可以参照 DistroWatch 统计的全球 Linux 使用者最为关注的 10 个 Linux 发行版本，虽然流行的东西不一定是最合适的，但这对于初学者而言无疑是一个很好的参照，具体版本如表 1-1 所示。

表 1-1　DistroWatch 统计的全球最为关注的 10 个 Linux 发行版本（截至 2018 年 8 月）

序　号	Linux 发行版本
1	Manjaro
2	MX Linux（基于 Debian 开发）
3	Mint（基于 Ubuntu 开发）
4	elementary（基于 Ubuntu 开发）
5	Ubuntu（基于 Debian 开发）
6	Debian
7	Fedora

续表

序　号	Linux 发行版本
8	Solus
9	openSUSE
10	Zorin（基于 Ubuntu 开发）

需要说明的是，这 10 个最受全球 Linux 使用者关注的 Linux 发行版本，要么基于 Debian，要么基于 Ubuntu。Ubuntu 排在第 5 位且基于 Debian 开发，可以视为 Debian 的一个分支，而排在第 3 位的 Mint、第 4 位的 elementary 和第 10 位的 Zorin 都是基于 Ubuntu 开发的，是 Ubuntu 的衍生版本。此外，Ubuntu 有众多的官方衍生版本，如 Kubuntu、Xubuntu、Ubuntu MATE，以及大量的非官方衍生版，如 Linux Lite 及 Zorin 等。可以看出，Ubuntu 对 Linux 的发行版本，尤其对桌面版本的影响巨大。

虽然 Ubuntu 失去了 Distorwatch No.1 的位置，但是据 LinuxQuestion.org 于 2017 年的问卷调查显示，Ubuntu 依然是 2017 年度最受欢迎的 Linux 版本，紧随其后的就是其衍生版本 Mint。

Ubuntu 是基于 Debian 的，可以视为 Debian 的一个分支，这两个版本的差别不是很大，主要区别在于版本更新周期。Debian 的每个版本分为 Unstable（不稳定版本）、Testing（测试版本）和 Stable（稳定版本）3 个阶段，通常 18 个月更新一个版本，如此长的周期令 Debian 的 Stable 版本异常稳定。而 Ubuntu 则是以 Debian 为基础进行开发的，每半年一个版本，两年一个长期支持版本。Ubuntu 的 LTS 版本与 Debian 的 Stable 版本类似，使用者可以很快使用到系统的最新特性，不用像 Debian 那样需要等待很久，但是带来的后果就是系统 Bug 可能比 Debian 要多一点。

Ubuntu 底层的库及软件包的选择也与 Debian 有一点差别，Ubuntu 引入了不少非 GPL 协议的库及商业软件，不像 Debian 那样墨守成规地只使用严格遵守 GPL 协议的库和软件。

在默认桌面环境方面，Debian 9（先前版本是 Xfce 桌面环境）和 Ubuntu 18.04 默认的桌面环境都是 GNOME 3，只不过 Ubuntu 采用的是经过定制的 GNOME 3 桌面环境，而 Ubuntu 先前版本默认的桌面环境是 Unity，且 Mir 和 Ubuntu touch 等项目已经由 UBports 社区接管了，并由该社区继续开发。也就是说，Unity 8、Mir 及触控技术依旧在发展，尽管 Canonical 已经转向了趋于成熟的 GNOME 3。

简言之，Debian 追求自由软件性能的稳定，而 Ubuntu 则追求创新和效率，尽管存在微小的差异，但只要能提供高效工作或学习环境就是好的选择。

1.3 Ubuntu 的起源和版本

1.3.1 Ubuntu 是什么

其中的单词 Ubuntu 其实就是指 Ubuntu 操作系统，Ubuntu 这个单词代表着自由、开放和共享的精神。Ubuntu 是全球最为流行的 Linux 发行版本之一，而且是一个完全自由、开放且免费的操作系统，Ubuntu 的 Logo 如图 1-4 所示。Ubuntu 基于著名的 Linux 发行版本 Debian 开发，除继承了 Debian 的高稳定性和丰富应用之外，还大幅提升了 Linux 系统的用户体验。

图 1-4　Ubuntu 的 Logo（图片来源：Ubuntu 官方网站）

1.3.2　丰富的 Ubuntu 版本

Ubuntu 官方网址提供了丰富的 Ubuntu 版本，衍生版本更加丰富，下面就按照几个流行的标准来进行分类。

1. 根据中央处理器架构划分

根据中央处理器架构划分，Ubuntu 18.04 默认只支持 AMD 的 64 位 X86 系列，需要注意的是，从 Ubuntu 17.10 开始，官方不再支持 Intel I386 32 位架构，还有 ARM 系列及 PowerPC 系列处理器，由于不同的 CPU 实现技术不同，体系架构各异，所以，Ubuntu 会编译出支持不同中央处理器类型的发行版本。

就 ARM 处理器而言，可以接触到的主要是 Raspberry Pi（树莓派）。树莓派是由英国 Raspberry Pi 基金会推出的一种教育专用廉价计算机，价格只有 35 美元，目前最新的是第三代产品 Raspberry Pi 3，该产品基于四核 ARM 处理器，拥有 1GB 内存，支持 WiFi 和蓝牙，并具有 HDMI 输出接口，可以在 Ubuntu 系统或其他版本的 Linux 上学习 Linux 及 Python 开发，十分适合初学者。更有树莓派高手基于廉价的树莓派做出各种无人机、无人车及机器人等有趣的东西。Ubuntu 为树莓派定制的版本为 Ubuntu MATE。

Ubuntu 是为数不多的可以运行在 PowerPC 架构之上的主流 Linux 系统，所以，从台式 PC、笔记本到服务器、小型机（简称小机）P 系列、大型机（简称大机）Z 系列，都可以看到 Ubuntu 的身影，如图 1-5 所示。

2. 根据发行版本用途划分

根据 Ubuntu 发行版本的用途来划分，可分为 Ubuntu 桌面版（Ubuntu Desktop）、Ubuntu 服务器版（Ubuntu Server）、Ubuntu 云操作系统（Ubuntu Cloud）、Ubuntu 容器和 Ubuntu IoT。构建出一个从 PC 端、企业端、容器端、云端到物联网的庞大生态系统，形成一套比较完整的解决方案。此外，特斯拉及 Lyft 等公司还开发了基于 Ubuntu 的 Linux 汽车解决方案。

图 1-5　Ubuntu 运行在大型机上（图片来源：Ubuntu 官方网站）

目前 Ubuntu 生态系统的重心似乎落在了服务器、容器和云计算领域，夯实服务器、容器和云计算领域优势，除了沃尔玛、麦当劳及维基百科全面采用 Ubuntu Server，越来越多的中小企业也都选择 Ubuntu Server 作为服务器或云端主机的操作系统，市场占有率一路攀高。据 W3Tches 统计，互联网上有大约 37.4% 的主机的服务器系统是 Ubuntu，作为这个数字超越了 RHEL、CentOS 和 Fedora 的总和，Ubuntu 和 Debian 的份额加在一起约为 68.6%，已经占据了 Linux 服务器市场的大半壁江山。此外，Ubuntu Server 继红帽的 RHEL 和 Novell 的 SUSE 之后，也成为 IBM Power Linux 的一员，完全支持 IBM 的全线产品，也从侧面证实了 Ubuntu 的技术实力。在云计算领域，Ubuntu 的 Open Stack 市场占有率更是达到了 54%。

3. 根据开发项目划分

除了标准 Ubuntu 版本，Ubuntu 官方的几个主要分支分别是 Ubuntu Budgie、Kubuntu、Lubuntu、Mythbuntu、Ubuntu studio、Xubuntu 和优麒麟 Ubuntu Kylin。

Ubuntu Budgie 是一个以 Budgie 桌面环境为默认桌面环境的发行版本，是喜欢轻量级、高效和雅致的 Budgie 桌面环境的用户的不二之选，开箱即用，Ubuntu Budgie 的 Logo 如图 1-6 所示。

图 1-6　Ubuntu Budgie 的 Logo（图片来源：Ubuntu Budgie 官方网站）

Kubuntu 是使 KDE 桌面管理器取代 GNOME 桌面管理器作为其默认的桌面管理器的版本。Kubuntu 的推出，为喜爱 KDE 桌面环境的用户在安装和使用上带来了很大的便利，Kubuntu 的 Logo 如图 1-7 所示。

图 1-7　Kubuntu 的 Logo（图片来源：Distrowatch.com）

Lubuntu 是一个后起之秀，以轻量级桌面环境 LXDE 替代 Ubuntu 默认的 Unity，由于 LXDE 是一个轻量级桌面环境，所以，Lubuntu 所需的计算机资源很少，十分适合追求简洁度、速度或还在使用老旧硬件的用户，Lubuntu 的 Logo 如图 1-8 所示。

图 1-8　Lubuntu 的 Logo（图片来源：Distrowatch.com）

Mythbuntu 是一个用来实现媒体中心的 Ubuntu 发行版本，其核心组件是 MythTV，所以，Mythbuntu 可以视为 Ubuntu 和 MythTV 的结合体，Mythbuntu 的 Logo 如图 1-9 所示。

图 1-9　Mythbuntu 的 Logo（图片来源：Mythbuntu.org）

Ubuntu 18.04 默认的桌面环境是 GNOME 3，先前的默认桌面环境 Unity 已经由社区继续发展，如果喜欢可以自行手动安装。

Ubuntu studio 是一个为专业多媒体制作打造的 Ubuntu 版本，可以编辑和处理音频、视频和图形图像等多媒体文件，对于多媒体专业人士而言是一个"鱼和熊掌"兼得的好选择，Ubuntu studio 的 Logo 如图 1-10 所示。

图 1-10　Ubuntu studio 的 Logo（图片来源：Ubuntustudio.org）

Xubuntu 采用小巧而高效的 XFCE 作为桌面环境，界面简约，与 GNOME 2 类似，但功能全面，系统资源消耗较小，是追求速度和低配置计算机用户的福音，同时也为老旧计算机提供了发挥余热的机会，Xubuntu 项目的 Logo 如图 1-11 所示。

图 1-11　Xubuntu 项目的 Logo（图片来源：Distrowatch.com）

优麒麟（Ubuntu Kylin）中国定制版本是一个专为中国用户定制的 Ubuntu 版本，集成了很多优秀的中文软件，如办公套件 WPS、搜狗输入法、Foxit Reader 等，方便中国用户开箱即用，优麒麟项目的 Logo 如图 1-12 所示。

图 1-12　优麒麟（Ubuntu Kylin）项目的 Logo（图片来源：优麒麟社区）

除了上述几个官方衍生版本，还存在大量更加优秀的第三方衍生版本。

1.3.3 Ubuntu 发展路线图

Ubuntu 可谓 Linux 世界中的"黑马"，其第一个正式版本于 2004 年 10 月正式推出。需要详细解释的是 Ubuntu 版本编号的定义，其编号是以"年份的最后一位.发布月份"的格式命名的，因此，Ubuntu 的第一个版本被称为 Ubuntu 4.10（2004.10）。除了代号，每个 Ubuntu 版本在开发之初都会有一个开发代号，Ubuntu 的开发代号比较有意思，格式为"形容词 动物"，且形容词和动物的第一个字母要一致，如最新的 Ubuntu 18.04 的开发代号就是 Bionic Beaver，译为仿生的海狸。

下面就沿着 Ubuntu 从诞生到成熟的发展脉络来介绍一下 Ubuntu 的发展路线图。到目前为止，Ubuntu 已成功发布了 28 个正式版本，如表 1-2 所示为 Ubuntu 到目前为止发行过的所有版本，鉴于 Ubuntu 版本的代号翻译比较混乱，这里统一采用维基百科的翻译。

表 1-2 Ubuntu 发行版本一览表

开发代号	开发代号中文翻译	Ubuntu 版本编号
Warty Warthog	多疣的疣猪	4.10
Hoary Hedgehog	灰白的刺猬	5.04
Breezy Badger	活泼的獾	5.10
Dapper Drake（LTS）	标致的公鸭	6.06
Edgy Eft	急躁的蜥蜴	6.10
Feisty Fawn	活泼的小鹿	7.04
Gutsy Gibbon	有力的长臂猿	7.10
Hardy Heron（LTS）	勇敢的苍鹭	8.04
Intrepid Ibex	无畏的野山羊	8.10
Jaunty Jackalope	得意扬扬的怀俄明野兔	9.04
Karmic Koala	幸运的考拉	9.10
Lucid Lynx（LTS）	清醒的猞猁	10.04
Maverick Meerkat	特立独行的狐獴（猫鼬）	10.10
Natty Narwhal	敏捷的独角鲸	11.04
Oneiric Ocelot	盗梦的虎猫	11.10
Precise Pangolin（LTS）	精确的穿山甲	12.04
Quantal Quetzal	量子的格查尔鸟	12.10
Raring Ringtail	铆足了劲的环尾猫熊	13.04
Saucy Salamander	活泼的蝾螈	13.10
Trusty Tahr（LTS）	值得信赖的塔尔羊	14.04
Utopic Unicorn	乌托邦的独角兽	14.10

续表

开发代号	开发代号中文翻译	Ubuntu 版本编号
Vivid Vervet	活泼的长尾黑颚猴	15.04
Wily Werewolf	老谋深算的狼人	15.10
Xenial Xerus（LTS）	好客的非洲地松鼠	16.04
Yakkety Yak	喋喋不休的牦牛	16.10
Zesty Zapus	热情的美洲林跳鼠	17.04
Artful Aardvark	巧妙的土豚	17.10
Bionic Beaver（LTS）	仿生的海狸	18.04

表 1-2 中的 LTS（Long Term Support）表示长期维护版本，桌面版和服务器版的支持时间都比较长，通常是 3 年或更久。从 Ubuntu 版本号可知，其每年发布两次，时间相对比较固定，为每年的 4 月和 10 月，一个版本发布后立即启动下一个版本的开发，从 Alpha 版到 Beta 版，再到 RC 版本，最后就是正式版本 Release。若想了解 Ubuntu 的准确发布时间，可以在手机上安装一个名为 Ubuntu Countdown Widget 的 Ubuntu 新版本发布倒计时小部件，发布时间一目了然。

1.3.4　Ubuntu 社区

Ubuntu 是世界上最流行的 Linux 系统之一，比 Ubuntu 更大的是自由软件，而比自由软件更大的则是自由软件的社区。Ubuntu 社区为其使用者提供了多种学习、交流、切磋和讨论的方式，如论坛、星球、维基及 IRC 即时通信等。通过 Ubuntu 庞大的社区组织，Ubuntu 用户可以获得很多帮助和支持，使用 Ubuntu 将更加得心应手。

1. Ubuntu 国际社区

社区：http://community.ubuntu.com/
论坛：http://ubuntuforums.org/
星球：http://planet.ubuntu.com/
维基：https://wiki.ubuntu.com/

2. Ubuntu 中文社区

论坛：http://forum.ubuntu.org.cn/
维基：http://wiki.ubuntu.org.cn/

3. 第三方 Ubuntu 社区

• ASK Ubuntu 社区

ASK Ubuntu 社区是 Ubuntu 的官方问答社区，是全球人气最高的 Ubuntu 用户社区之一，可以订阅社区的 newsletter，方便解决使用中遇到的难题。

- OMG!Ubuntu!社区
- Tips Ubuntu 社区
- 电子期刊 *Full Circle*

Full Circle 是以 Ubuntu 应用和开发为主要内容的电子期刊，2007 年 4 月创刊，每月一期，其内容广泛，涉及新闻、问答、How-To、Q&A、Ubuntu Game，以及各种日常应用程序的使用方法和技巧，如音频、视频多媒体、图形图像处理等，还有程序开发等方面的内容，是 Ubuntu 学习和使用者不可或缺的期刊，既可以提升技术水平，又可以扩大英文阅读量，*Full Circle* 项目的 Logo 如图 1-13 所示。

图 1-13　*Full Circle* 项目的 Logo（图片来源：full circle magazine.org）

1.4　本章小结

Linux 操作系统从诞生以来，就凭借自由、分享和社区的理念，迅速成为主流的操作系统，与它的前辈 UNIX 比起来，Linux 更加灵活和自由。Ubuntu 则是 Linux 发行版本的后起之秀，Linux 以桌面起家，后来发展出服务器、云计算、智能移动设备等多个分支。Ubuntu 的出现使得 Linux 更加易用、流行，并促进了自由软件的发展，Ubuntu 强大的社区及社区所带来的成功传播效应，使其成为 Linux 的后起之秀。

第2章

从零风险体验到安装 Ubuntu 系统

对于初学者而言，零风险体验和使用 Ubuntu 至关重要，第一次能够顺利地体验和安装 Ubuntu，迈入 Ubuntu 的精彩世界，对今后的学习和使用来说无疑是一个积极和美好的开始，本章指导大家零风险体验 Ubuntu 系统，并将 Ubuntu 安装到硬盘的过程。

2.1 与 Ubuntu 的第一次亲密接触

Ubuntu 虽好，但是不做任何学习和准备工作就贸然安装到硬盘的风险还是很大的。风险其实不是来自 Ubuntu，因为这几年来，Ubuntu 的安装程序越做越简单，目前只需要几步，就可以在一台全新的计算机上安装一个 Ubuntu，这不是一件难事。最大的风险其实来自 Windows，因为多数朋友在尝试时都采用现有的计算机，这些计算机大多已经安装了 Windows，这就要涉及关键的磁盘分区问题，稍有不慎，就可能导致硬盘上的数据丢失。Windows 8 推出之后，微软将 Security Boot 功能集成到了 PC/Laptop 的 BIOS，尽管 Ubuntu 第一时间获得了微软安全启动的证书，但在现有计算机上体验 Ubuntu 的风险还是越来越大。对于初学者来说，比较稳妥的办法还是先体验和熟悉，然后再安装到硬盘，尽量不要安装双系统，本章就教大家如何零风险体验和安装 Ubuntu 系统。

2.1.1 零风险体验 Ubuntu 系统

若想要零风险体验 Ubuntu，除了在 Windows 10 中安装 Ubuntu 子系统，还需要使用 VMware Workstation Player 15 或更新版本来运行虚拟机。在虚拟机中可以获得更完整的体验，Ubuntu 虚拟机做好之后可以直接下载到自己的家目录，然后访问 VMware 官方网站或本章节的资源共享，下载安装免费的 VMware Workstation Player，成功安装并运行后，选择"导入虚拟机"选项，将所下载的体验镜像导入到 VMware Workstation Player，最后运行 Ubuntu 虚拟机，就可以获得比较真实的体验。在虚拟机中几乎可以完成所有操作，完全没有限制，并且已经安装了虚拟机的扩展，可以在 VMware Workstation Player 的 Unity 模式下使用 Ubuntu，和 Windows 桌面融为一体，实际效果如图 2-1 所示。

图 2-1　在 VMware Workstation Player 中体验 Ubuntu 18.04

使用 VMware Workstation Player 时需要注意，其虚拟机和实际系统的切换键是 Ctrl+Alt 组合键，单击进入虚拟机，按 Ctrl+Alt 组合键返回当前系统。

2.1.2　制作 LiveUSB 体验 Ubuntu

还有一种获得 Ubuntu 真实体验的途径就是制作 LiveUSB，它比虚拟机更进一步，直接运行在真实的硬件环境下，更快且更加节省资源。LiveUSB 是一种可以引导并运行一个完整操作系统的 U 盘。LiveUSB 只是将 LiveCD 的介质由 CD 换为 U 盘，而 LiveCD 发源于 Knoppix，并由 Ubuntu 发扬光大，但是由于受到光盘技术的制约，LiveCD 的性能和用户体验受到了很大的影响。而 LiveUSB，尤其是采用 USB 3 标准的 U 盘则不存在这个问题，其速度更快，用户体验更好，下面将教大家制作 LiveUSB。

首先准备一个 8GB 或 16GB USB 3 标准的 U 盘，笔者采用的是 Lexar 8GB USB 3.0 U 盘。一切就绪，备份好 U 盘内的重要数据，因为制作 LiveUSB 时需要格式化 U 盘，全新的 U 盘可跳过此步骤。从网址 http://rufus.ie/ 下载 Rufus 并安装文件后，便可运行 Rufus 并开始制作了。

1. 下载 Ubuntu 安装镜像

Ubuntu 的各种版本都可以从如下地址下载：http://releases.ubuntu.com/。

可下载主流 Intel 架构，包括 32 位和 64 位，Ubuntu 18.04 已经取消了 32 位安装镜像。而非 Intel 架构，如 ARM、PPC 和 S390 的安装镜像大家可以根据自己的需求选择下载。

下载后使用 WinMD5Sum 等 MD5 工具校验所下载的镜像，然后与官方发布的 MD5

校验码对比，查看是否有问题。

需要提醒大家的是，由于安装镜像体积都比较大，所下载的安装镜像必须进行校验，正确无误才能使用。

2. 下载 Rufus

Rufus 的下载地址：https://rufus.akeo.ie/。

运行 Rufus 后，在"Device"下拉列表框中选择相应的 U 盘，然后载入 Ubuntu 镜像，单击 Create a bootable disk using 所对应的按钮，选择 Ubuntu 安装镜像，所有设置正确无误后，单击"确定"按钮开始制作，这时将会弹出选择格式的对话框，一种是 WinISO，另一种是 DD，理论上无论选择哪种格式都不影响最终结果，但在 Ask Ubuntu 社区有网友说 DD 格式解决了他无法安装的问题。通常选择哪种都没有问题，如果一种不行可以选择另一种试试，制作过程可能需要 5~10 分钟，制作 LiveUSB 的设置如图 2-2 所示。

制作成功后，重启计算机，从 U 盘启动计算机，顺利的话将出现 Ubuntu 的安装界面。除 Rufus 工具

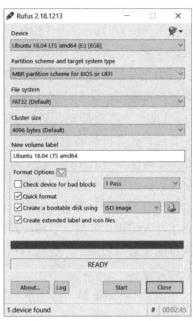

图 2-2 制作 LiveUSB 的设置

之外，还有很多工具可以制作 USB 启动盘，关键问题是制作工具的兼容性，若兼容性不佳则一切都白费，以笔者的经验来看，Rufus 工具是兼容性最好的 U 盘创建工具。

3. 解决由于 ACPI 兼容性问题导致的无法安装问题

对于一些计算机的 BIOS，可能会出现一进入安装程序的桌面就死机的情况，即进入桌面的瞬间就毫无响应，鼠标无法移动，单击也无效，只能强制重启或关机。这种情况多数是由电源管理 ACPI 造成的，只需要在安装菜单出现时按 E 键，然后定位到 quiet splash 关键字前，键入 acpi=off，按 Ctrl+X 组合键或 F10 键启动即可解决。

2.2 让 Ubuntu 在硬盘安家落户

无论是通过虚拟机体验，还是通过 U 盘使用，终归属于体验，都是权宜之计，不如将 Ubuntu 安装到自己的硬盘获得完整使用体验来的真切。下面就帮助大家将 Ubuntu 安装到硬盘，让 Ubuntu 在硬盘安家落户。

2.2.1 对 Security Boot 说不

什么是 UEFI？UEFI 为个人计算机定义了下一代固件接口，支持下一代的磁盘分区表

格式——全局唯一标识符分区表（Globally Unique Identifier Partition Table，GPT），用来替代传统 BIOS 和 MBR（MBR 最大只支持 2TB 磁盘，并且最多只可以分 4 个主分区），可以说是 BIOS 的 2.0 版本，还兼容了 MBR 分区格式。简言之，目前计算机有两种 BIOS：一种是传统 BIOS，支持 MBR 分区格式；另一种是 UEFI BIOS，支持 GPT 分区格式，其 Legacy 模式就是传统 BIOS 模式。

GPT 分区支持 2.2TB 以上的超大容量磁盘，所支持的最大容量为 18EB，而且对分区数量没有限制，至于坊间流传的 UEFI 只支持 128 分区的说法，只是 Microsoft 自己的标准，Linux 并不受限制，可见 UEFI 的着眼点是满足下一代个人计算机的需求。苹果早就在其台式计算机和笔记本产品线上采用了 UEFI 技术，因为其毕竟是大势所趋，这里不是要大家拒绝 UEFI，UEFI 安全启动定义平台固件如何管理安全证书、如何进行固件验证及定义固件与操作系统之间的接口，微软将利用 UEFI 这一技术打击恶意软件。虽然这一技术可以有效阻止恶意软件，但也同样为以 Linux 为代表的自由操作系统制造了大麻烦，提高了准入门槛。目前，多数较新的计算机 BIOS 是可以单独关闭安全启动的，当然也有一些可能无法单独关闭，在这种情况下如果用不到 UEFI 的功能，则直接使用 Legacy 模式最为方便。

虽然 Ubuntu 第一时间从微软那里购买了启动密钥，意味着可以在开启了 UEFI 安全启动的计算机上自由安装 Linux，并且可以和 Windows 实现双重启动，和以前没有什么差别。但需要特别提醒初学者的是，如果非要安装双系统，千万不要删除 UEFI 的 ESP 隐藏分区，否则无论哪个系统都无法启动。如果用不到 GPT 的高级特性，如使用大于 2TB 的磁盘，笔者还是建议初学者不要使用 UEFI 安全启动。就目前而言，MBR 还是能够胜任的，只为了安装一个 Linux 系统或实现一个系统的双重启动，搞得如此麻烦和危险，特别是对于那些没有购买微软启动密钥的 Linux 发行版用户来说，直接将 UEFI 安全启动功能关闭，可能是最好的解决办法，这样就可以恢复成传统的 BIOS，不会存在安全启动的麻烦了。此外，是否关闭安全启动功能，还取决于计算机所使用的显卡，如果使用 NVIDIA 的显卡，就必须关闭安全启动，否则，安装 N 卡驱动后会触发循环登录的问题。

至于具体的关闭方法，不同的 PC 或笔记本略有不同，笔者的笔记本可以单独关闭安全启动，还是比较方便的，关键操作如图 2-3 所示。

请牢记，要么采用传统 BIOS 和 MBR 分区格式，要么使用 UEFI BIOS 加 GPT 分区格式，一旦在 BIOS 中指定了模式，安装完成后是无法更改或切换的，除非重装系统，对此初学者一定要特别谨慎。再次提醒大家，不要删除系统隐藏的 ESP 分区，否则计算机将无法启动。

对于初学者而言，最好将 Ubuntu 安装到第二块硬盘上，学习使用两不误，如果一定要在 UEFI 环境安装 Windows 和 Linux 双重启动，就需要注意系统分区和安装顺序。首先安装 Windows 系统，并在 Windows 中使用磁盘管理预留出 Ubuntu 系统的空间，然后再安装 Ubuntu。分区及启动器的安装是最危险的，需要特别注意。

第 2 章 从零风险体验到安装 Ubuntu 系统 | 015

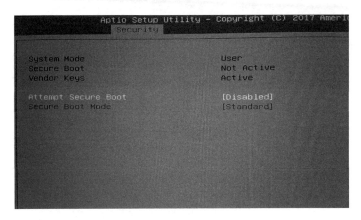

图 2-3 关闭安全启动

2.2.2 U 盘极速安装 Ubuntu

一直以来，安装系统都是一张光盘打天下，使用 CD 或 DVD 安装系统再正常不过，不过本章推荐大家采用 U 盘进行安装，因为使用 U 盘的安装速度比 CD/DVD 快得多，至于如何制作安装 U 盘，大家可以参考前面的章节。

制作好安装 U 盘，还需要将计算机的启动方式设置为从 USB 启动。启动界面一闪而过后，系统将开始启动，然后开始安装，Ubuntu 18.04 的安装程序极为简单和智能，启动后直接进入 LiveCD 安装环境（一个精简的 LiveCD 模式），如果喜欢纯 LiveCD 模式，可以直接单击左上角的×按钮关闭当前安装环境，进入纯粹的 LiveCD 模式（本书采取此模式）。双击 Install Ubuntu 18.04 图标，出现语言选择界面，选择"中文（简体）"选项，如果想快速完成安装，采用默认的 English 即可，这样就不会有漫长的语言包下载过程。安装好后再安装语言支持，如果网络条件允许，建议初学者在安装时安装语言包，虽然会慢一点，但优点是安装完后可以直接进入中文环境，选择系统语言如图 2-4 所示。

选择语言后，安装界面的语言将变为简体中文，如果对当前发行版本不是很了解，可以单击"发行注记"链接了解该版本的更多信息，单击"继续"按钮即可开始安装，然后选择键盘布局，保持默认的选项即可。

接下来会出现"更新和其他软件"窗口，该窗口提供了 4 个选项，后两个选项是可以多选的：一是标准安装模式，安装标准的 Ubuntu 系统；二是最小安装模式，这个模式是 Ubuntu 18.04 的新功能，对于定制 Ubuntu 系统十分便捷，如果不打算定制系统也可以选择标准安装模式；三是在安装 Ubuntu 时下载更新，由于这个操作可能会耽误很多时间，所以一般不选，安装好后也可以进行更新；四是安装显卡、WiFi 驱动程序和 MP3 编/解码器等，用户可以根据需要进行选择，更新和其他软件设置如图 2-5 所示。

需要注意的是，因为 Ubuntu 是一个十分依赖互联网的发行版本，所以要安装 Ubuntu 最好预留 40GB 以上的空间，并且保证网络顺畅。

图 2-4　选择系统语言

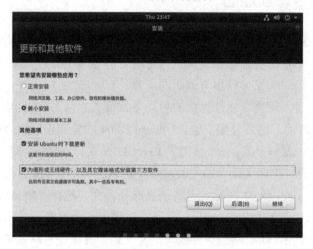

图 2-5　更新和其他软件设置

单击"继续"按钮进入"安装类型"窗口，该窗口的主要功能是选择磁盘分区。在采用自动分区时，如果打算拿出一整块硬盘给 Ubuntu，采用默认选项"清除整个磁盘并安装 Ubuntu"即可。如果需要对分区进行加密或使用逻辑卷（LVM）管理，可以选择"加密 Ubuntu 新安装以提高安全性"复选框和"在 Ubuntu 新安装中使用 LVM"复选框。在采用上述选项时，分区操作都是全自动完成的，虽然方便，但一定要注意数据备份，以免造成不必要的损失，进行自动磁盘分区如图 2-6 所示。

如果采用手动分区，需要选择"其他选项"单选按钮，手动分区最简单的分区方案就是分一个区，假设磁盘空间大小为 40GB，只有一个主分区，保存着 Ubuntu 的根文件系统，其挂载点为"/"，文件系统选择默认的 Ext4，大小为 40GB 即可。对于 Ubuntu 以前的版本，还需要一个交换分区，该分区类似于 Windows 中的交换文件，在物理内存紧张时可以当作虚拟内存来使用，其大小通常为内存的 1~2 倍。不过现在已经不需要了，Ubuntu 18.04 采用交换文件替代了交换分区。如果是全新磁盘，则首先要创建一个分区表，单击"新分区表"按钮，创建磁盘分区表后，磁盘空间变为可用，再使用安装程序提供的分区工具开始分区，选中空闲分区，单击"+"按钮，将会弹出创建分区对话框，输入磁盘根分区的大小（如 40GB），指定分区类型为主分区，采用默认的文件系统类型 Ext4 日志文件系统，并将挂载点设置为"/"，手动创建根分区如图 2-7 所示。

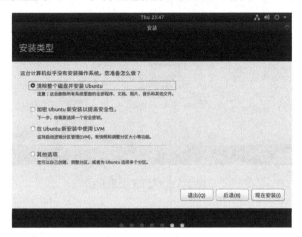

图 2-6　进行自动磁盘分区

磁盘分区操作十分关键，也是整个安装过程中风险最大和最容易损坏硬盘数据的步骤，如果对分区不是很满意或分区存在错误，在没有单击"现在安装"按钮之前，可以先单击"还原"按钮直接清空所有磁盘分区设置，重新开始分区，由于还没有写入磁盘，所以不会损毁磁盘中的数据。

Tips：怎样安装 Ubuntu 才能不影响其他系统的启动。

常常看到初学者在论坛上提问，"怎样安装才能不影响其他系统的启动？"删除 Ubuntu 后 Windows 无法启动是因为对启动至关重要的/boot 分区被删除了，安装双系统或多系统的用户在安装时需要注意，在分区时要多分出一个/boot 分区。

图 2-7　手动创建根分区

这样，在删除了 Ubuntu 根分区后，原有的启动文件仍然有效，就不会出现 Windows 无法启动的问题了。

单击"开始安装"按钮进行安装，首先，系统会提示将改动写入磁盘并格式化所有分区，确认后便进入"您在什么地方"窗口，直接在世界地图中指定"Shanghai"即可，然后单击"继续"按钮。

单击"继续"按钮进入"您是谁"窗口，添加一个普通用户"henry"，输入用户全名、登录名和两次密码，登录方式可以选择自动登录，但建议保持默认密码登录，对于工作站来说，除非对安全要求较高，否则，一般不需要加密主目录，添加登录用户如图 2-8 所示。

接下来单击"继续"按钮便可以开始安装系统了，如果一切顺利，半小时左右即可使 Ubuntu 在硬盘安家落户，成功安装后会提示重启系统，重启后即可开始使用。此外，笔者不是很推荐其他安装方式，如 Wubi 安装或从现有版本升级安装，因为这些方法都存在很大的不确定性。

图 2-8　添加登录用户

Tips：32 位主机用户如何安装 Ubuntu 18.04。

由于 Ubuntu 18.04 已经取消了 32 位的安装镜像，所以无法直接安装，不过间接的方法还是有的，那就是先安装 Ubuntu 17.04 或之前的 32 位版本，下载地址：http://old-releases.ubuntu.com/releases/。

成功安装后，在虚拟终端中运行如下在线升级命令：

```
sudo do-release-upgrade
```

需要注意的是，一定要在网络速度有保障的情况下使用在线升级安装方式，才能顺利完成安装。

2.2.3　Ubuntu 工作站必要的配置

成功安装 Ubuntu 18.04 后，还需要进行一些必要的配置才能让 Ubuntu 运行。

1. 网络配置

无论是对于传统网络 LAN 还是无线网络，只要网络环境具有 DHCP 自动分配 IP 地址服务，则网络基本不需要配置即可直接使用，如果要使用静态 IP 地址，则配置过程也十分直观和简单，和 Windows 环境下配置静态地址的方法基本相同：右键单击桌面右上角的网络连接图标，在弹出的快捷菜单中选择"有线设置"命令，就会弹出网络配置对话框，选中设置静态地址的连接并单击"编辑"按钮，编辑网络连接如图 2-9 所示。

此时会出现如图 2-10 所示的对话框，选择"IPv4"选项卡及"手动"单选按钮，单击"添加"按钮，依次输入静态 IP 地址、子网掩码、网关，以及 DNS 服务器地址等信息，最后单击"保存"按钮即可完成静态 IP 地址的设置，图形界面设置静态 IP 地址如图 2-10 所示。

图 2-9　编辑网络连接

图 2-10　图形界面设置静态 IP 地址

2. 系统更新

成功安装 Ubuntu 之后，检查 Ubuntu 中的更新，安装最新的安全补丁、错误修复和各种应用的更新。从系统中搜索并打开软件更新器，然后根据提示完成系统更新操作，更新 Ubuntu 系统如图 2-11 所示。

图 2-11　更新 Ubuntu 系统

3. 显卡驱动

如果 Ubuntu 只用来开发或学习，充当工作站，无论是 Intel 的核卡、ATI 的显卡，还是 NVIDIA 的显卡，Ubuntu 默认的显卡驱动足以支持使用，只需要在安装 Ubuntu 时，在确定系统语言之后，选择"为图形或无线硬件，以及其他媒体格式安装第三方软件"复选框即可自动完成安装。

至于开源显卡驱动，除 NVIDIA 显卡外，其他显卡开源驱动效率都比较高，因为 Intel 的核卡早就彻底将开源集成到了 Linux 内核，而 ATI 显卡开源和闭源驱动差别不大。

对于大家最关心的 NVIDIA 显卡，开源驱动默认采用 Nouveau 开源驱动，完全可以满足一般的工作学习和办公需求。对于更高的要求，如运行 PC 游戏或视频编辑，乃至人工智能 TensorFlow，由于 NVIDIA 显卡驱动直接决定了在 Linux 中游戏的效果和相关软件的工作效率，故显卡驱动的选择和安装十分重要，此部分内容参阅本书后续章节。

特别提示具有独立显卡的用户，尤其是笔记本用户，显卡其实有两种工作状态，默认是 Intel 核显，当运行游戏或设计软件时才切换为独显，以节省电能，不过 Ubuntu 环境还不是很成熟，尤其是对于私有驱动来说。

Tips：关闭计算机的摄像头。

计算机上的摄像头虽然使用不多，但往往会成为黑客攻击的对象，成为泄露个人隐私的元凶，这里教给大家一个彻底关闭摄像头的方法，帮助大家保护好个人隐私。首先按 Ctrl+Alt+T 组合键，进行如下操作：

```
sudo modprobe -r uvcvideo            #当前会话中禁用摄像头模块
```

然后永久禁用摄像头，关键操作如下：

```
sudo vim /etc/modprobe.d/blacklist.conf
```

之后在文件中追加如下内容：

```
......
#Disable Webcam
blacklist uvcvideo                   #禁止系统自动加载摄像头模块
```

这样就可以永久关闭计算机的摄像头。

4. 中文化

Ubuntu 对中文支持良好，基本是开箱即用，但仍在安装时选择了中文语言包，同时为了完善语言支持，还存在安装好系统后还需要下载语言包的情况。具体操作方法如下：选择"系统设置—区域和语言"选项，然后单击"管理已安装的语言"按钮，将提示不完整的语言支持，需要下载语言包，单击"安装"按钮即可开始下载，下载完成后重启系统完成变更，完善中文支持如图 2-12 所示。

5. 配置中文输入法

Ubuntu 18.04 的默认输入法是 iBus，这是一个著名的中文输入法框架，用拼音输入中文时，基本和 Windows 下的输入法类似，配置方法是在"语言"选项中单击"汉语（中国）"选项，然后单击选项下部的齿轮按钮即可进行个性化配置，定制中文输入法如图 2-13 所示。

图 2-12　完善中文支持

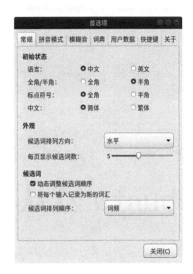

图 2-13　定制中文输入法

6. 安装受限媒体编/解码器（Codec）

基于 Ubuntu 许可协议及知识产权的缘故，有很多媒体的编/解码器无法默认安装，导致系统默认无法播放常用多媒体文件，解决的方法就是手动安装常用媒体文件所需的受限媒体编/解码器，方法也很简单，按 Ctrl+Alt+T 组合键运行 Ubuntu 终端，并运行如下命令即可：

```
sudo apt install -y ubuntu-restricted-extras
```

2.3　本章小结

本章主要介绍如何零风险体验 Ubuntu，如何采用安全和高效的方式将 Ubuntu 安装到磁盘、虚拟机，如何制作 LiveUSB 并以 Ubuntu 18.04 最新的最简模式安装，这是将 Ubuntu 打造成自己的工作站的第一步，也是关键的一步，本章尽量帮助大家从成功安装 Ubuntu 开始，轻松迈入开源世界，开启精彩而高效的 Ubuntu 应用之旅。

第 3 章

Ubuntu 默认和定制桌面环境

安装好 Ubuntu 18.04 之后,本章本着由浅入深、循序渐进的原则,先从 Ubuntu 默认的图形环境 GNOME 3 入手,举一反三,让大家掌握随心所欲安装和定制其他流行桌面环境的方法。

3.1 默认桌面环境 GNOME 3

Ubuntu 18.04 所采用的是较新的稳定版本 GNOME 3.28,使用起来和经典的 GNOME 2.x 及 Unity 桌面环境有很大不同。

3.1.1 全力拥抱 GNOME 3 桌面环境

随着 GNOME 3 逐步完善,软件成熟度越来越高,已逐渐被大家所接受,如较新的 Debian 9 和 Ubuntu 17.10 都相继采用 GNOME 3 作为其默认的桌面环境。而 GNOME 3 则是一个全新的桌面环境,也被称为 Gnome Shell,它对 GNOME 2 做出了大刀阔斧的精简、改进和创新,舍弃一切不相关的冗余部件,采用 JavaScript 和 C 语言重写该项目,主要由 Mutter(桌面环境)和 Clutter(硬件渲染和加速)两部分组成。从用户的角度来看,在默认情况下,GNOME 3 主要由桌面顶栏和桌面工作区构成。单击桌面左上角的活动按钮时,桌面左部将出现保存高频程序及正在运行应用图标的快速启动栏(简称为 Dash)、桌面中央的搜索文本框、桌面管理浮动窗口及丰富的 GNOME 应用(需要单击应用按钮显示),GNOME 3 界面及图标如图 3-1 所示。下面分别介绍 GNOME 3 各部件的使用方法。

登录 GNOME 3 桌面环境后,首先看到的是由顶栏、快速启动栏和工作区等构成的极简桌面环境,下面对其进行深入介绍。笔者认为 Ubuntu 回归到 GNOME 3 并作为默认桌面环境,可以集中开源社区的力量完善和发展 GNOME 3 项目,对 GNOME 项目来说是一件好事。

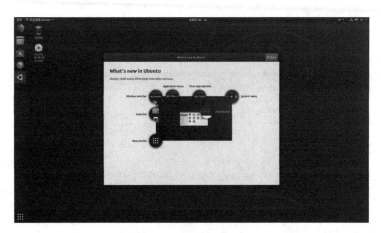

图 3-1　GNOME 3 界面及图标

Tips：使用 Ubuntu 18.10 最新图标主题。

要在 Ubuntu 18.04 中使用 Ubuntu 18.10 最新图标主题，可以运行如下命令安装 Yaru 主题：

```
sudo snap install communitheme
```

之后重启系统并在登录时选择"Ubuntu with communitheme snap"选项，成功登录到 Ubuntu 桌面，即可设置好 Ubuntu 18.10 的默认图标主题。

1. 顶栏

顶栏就是 GNOME 桌面顶部的那个透明的小条，左部依次为活动菜单和当前运行应用程序名称，单击名称显示相关菜单，中间显示日期，单击后弹出更为详细的日期和动态信息，顶栏右侧的系统托盘区可以显示网络连接、输入法选择、蓝牙连接、音量控制，以及关机和重启等。这样，Ubuntu 无论登录与否都可以通过顶栏使用系统托盘区的按钮。需要注意的是，系统按钮对应的系统菜单选项和功能会随用户状态的不同而不同，如未登录用户只能使用关机和重启操作，登录后锁屏，除了关机和重启操作，还多出账号切换功能，登录桌面后菜单项和功能就完整了，对用户来说十分方便。

2. 桌面工作区

GNOME 桌面工作区和其他桌面环境和以前版本的桌面工作区不同，是自动管理、动态增删的，不会像以前那样预设 8 个虚拟桌面供大家使用。自动管理就是根据需要自动增加桌面数量或减少桌面数量。例如，当桌面运行一个应用时，桌面管理器会自动增加一个桌面供用户使用，此时再运行一个应用，则直接将第二个应用拖入第二个桌面，这时两个桌面各有一个应用，桌面管理器就会自动在增加一个桌面备用。GNOME 桌面工作区如图 3-2 所示。

3. 桌面搜索文本框

单击桌面左上角的"活动"按钮后，桌面中央上部就会出现一个搜索文本框，直接输入关键字就可以搜索文件、应用等内容，十分实用和便捷。搜索几乎就是桌面环境的入口，极为常用，绝大多数操作都会用到此功能，如图 3-3 所示。

图 3-2　GNOME 桌面工作区

图 3-3　桌面搜索文本框

4. 快速启动栏（Dash）

单击"活动"按钮，桌面最左侧部分是一条纵向的快速启动栏，快速启动保存着最为常用的应用图标和当下所运行的程序图标。Ubuntu 定制了 GNOME 3 的 Dash to Dock 插件，这样 Dash 就变身为 Dock 了。

Ubuntu Dock 类似于 Mac OS，将 Dock 摆放到桌面的左侧，Ubuntu Dock 包含若干功能图标或应用图标，所有图标都晶莹剔透，十分漂亮。右键单击功能图标或应用图标，便会弹出快捷菜单，该菜单包括与此应用相关的操作，最常用的就是将这个应用程序的图标固定到 Dock，用户可以直接在 Ubuntu Dock 中右键单击应用，将其添加到 Dock 中。需要指出的是，Ubuntu Dock 默认是近乎透明的，但当窗口最大化或有窗口与之重叠时就变为黑色以示区别。

5. "应用程序"按钮

"应用程序"按钮默认位置是在 Ubuntu Dock 的底部,单击此按钮会显示 GNOME 桌面环境的应用,分为常用和全部两种显示模式,前者只显示最为常用的应用,后者则显示全部应用,如果应用太多则会分页显示,单击应用图标底部的常用和全部按钮可切换显示模式,如图 3-4 所示。

图 3-4　应用程序按钮及应用

6. 桌面管理浮动窗口

单击左上角的"活动"按钮,桌面最右侧是桌面管理浮动窗口,当鼠标光标移动到其附近时将自动弹出,默认只有一个桌面。当单击"活动"按钮后,可以将应用拖到该区域,桌面管理浮动窗口就会自动弹出一个新桌面备用,可以直接将新应用拖到新桌面,只需要使用鼠标在桌面管理浮动窗口中单击相应虚拟桌面即可实现桌面的切换,如图 3-5 所示。

图 3-5　切换桌面工作区

7. 系统设置

顶栏最右侧是系统托盘区,登录到 GNOME 桌面后,顶栏最右侧有一个电源按钮,该按钮右侧有一个很不显眼的倒置三角按钮,单击此按钮会出现系统菜单,该菜单可以管理计算机的音量、网络、用户状态,以及注销、重启和关机等选项。其中系统设置最为重要,类似于 Windows 中的控制面板,可以进行各种配置。

1)无线网络和蓝牙设置选项

在此可以配置计算机的无线网络和蓝牙,以便顺利接入无线网络和连接蓝牙设备,Dock 设置界面如图 3-6 所示。

2)桌面壁纸和 Dock 设置选项

桌面壁纸和 Dock 设置可以设定桌面壁纸,并可以改变 Dock 的位置和图标大小,如将 Dock 从默认的左侧变更为底部,如图 3-6 所示。

图 3-6　Dock 设置界面

系统提示、桌面搜索、在线账号、隐私和共享管理等配置选项,使用时可以根据需要进行设置。

3)系统设置选项

系统设置选项包括区域和语言、声音、电源和网络设置,常用的显示设置则放到设备的二级菜单中,可以设置显示器的分辨率,还可以开启保护眼睛的夜光模式。

8. 通知区域

GNOME 的通知区域隐藏在顶栏中部的时间菜单中,在使用 GNOME 的过程中,会有大量的系统和应用程序的状态信息被保存到通知区域,并以动态提示框的形式显示,提醒大家注意或做出相应的操作,如移动设备、电子邮件、即时通信工具等提示信息,显示几秒后自动消失,如果错过了这些信息也没关系,直接单击顶栏中间的时间,在弹出的菜单中查找相应选项即可。

3.1.2　GNOME 高频操作

如果说经典的 GNOME 2.x 中最常用的是"开始"按钮的话,那么 GNOME 3 中最常用的应该是位于桌面左上角的"活动"按钮。下面强调几个实用操作。

1. 快速搜索和运行应用程序

GNOME 桌面环境可以通过启动器快速启动应用程序，直接单击启动器相应程序图标即可。此外，通过 Win 键或单击 Ubuntu 图标按钮，调出主面板悬浮窗口，在搜索框中输入运行应用程序的名称，按 Enter 键即可直接运行。如要运行终端，直接输入 terminal 即可，一般只需要输入 3 个字母，终端的图标就已经出来了，这时单击或通过方向键选中终端的图标，按 Enter 键即可运行。还有更简单的方法，即使用 Ctrl+Alt+T 组合键，快速运行终端程序如图 3-7 所示。

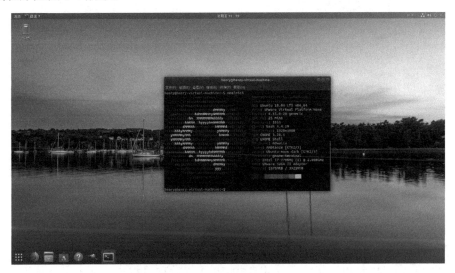

图 3-7　快速运行终端程序

2. 添加最常用的应用到 Dock

GNOME 3 中最常用的面板是 Ubuntu Dock，它是默认位于桌面左侧的透明面板，该面板具有两大功能，一是放置最常用的应用，二是显示当前运行应用的图标。欲添加常用应用到该面板也很简单，直接运行应用，右键单击应用，在弹出的快捷菜单中选择"添加到收藏夹"命令，即可将应用添加到该面板，添加后可以根据使用频率进行排序，使用起来更加顺手。

3. 应用程序之间的快速切换

若运行了多个应用程序，就会存在应用程序之间切换的问题，使用 Ctrl+Tab 组合键可快速在不同的应用程序之间进行切换，这时桌面上会出现一个巨大的应用切换对话框，通过按组合键的次数即可确定要切换到哪个应用程序，操作方法和在 Windows 中按此组合键的操作类似。

3.1.3 随心所欲定制 GNOME 3

1. 优化工具

在 Ubuntu 软件中心搜索优化工具 GNOME Tweaks，安装并运行即可。优化工具作为 GNOME 桌面环境定制化工具和扩展工具，可以定制 GNOME 外观、行为及很多桌面环境的配置，并可以安装有用的插件，以扩展或改善 GNOME 的功能，优化工具主界面如图 3-8 所示。

图 3-8 优化工具主界面

从图 3-8 中可以看出，优化工具主要由 10 个设置项目组成，从上到下依次为外观、字体、工作区、开机启动程序、扩展、桌面、电源、窗口、键盘和鼠标、顶栏，这些都是最常用的设置项目。下面就开始打造一个合身和高效的 GNOME 桌面环境。

1）外观

如果喜欢黑色主题，可以启用全局黑色主题选项，单击该选项，对应开关将置于开启状态。

如果安装了额外的主题，可以在主题中选择指定，如 GTK+主题、图标主题、光标主题等。

下面就以半透明加扁平风格的 Numix 主题为例来演示如何更换主题，在终端中运行如下命令安装 Numix 主题：

```
sudo apt update
sudo apt install -y numix-gtk-theme          #sudo 表示暂时以超级管理员的权限执行 Numix 主题的
                                              安装
```

成功安装后，在主题中找到所安装的 Numix 主题、图标、应用，即可令 GNOME 外观焕然一新，如果无特殊要求，其他配置可以保持默认。

至于桌面背景和锁屏画面，如果喜欢以前版本的桌面背景，可以通过如下命令全部安装：

```
sudo apt update
sudo apt install -y ubuntu-wallpapers*                               #安装各版本的 Ubuntu 壁纸
```

这样，在选择桌面背景或锁屏画面时就多出了很多选择，选择自己喜欢的背景和锁屏画面即可。

2）字体

安装字体需要一种特殊的软件，如果无特别的需求可以保持默认的名为 Ubuntu 的字体，该字体已经很不错了，其更为详尽的信息可以访问如下地址获取：https://design.ubuntu.com/font/。

还可以安装著名的文泉驿字体，具体方法如下：

```
sudo apt update                                                     #更新软件仓库目录
sudo apt install fonts-wqy-microhei fonts-wqy-zenhei fonts-wqy-microhei xfonts-wqy -y
                                                                    #安装文泉驿字体
```

然后在字体选项中选择安装好的文泉驿字体即可。

还可以将 Windows 字体目录 Fonts 复制到 Ubuntu 字体目录 /usr/local/share/fonts 下，然后运行如下命令修改字体属主权限并将字体加入系统：

```
sudo chown henry:henry -R /usr/local/share/fonts/Fonts              #将字体文件属主修改为当前
                                                                    用户 henry，可以根据情况灵
                                                                    活修改命令
sudo chmod 644 /usr/local/share/fonts/Fonts/* -R                    #修改字体文件的权限
sudo chmod 755 /usr/local/share/fonts/Fonts                         #修改字体文件夹的权限
sudo fc-cache -f -v                                                 #创建字体缓存
```

开发者大多使用等宽字体，而普通用户则主要在乎字体看着是否习惯和美观。最后需要提醒大家的是，即使添加了 Windows 字体，由于字体的渲染机制不同，也很难达到和 Windows 环境完全相同的效果，默认的 Ubuntu 字体和文泉驿字体已经很美观了。

3）工作区

工作区其实就是动态桌面的相关选项，默认为动态，没有特殊需求保持默认即可。如果喜欢原先的静态虚拟桌面，可以将动态设置为静态，并且可以定义虚拟桌面的个数。

4）开机启动程序

若需要设置某些应用随 GNOME 桌面一同启动，可以在该设置选项中添加，单击"加号"按钮，然后在弹出的应用程序对话框中选择自动启动的程序。

5）扩展

扩展又称为插件，可以拓展 GNOME 桌面的功能，单击"打开"按钮，启用 GNOME 插件，通过 Tweak 可以配置和管理各种 GNOME 插件，令 GNOME 功能更加强大。

成功安装后，注销并重新登录桌面，在优化工具的扩展中就可以看到该扩展，首先单击名称左侧的"启用"按钮，启用该扩展，然后单击右侧的"配置"按钮（齿轮状按钮），在"行为"标签页中可以设置应用按钮的位置，可以将该按钮从默认的底部设置为顶部。

在"外观"标签页中可以设置 Dock 的不透明度,令其透明且晶莹剔透,一般而言,常用设置就是这些。最后,如果要停用此扩展,直接单击其右侧的"移除"按钮即可。

6)桌面

设置桌面的图标和背景,如可以在桌面显示主文件夹、回收站、网络服务和已挂载文件系统等图标。如果没有十分特别的需求,保持默认背景即可。

7)电源

电源选项对于台式机和笔记本用户来说都十分有用,可以设置按下电源键后的动作,默认为休眠,合上笔记本后系统休眠挂起或不挂起。

8)窗口

在窗口设置中可以配置大家最在意的"最大化"和"最小化"按钮,令其马上出现在窗口上,具体方法是单击最大化和最小化所对应的"开启/关闭"按钮,即可启用这两个按钮,并使其立即生效。

9)键盘和鼠标

该配置页面中的输入源设置比较常用,输入源就是中文输入法。

10)顶栏

在该配置页中可以对时钟和日期进行配置,如无特殊需求,保持默认即可。

对 GNOME Tweaks 优化工具进行配置后,多数配置都需要注销当前桌面对话,重新登录 GNOME 桌面环境。

2. GNOME 高级使用技巧

1)创建快捷方式

在 GNOME 桌面环境迅速创建快捷方式是指在快速运行中设立快捷方式,适用于使用频度最高的应用程序,具体方法是在终端中执行相关命令,运行程序后,直接右键单击 Dock 中运行应用的图标,在弹出的快捷菜单中选择"添加到收藏夹"命令。如果要解除,只需要右键单击 Dock 中运行应用的图标,在弹出的快捷菜单中选择"从收藏夹中移除"命令即可。

2)安装 Numix 主题

GNOME 的精美主题有很多,这里以笔者钟爱的主题 Numix 为例进行安装,使用主题可以令桌面环境更加精美,但不推荐过度美化,浪费时间且意义不大。

运行如下命令安装 Numix 主题:

```
sudo apt install numix-gtk-theme -y
```

成功安装后运行 GNOME Tweaks 工具,选择对应的 Numix 主题即可改变桌面环境。

除了 Numix 主题,下列特色主题也都值得安装,Gnome-OSX 和 ArcMPD 都是扁平化 Mac OS 风格,而 Windows 10 Transformation Pack 则是大家熟悉的 Windows 10 主题,安装方法大同小异,故此处不再赘述。

3）安装 GNOME 桌面插件

利用 GNOME 桌面插件，可以随心所欲地定制桌面外观，拓展桌面的功能，使得对 GNOME 桌面环境的使用更加顺利和高效，如前面提及的 Dash to Dock 插件就可以将 GNOME Dash 定制为个性化的 Dock，笔者感觉没有插件的 GNOME 3 桌面环境使用起来比较生涩，下面就推荐几款值得安装的插件。

- ◆ Bing Wallpaper Changer：自动从 Bing 的图片库中更换壁纸，令桌面百看不厌。
- ◆ Media Player Indicator：影音爱好者必备的插件，犹如遥控器一般方便。
- ◆ Nvidia GPU Temperature Indicator：使用 N 卡的必备插件，显卡体温实时显示。
- ◆ Places Status Indicator：快速定位文件和文件夹，便捷高效。
- ◆ system-monitor：随时掌握系统状态。
- ◆ Weather 天气插件：在任务栏直接显示天气信息。

上述插件可以在 GNOME 插件官方地址下载。

3. 插件配置和管理

GNOME Tewaks 可以配置插件，图形界面操作非常容易，此处不再赘述，需要强调的是手动安装插件，GNOME 插件通常保存在~/.local/share/gnome-shell/extensions，多数插件都可以使用命令进行手动安装，下面就以插件 Dash to Dock 为例来介绍扩展的使用，Dash to Dock 插件比 Ubuntu Dock 具有更多的定制功能，运行如下命令安装该扩展。

```
sudo apt install -y build-essential git          #安装编译环境和 git 工具
cd
git clone https://github.com/micheleg/dash-to-dock.git
cd dash-to-dock/
make
make install
```

成功安装上述插件后重启系统，在 Tewaks 中的插件选项中启用并配置该插件，需要注意的是，该插件将会影响 Ubuntu Dock，如果喜欢 Ubuntu Dock，安装使用此插件需要谨慎，该插件效果如图 3-9 所示。

需要注意的是，上述插件不一定要全部安装，关键是要根据自己的需求选择是否安装，宁缺毋滥。

1）使用 JavaScript 交互窗口

GNOME 3 桌面环境其实就是一个开发环境，其内置了 JavaScript 控制终端，可以直接运行和调试 JavaScript 程序。按 Alt+F2 组合键，然后输入 lg 命令，即可调出该控制终端，可以在该终端中直接输入 JavaScript 语句，这里以一些简单的数学运算为例进行演示，具体操作如图 3-10 所示。

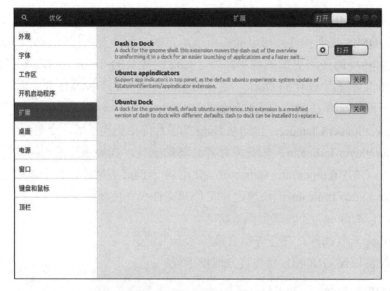

图 3-9　插件令 GNOME 更加高效和美观

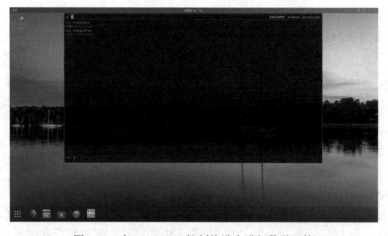

图 3-10　在 JavaScript 控制终端中进行数学运算

不仅如此,开发者还可以通过该终端获得桌面的详细信息,以及使用内置的系统调用和函数,切换到 lg 控制终端的 Windows 标签页,之后单击任意桌面要素的名称即可显示。当然,在此控制台中开发和调试自己的 GNOME 3 插件也是一个不错的选择,获得的桌面详细信息如图 3-11 所示。

2）无缝集成强大的截屏和录屏工具

GNOME 3 保留了 GNOME 2.x 中方便的截屏操作,只需要使用 PrtSrc 键就可以轻而易举地截取当前全部桌面,并自动保存到当前用户主目录的视频文件夹下,且将使用截图的时间作为图片的名称,保存格式为 PNG 格式。录屏是 GNOME 3 的全新增强功能,操作也十分简单,只需要按 Ctrl+Shift+Alt+R 组合键,即可开始录屏操作,这时,当前桌面的右上角就会出现一个红色圆点,表示开始录制桌面,具体操作如图 3-12 所示。

图 3-11　JavaScript 控制终端获得桌面程序的详细信息

结束录屏操作只需要再次按上述组合键即可，这时，Ubuntu 家目录的影片目录下就会出现一个录屏时间作为文件名，视频保存为 Google WebM 格式，录制的视频不但清晰，而且体积也很小。

经过 8 年多的发展，GNOME 3 桌面环境已经十分成熟了。掌握 Ubuntu 默认桌面环境 GNOME 3，并使用优

图 3-12　录制屏幕，注意右上角

化工具定制 GNOME 3 桌面环境，可以令其更加便捷和高效地工作，对于无论如何都只喜欢或只习惯 Ubuntu 经典界面或其他桌面环境的朋友，也绝对没有问题。

3.2　随心所欲定制桌面环境

根据著名 Linux 期刊 *Linux Journal* 于 2018 年年初发起的一项用户最喜欢的桌面环境的调查显示，KDE 位居第一，GNOME 3 位居第二，Xfce 位居第三，Cinnamon 位居第四，上述是投票率超过 10% 的桌面环境，具有一定的参考性。

下面介绍如何安装和定制上述最受欢迎的桌面环境，帮助大家触类旁通，并学会为 Ubuntu 系统安装和定制自己喜欢的桌面环境，令自己的桌面环境更加个性化，并能举一反三地灵活使用各种桌面环境。

由于 Ubuntu 18.04 默认的桌面环境是 GNOME 3，在前面已经学习过，故下面将着重介绍其他 3 个广受欢迎的桌面环境，当然也可以简单高效地选择相应的 Ubuntu 官方或非官方的衍生版本。

3.2.1　Cinnamon 桌面环境

Cinnamon 桌面环境由 Linux Mint（下文简称 Mint）开发，因为 Mint 深知用户操作习惯的重要性，在 GNOME 3 推出之时，没有完全导向 GNOME 3.x，将传统桌面环境的使

用习惯完全颠覆，在保留用户操作习惯的前提下，发布了基于 GNOME 3.x 的 Cinnamon 桌面环境项目，操作习惯和大家熟悉的 Windows 相仿。

Cinnamon 的代码是基于较新的 GNOME 3.x 的桌面环境开发的，最新稳定版本是 2018 年 5 月发布的 GNOME 3.8.1。在用户习惯上，保留着传统 Windows 桌面的习惯，同时具备 GNOME 3.x 的简洁性，使初学者也可以很快上手。Cinnamon 桌面环境如图 3-13 所示。

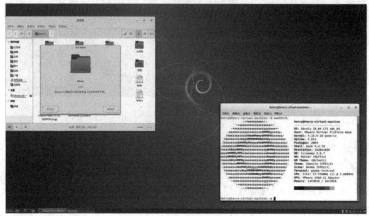

图 3-13　Cinnamon 桌面环境

Cinnamon 桌面环境由底部开始菜单和任务栏及上部的工作区构成，熟悉 Windows 的朋友可以很快上手。

1. 安装和卸载 Cinnamon 桌面环境

按 Ctrl+Alt+T 组合键，在虚拟终端中运行如下命令，可安装 Cinnamon 桌面环境：

```
sudo apt update
sudo apt install -y cinnamon-desktop-environment          #从官方软件仓库中安装 Cinnamon
                                                          桌面环境
```

如果要删除 Cinnamon 桌面环境，可以运行如下命令：

```
sudo apt purge cinnamon-desktop-environment               #彻底删除 Cinnamon 桌面环境
```

2. Cinnamon 桌面环境要素

1）应用要点

总体而言，Cinnamon 桌面环境的使用方法和体验与 Windows 十分相似，甚至很多 Windows 的使用技巧也可以照搬过来，如双击任何窗口的标题栏即可最大化窗口、按 Alt+F4 组合键可关闭当前活动窗口、按 Alt+Tab 组合键切换应用等，对此大家应该都非常熟悉了，此处不再赘述。

2）开始菜单 Menu

Cinnamon 的开始菜单十分抢眼，是在任务栏最左端大写的 Menu。开始菜单默认分为三列，其中最左侧为最常用的程序及锁屏、注销和退出三个按钮，其中最常用的程序可以自己定义，通过右键菜单添加到最爱（Add to favorites）来实现；中间为应用分类；最右侧就是显示应用分类中的具体应用，如选择 Internet 大类，最右侧的列中将显示互联网这个大类中所有的应用。需要强调的是，开始菜单的中间和最右侧两列的顶层为搜索栏，可以直接输入关键词进行搜索，如搜索自己想要运行的应用或到达的位置等，Cinnamon 的开始菜单如图 3-14 所示。

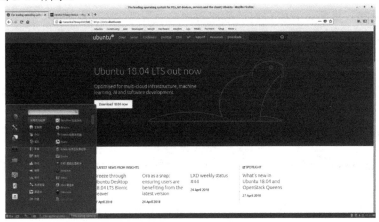

图 3-14　Cinnamon 的开始菜单

3）系统设置

Cinnamon 桌面环境中的系统设置极为重要，类似于 Windows 的控制面板，可以进行各种配置。Mint 的系统设置十分简洁和实用，明显受到了 MacOS 的影响，"系统设置"窗口如图 3-15 所示。

图 3-15　"系统设置"窗口

（1）"外观"设置选项。

该选项可以定制桌面环境的视觉效果，如定制背景图片、特效、主题和字体等。

（2）"首选项"设置选项。

"首选项"设置选项是系统设置中最庞大的部分之一，默认有 20 多个选项，比较常用的有日期和时间、桌面、开机自启动程序等。

（3）"硬件"设置选项。

"硬件"设置选项主要配置鼠标和触摸板、键盘、显示器、网络、电源管理及蓝牙等。

（4）"系统管理"设置选项。

"系统管理"设置选项主要配置用户和用户组。

3．Ubuntu 相应衍生版本

Mint（Cinnamon 版本）默认的桌面环境是 Cinnamon，Mint 虽然不是 Ubuntu 官方的衍生版本，但其在易用性上较 Ubuntu 略胜一筹。

Mint 的官方下载地址：https://linuxmint.com/download.php。

下载时需要注意，Mint 有 Cinnamon、MATE 和 Xfce 三个版本，应当选择 Cinnamon 版本的安装镜像下载。

3.2.2　KDE Plasma 桌面环境

KDE 是 K Desktop Environment（K 桌面环境）的缩写，目前的 KDE 5 是基于 Qt 5 及 KDE Frameworks 5 开发的，抛开 Plasma 的定制不谈，其使用起来和 Windows 的差异很小，是一个历史悠久的重量级桌面环境生态系统。就桌面环境而言，称为 Plasma 桌面环境可能更加贴切，不过为了照顾大家的习惯，下文还称为 KDE Plasma 桌面环境。

之所以称 KDE 为桌面环境生态系统，是因为经过多年的发展，目前 KDE 桌面环境不仅是一个桌面环境，更是一个构建了各类应用的巨大生态系统，KDE 桌面环境及其应用的名字大多以 K 开头，如 KDE 的浏览器兼文件管理器的名字是 Konqueror，终端模拟器名为 Konsole，BT 客户端名为 KTorrent，刻录工具的名字是 K3b，图形图像处理软件被命名为 Krita。当然这也不是绝对的，如 KDE 桌面环境默认的文件管理器就被命名为 Dolphin（海豚），办公套件名为 Calligra Suite，而桌面的核心程序名为 Plasma（等离子体），此外还有不少例子，就不一一列举了。

就 KDE 发展而言，KDE 4.0 是一个分水岭，在这之前是一种设计思路，而之后的版本则是另一种设计思路，喜欢 KDE 4.0 之前版本的朋友可以选择 Trinity-DE 桌面环境，这是从 KDE 3.5 发展而来的桌面环境分支，完全保持了 KDE 的使用习惯。

Trinity-DE 的部署方法可以参考官方 Wiki 文档，地址：https://wiki.trinitydesktop.org/UbuntuInstall。

1. 安装和卸载 KDE 桌面环境

要为 Ubuntu 18.04 安装 KDE 桌面环境，只需要执行如下命令：

```
sudo apt update
sudo apt install -y kubuntu-desktop          #安装 Kubuntu 桌面环境，即 KDE Plasma，但
                                              是经过官方定制的 KDE 桌面环境和 KDE 官
                                              方版本略有差异，可以近似地认为就是 KDE
                                              Plasma
```

安装过程中会出现对话框，处理方式和 Budgie 桌面环境类似。需要注意的是，在登录并选择桌面环境时，要选择 Plasma 选项而不是 KDE，才能顺利登录到 KDE Plasma 桌面环境。KDE Plasma 桌面环境如图 3-16 所示。

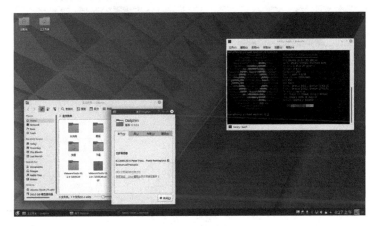

图 3-16　KDE Plasma 桌面环境

卸载 KDE 桌面环境也很容易，具体操作如下：

```
sudo apt purge kubuntu-desktop -y            #彻底删除 Kubuntu 桌面环境
```

2. KDE Plasma 桌面环境要素

1）KDE Plasma 桌面三大主要部件

KDE Plasma 桌面三大主要部件分别为文件管理器 Dolphin、系统设置中心和 Discover 商店。

文件管理器 Dolphin 一直都是 KDE Plasma 的默认文件管理器，功能全面且强大，尤其是实用的 Split 功能更是使文件管理十分高效和直观，如图 3-17 所示。

系统设置中心主要由外观（Appearance）设置选项、工作区（Workspace）设置选项、个性化（Personalization）设置选项、网络（Network）设置选项及硬件（Hardward）设置选项构成，类似于 Mac OS 的配置中心。

此外，类似于 GNOME 中的软件管理中心和 Windows 的应用商店，KDE Plasma 中也内置了 KDE 环境的丰富应用，并通过"发现"来展示给大家。"发现"的使用极其简单，先搜索再安装使用即可，Discover 商店内部如图 3-18 所示。

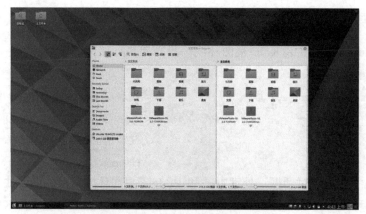

图 3-17 默认文件管理器 Dolphin

图 3-18 Discover 商店内部

2）KDE Plasma 桌面的定制

Plasma 是 KDE 桌面环境的核心和关键，Plasma 桌面主要由活动、面板和小部件三大要素构成。活动可以创建和管理多个桌面，可以视为多桌面管理器，类似于 Mac OS 的桌面管理。掌握 Plasma 的关键就在于熟练掌握定制 Plasma 桌面，简言之就是掌握定制面板、添加部件和管理活动等，下面介绍如何将一个空白桌面打造成一个可用的桌面。

就 Plasma 而言，其活动类似于 Mac OS X 的多桌面管理，默认只有一个桌面可用，该桌面是由面板、各种窗口、工作区和各种小部件构成的，由于窗口及工作区是默认配置，故可以自定义的也就是面板和小部件了。

（1）管理活动（Activities）。管理活动就是管理多个桌面，如创建第二个或更多个桌面，在多个桌面之间直接切换等，具体操作如下：右键单击桌面，在弹出的快捷菜单中选择"活动"命令，这时桌面左侧将弹出一个侧栏。可以手动创建桌面，随心所欲地在各桌面之间切换，关键操作如下：右键单击桌面或单击桌面右上角的腰果菜单，选择"活动"选项，即可弹出活动管理侧栏，在此侧栏中便可完成添加一个默认活动或切换到某个桌面环境的操作，添加一个新桌面只需要单击侧栏下部的"添加活动"按钮，然后在弹出的活动设置对话框中命名，即可创建，还可以在活动设置对话框中进行其他必要的设置。切换桌面更为简单，直接单击要切换的桌面即可，具体操作如图 3-19 所示。

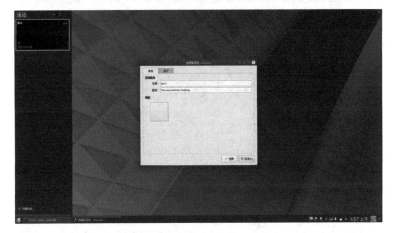

图 3-19　添加 Plasma 桌面

这里为了简单，只使用默认桌面环境，即不添加额外的桌面，在实际应用中，大家可以自由地创建和定制多个桌面。此外，就一个桌面环境而言，可以通过定制面板和小部件来定制 Plasma 的桌面环境，这也是定制 Plasma 桌面环境的关键所在。

（2）添加面板（Panel）。右键单击桌面或单击桌面右上角的腰果菜单（尽管该按钮早已不是腰果形的了，但仍称为腰果菜单），选择"添加面板"→"默认面板"选项，即可添加一个默认面板到 Plasma 桌面。面板其实就是大家熟悉的桌面任务栏，默认的面板已经将最基本的部件预置好了，直接选择默认面板即可，可以将其放置在桌面的任何位置，通常放置在下部比较符合使用习惯，关键操作如图 3-20 所示。

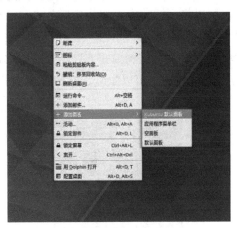

图 3-20　添加面板到 Plasma 桌面环境

（3）定制面板。默认面板已经将最基本的部件预置好了，大家可以根据自己的需要进行定制，如添加自己需要的部件或删除无用部件等，单击面板最右侧的按钮，即可进入定制模式，关键操作如图 3-21 所示。

图 3-21　进入面板的定制模式

单击"加号"按钮即可添加所需要的部件,如图 3-22 所示。

图 3-22　添加所需要的部件

如果要删除不必要的部件,在面板的定制状态下直接将鼠标光标放到要删除的部件外,在弹出的菜单中选择红色的"关闭"按钮,即可将该部件删除,关键操作如图 3-23 所示。

图 3-23　删除无用部件

此外,定制好面板后,可以将面板状态设置为锁定状态,这样面板就不会因误操作改变了,具体方法如下:进入定制模式之后,单击"更多设置"下拉菜单按钮,选择"锁定部件"选项即可。锁定面板后如要进入定制模式,只需要右键单击面板,在弹出的快捷菜单中选择"解锁部件"命令便可解锁,可以重复上述操作重新定制,关键操作如图 3-24 和图 3-25 所示。

图 3-24　切换到锁定模式

图 3-25　返回定制模式

需要注意的是，进入定制模式或解锁模式对当前所有面板生效，即如果对一个面板进行锁定操作，当前所有面板都将被锁定，反之亦然。要删除一个面板也非常简单，只需要在"更多设置"选项中选择删除面板，当前面板就会被删除。

（4）添加部件（Widgets）。前面介绍了为面板定制部件，下面就来为桌面添加并定制部件，关键操作如下：右键单击桌面或单击桌面右上角的腰果菜单，在弹出的快捷菜单中选择"添加部件"→"添加部件"命令，桌面左侧便出现一个侧栏，从此侧栏中可以为桌面或面板随心所欲地添加各种部件，如为桌面添加一个时钟部件，可直接在选择部件的侧栏中选中模拟时钟，将其拖到要放置的位置，然后对该部件长按鼠标左键，出现部件定制栏，通过定制栏上的大小调整按钮、部件旋转按钮和部件设置按钮对部件进行调整，完成部件的定制，关键操作如图 3-26 所示。

图 3-26　定制桌面部件

如果需要删除部件，只需要单击定制栏中的红叉，即可删除无用部件。此外，如果默认的部件不够用，还可以从网上下载更多的部件。

3. Ubuntu 相应衍生版本

以 Plasma 为默认桌面环境的版本 Kubuntu 是一个历史悠久的官方衍生项目，Kubuntu 的官方主页：https://kubuntu.org/。

3.2.3　Xfce 桌面环境

Xfce（XForms 通用桌面环境）的设计目标是快速小巧、外观华丽且易于使用。虽然 Xfce 已经重写并不再使用最初的 XForms 工具包，但是 Xfce 的名字一直沿用至今，其最新稳定版本为 Xfce 4.12，于 2015 年 2 月 28 日发布。

1. 安装和卸载 Xfce 桌面环境

为 Ubuntu 安装 Xfce 桌面环境的具体操作如下：

```
sudo apt update
sudo apt install -y xubuntu-desktop                    #从官方软件仓库中安装 Xubuntu 桌面环境
```

成功安装并登录后，将会看到如图 3-27 所示的效果。

图 3-27　Xfce 桌面环境

如果需要卸载 Xubuntu 桌面环境，可以执行如下命令：

```
sudo apt purge xubuntu-desktop -y
```

2．Xfce 桌面环境要素

Xfce 桌面环境默认采用 Thunar 充当默认文件管理器，整体而言与 GNOME 2.x 的桌面环境和使用习惯类似。

3．Xfce 相应衍生版本

以 Xfce 作为默认桌面环境的官方衍生版本为 Xubuntu，其官方网址：https://xubuntu.org/。下载地址：https://xubuntu.org/download。

除了 Xubuntu，非官方的衍生版本 Linux Lite 也是一个很好的选择，这是一个基于 Ubuntu LTS 构建，并为 Linux 初学者定制的版本，界面设计时尚，采用扁平化风格，简洁雅致，基于 Ubuntu 18.04 构建的版本为 Linux Lite 4.0，其官方网址：https://www.linuxliteos.com/。

3.2.4　Ubuntu 经典的桌面环境

Ubuntu 经典的桌面环境主要包括 Ubuntu 11.04 之前的 GNOME 2.x 桌面环境，以及从 Ubuntu 11.04 到 Ubuntu 16.10 所采用的 Unity 桌面环境。GNOME 2.x 还在延续，即 MATE 桌面环境项目。

1. 彻底返回 GNOME 2.x 的 MATE 桌面环境

MATE 桌面环境和 Cinnamon 桌面环境一样，也是由 MINT 团队所创建的项目。由于团队已不再对 GNOME 2.x 进行维护，于是就创建了一个名为 MATE 的新项目，继续发展 GNOME 2.x 分支，同时也兼容老的显示系统。因为 MATE 桌面环境继承了 GNOME 经典的桌面环境，故其使用习惯和传统 GNOME 桌面环境完全一样，最新稳定版本为 2019 年 11 月发布的 GNOME 3.35.2。MATE 桌面环境如图 3-28 所示。

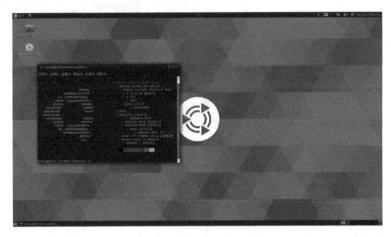

图 3-28　MATE 桌面环境

运行如下命令安装 MATE 桌面环境：

sudo apt update

sudo apt install -y ubuntu-mate-desktop　　　　　　#从官方软件仓库中安装

如果不再需要，可以执行如下命令进行卸载：

sudo apt purge ubuntu-mate-desktop-y　　　　　　#彻底删除 MATE 桌面环境

同时，Ubuntu 也为大家准备了一个闪回软件包，可令默认的 GNOME 3 桌面环境快速恢复到 GNOME 2.x 桌面环境的界面和使用习惯，具体安装方法如下：

sudo apt update

sudo apt install -y gnome-panel gnome-flashback gnome-session-flashback

成功安装闪回软件包后，重启 Ubuntu，选择"GNOME Flashback（Metacity）"选项，登录后就可以回归 Ubuntu 传统的界面（Ubuntu 11.04 以前）和操作习惯了，具体效果如图 3-29 所示。

2．Unity 桌面环境

从 Ubuntu 17.04 起，默认桌面环境就由 Unity 切换为 GNOME 3。Unity 可视为 GNOME 3 的一个分支，刚推出时很多用户都怨气连天，但经过多年的使用，很多用户又习惯和喜欢上了 Unity 桌面环境。毕竟过去六七年来，作为 Ubuntu 的默认桌面环境，Unity 已经发展得十分成熟和稳定了，用户体验也十分优秀，Ubuntu 16.04.4 对 Unity 7 进行了升级，最新版本为 Unity7.5。此外，Ubuntu 官方将 Unity 8、Mir 及 Ubuntu Touch 交给了 UBports 社区进行进一步的发展，更为详细的信息请访问 UBports 社区，地址：https://ubports.com/。

图 3-29　回到 Ubuntu 11.04 之前的经典界面

若想继续在 Ubuntu 18.04 中使用 Unity 桌面环境也不是很难，具体效果如图 3-30 所示。

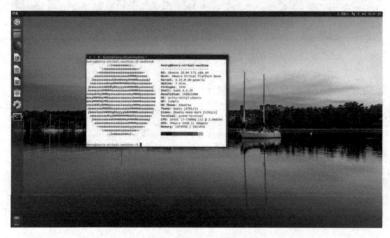

图 3-30　经典 Ubuntu 桌面环境——Unity

1）安装和卸载 Unity

最简单的安装方法是从 Ubuntu 18.04 官方软件仓库中安装 Unity，具体操作如下：

```
sudo apt update
sudo apt install -y unity                                          #仅 Unity 桌面环境
或
sudo apt install -y ubuntu-unity-desktop                           #整个 Unity 桌面环境及集成应用
```

成功安装后，重启操作系统，在弹出的登录菜单中选择"Unity"选项即可重返 Unity，登录之后就可以看到熟悉的 Unity 桌面环境了。默认安装的是 Unity 7.5，通过如下命令获得：

```
unity --version                                          #获得版本信息
unity 7.5.0
```

在登录时选择 Ubuntu 或 Ubuntu on Xorg 登录选项均可登录 GNOME 3 桌面环境。

2）卸载 Unity

要想彻底删除 Unity，可以在虚拟终端中使用如下命令卸载：

```
sudo apt purge unity -y                                  #彻底删除 Unity
```

至于 MATE 及 Unity 桌面环境的使用，此处不再赘述。需要提醒大家的是，由于上述桌面环境大多体积较大、软件包较多，无论安装还是卸载都可以使用如下命令，以减少无用软件包所占用的空间：

```
sudo apt autoremove                                      #彻底清理系统无用软件包
```

最后需要特别提醒大家的是，不要为 Ubuntu 安装过多的桌面环境，最好不超过两个，以免影响 Ubuntu 的速度、稳定性和正常使用。

3.3 本章小结

通过本章的学习，大家可以快速掌握 Ubuntu 新的默认桌面环境 GNOME 3，还可以随心所欲地安装和定制其他流行的桌面环境，系统地掌握 Ubuntu 默认和非默认的桌面环境，令自己的 Ubuntu 更加个性化、高效和美观。用好一个桌面环境仅有这些知识是不够的，本章内容仅指导大家用起来，带大家入门，具体使用中的更多细节和技巧还需要大家自己去摸索和掌握。

第 4 章

Ubuntu 命令行及应用部署

熟悉了 Ubuntu 桌面之后就可以再深入一点，掌握 Linux 的关键文件系统并使用命令行来做一些事情了。Ubuntu 是一种 Linux 发行版本，而 Linux 是一个类 UNIX 系统，在 UNIX 或类 UNIX 系统中，信息组织的基本单位被称作文件，并且计算机的所有软硬件资源都可以抽象成文件，这就是常说的 Everything is a file（一切皆文件），并且制定出 UNIX 文件系统参考标准 FHS（Filesystem Hierarchy Standard），后来 FHS 又被纳入 Linux 基金会制定的 Linux 标准规范 LSB（Linux Standard Base）标准之中，每个遵循 LSB 标准的 Linux 发行版本都采用类似的文件系统结构，但不一定完全相同。

"一切皆文件"这一理念对于 Windows 的用户来说有点像天方夜谭，文件是文件，设备是设备，怎么可能都是文件呢？但这一理念对于 Ubuntu 而言，却再自然不过了。简而言之，所有的 I/O 设备被分为块设备文件和字符设备文件，都与/dev 目录下的特殊文件联系在一起，用户无须了解硬件设备的读/写方式，只需要像操作普通文件一样操作特殊文件，即可达到访问 I/O 设备的目的。例如，读取特殊文件相当于从硬件设备中直接读出数据，写特殊文件则相当于直接向硬件设备发送数据。

4.1 Ubuntu 文件系统

Ubuntu 文件系统就是采用一种逻辑的方法组织、存储、访问、操作和管理信息，把文件组织在一个层次目录结构的文件系统中，每个目录包含一组相关文件的组合，每个文件一般都提供打开（Open）文件、创建（Create）文件、读（Read）文件和写（Write）文件等基本操作。

最终，Ubuntu 通过其文件系统，实现了对软硬件的统一管理和控制，提供了一种通用的文件处理模式，简化物理设备的访问，按文件方式处理物理设备，并允许用户以同样的命令处理普通文件和物理设备。例如，磁盘存储设备被视为一个块设备文件，而键盘、鼠标和显示器则被视为字符设备文件。Windows 的文件系统则比较单纯，功能也比较单一，只具有数据存储概念，用于存储各种文件并以分区为单位创建。

由于本章会涉及大量的命令行操作，对于初学者而言接受起来或许会有一点困难，如果实在理解不了也没有关系，先熟悉一下，等对 Ubuntu 了解得更为全面和深入时再来复习，相信那时会更有收获。

4.1.1 Ubuntu 文件层次结构

Windows 和 Ubuntu 文件及文件系统的差异是这两个系统最为本质的差别之一。从 Ubuntu 使用者的角度看，Ubuntu 的文件系统只是一个树形层次组织结构的目录文件树，文件系统的起点根据用户身份的不同而不同，如超级用户 root 的家目录是 root，而普通用户的家目录则是/home 目录下和用户名相同的目录。所有的目录无论如何组织，最终都要挂在根目录"/"之上，这和树的层级结构比较类似。树的层级结构是根—干—枝—叶，无论如何组织，最终，干—枝—叶都要连接到根，这样，理解 UNIX/Linux 化繁为简的系统管理思路就比较容易了，所以，根目录"/"相当于整个目录文件树的根。Ubuntu 根目录文件如图 4-1 所示。

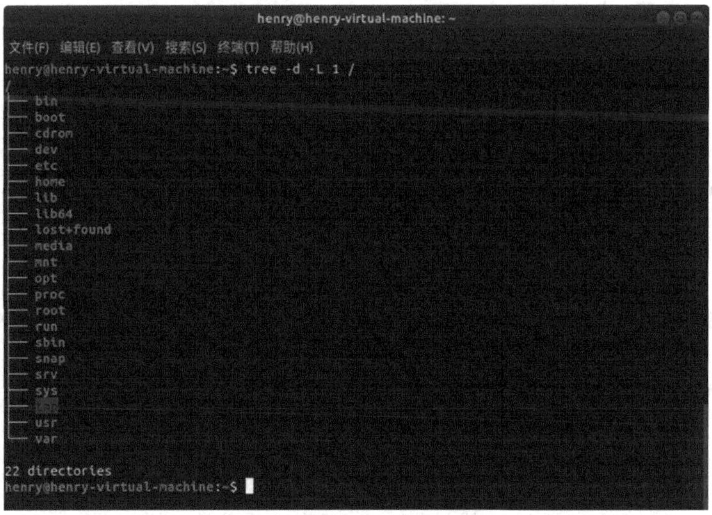

图 4-1 Ubuntu 根目录文件

子目录是整个目录文件树形层次组织结构中的一个中间节点，是比当前目录层次低一级的目录。文件是整个目录树形层次组织结构中的一个叶子节点。如果/etc 目录是当前目录，那么所有位于/etc 下的目录和其子目录都是当前目录的子树，如 Network 和 Network Manager 就是/etc 下的子树。除非明确指定了目录路径，大多数 Linux 系统命令均把文件参数看作当前目录中的文件。

在文件系统中，若干文件可以组成一个目录，而若干不同的目录则可以构成一个目录的层次组织结构,位于目录层次组织结构顶端的就是一个被称为根目录的特殊目录。根目录包含各种系统目录和文件,如/bin、/boot、/dev、/etc、/home、/lib、/proc、/sbin、/tmp、/usr和/var等标准目录。

需要说明的是,文件系统层次结构标准(Filesystem Hierarchy Standard,FHS)很早就是一个独立的UNIX或类UNIX的文件系统层次结构标准。

FHS文件系统层次结构通用标准示意图如图4-2所示。

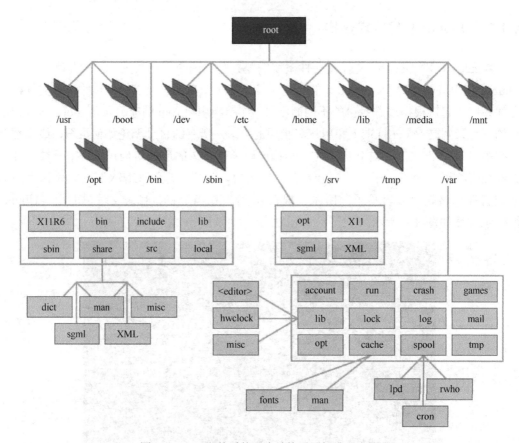

图4-2　FHS文件系统层次结构通用标准示意图

后来FHS标准被纳入Linux标准规范(Linux Standard Base,LSB)中。

Ubuntu文件系统的设计目的就是把文件有序地组织在一起,提供一个从逻辑上组织文件的文件系统。除了文件的组织,文件安全也是文件系统设计的要点。所以,文件的访问权限是文件系统不可或缺的组成部分。

4.1.2　绝对路径和相对路径

文件系统是一个层级系统,所以,要访问层级系统有两个起点:一是从根目录开始算起,称为绝对路径,特点是路径名以斜线开始;二是从当前目录开始算起,称为相对路径,特点是以目录名而非斜线开始。绝对路径名指定了文件在文件系统的层级结构中,从根目录开始的存储位置。而相对路径名则是以当前目录为起始字符的所有路径名，相对路径名指定了文件在文件系统中相对于当前工作目录的存储位置。

细心的读者会注意到每个目录都存在两个特殊目录，它们就是以句点"."和双句点".."命名的两个特殊的目录文件，分别表示当前目录和其父目录。这两个特殊目录把文件系统中的各级目录有机地连接在一起。

Tips：特殊目录名称。
◆ ~：表示家目录。
◆ -：表示切换到当前目录之前的目录。

4.1.3 Linux 文件类型

在 Ubuntu 系统中，文件是由一系列连续的字节流组成的，最后以一个 EOF 字符结束。但从物理实现上讲，文件实际上是由磁盘（或其他存储介质）上的一系列数据块组成的，且组成文件的数据块并不一定是连续的。如果文件是一个 ELF 的可执行文件，且具有执行权限，它执行后就会出现在内存中，以进程的形式在内存中运作。

Ubuntu 系统并不像 Windows 系统那样以扩展名区分文件的类型。因此，单从文件名本身来看，大部分文件的类型都无从知晓。Ubuntu 系统虽然没有对文件的命名规则，却有约定俗成的命名习惯，如以".c"作为 C 源程序文件名的扩展名，以".sh"作为 Shell 脚本文件名的扩展名。

Ubuntu 文件系统中存在多种类型的文件，如最流行的 Ext3/Ext4 文件系统，一般都支持普通文件、目录文件、链接文件、设备文件 4 种不同类型的常规文件。

1）普通文件

普通文件是一组信息的基本存储单位。通常，每个文件都拥有一个名字，通过名字可以对文件的数据内容进行处理。在 Ext3/Ext4 等文件系统中，文件名可以长达 255 个字符。普通文件以"-"表示。

普通文件可以保存任何数据，内容可以是 ASCII 文本、源代码、Shell 脚本及各种文档等，也可以是二进制程序代码。

2）目录文件

在 Ubuntu 系统中，目录也是一种文件，而且是一种特殊类型的文件，其中存储的是一系列文件名及其信息节点号。除了存储的内容不同，目录还提供了文件名、信息节点与文件数据之间的关联关系。

目录文件是由一系列目录项组成的，每个目录项由两个不同的字段组成：一个字段为信息节点号，用于引用信息节点；另一个字段为文件的名字。

3）链接文件

链接文件类似于 Windows 系统的快捷方式，即为同一数据或程序赋予不同的文件名，这种类型的文件在 Ubuntu 中被称为链接文件。链接文件又分为硬链接文件和软链接文件两大类。硬链接实际上不增加存储空间，不占用新的 inode 的复制，不能跨越文件系统，而软链接能够跨越不同的物理文件系统建立链接文件。链接文件用字母 l 表示。

4）设备文件

设备文件可能是最特殊的文件之一，初学者理解起来可能比较困难，其实只把它当成一个可打开、可读/写的文件即可，设备文件的发明令用户能够像读/写普通文件一样访问外部设备，而不必涉及各种 I/O 设备的具体操作细节。每个设备文件均对应一个 I/O 设备，由 I/O 设备驱动程序实现用户与设备之间的数据通信。常用到的设备文件类型有字符特殊文件（用字母 c 表示）和块特殊文件（用字母 b 表示）。

如何确定文件的类型呢？Ubuntu 提供了 file 命令，这里只看该命令的执行结果：

```
sudo file /bin/bash
/bin/bash:                          ELF 64-bit LSB executable, x86-64, version
1 (SYSV), dynamically linked (uses shared libs), for GNU/Linux 2.6.32, BuildID[sha1]=76f84d606b53a358a1d9bffe3a383075d1b5d7ca, stripped
```

4.2　令初学者头痛的命令行

对于工作站用户而言，命令行只不过是解决问题的一种方式而已，无论是图形界面环境还是命令行环境，哪个可以方便、快捷地解决问题就用哪种方式，不存在优劣之分。Linux 命令行对于 Linux 系统管理员（SA）、运维（Ops）或 DevOps 从业人员来说非常重要，直接影响工作效率。所以，Linux 初学者不要苛求自己，开发者也无须着急，只要坚持使用，掌握命令行是水到渠成的事情，下面先来了解一下 Linux 命令行的容器和通用格式。

Linux 通用格式如下：

```
Command Options Objects                #很好记忆的 Linux 命令行通用格式
```

为了便于记忆，此处采用了一个比较奇特的翻译，以凑成 COO（首席运营官）来表示 Linux 命令的格式，其中 Command 表示 Linux 命令，Options 表示命令选项，Objects 表示多操作的文件。需要注意的是，Options 和 Objects 都是复数，表示一个命令可以具有多个参数和多个操作对象。

如下面的命令：

```
ls -lF /
```

其中，Command 是 ls，Options 有两个参数——l 和 F，分别表示长格式和根据文件类型显示不同颜色，Objects 的操作对象是根目录"/"。

```
tar -Jxf linux-4.2.tar.xz
```

其中，Command 是 tar，Options 有 3 个参数——J、x 和 f，分别表示解压 xz 格式 tar 包，x 表示解压解包，f 表示所操作的文件名称，后面只能接文件名，Objects 操作对象是内核源代码 linux-4.2.tar.xz。

使用命令行要特别注意当前用户的权限，安装系统后登录 Ubuntu 的用户都是普通用户，在自己的家目录，就是/home 目录下和用户名同名的目录，具有完全的权限。其他地方主要是超级用户 root 的地盘，所以权限受限，上述命令在自己的家目录之外操作就需要 sudo 命令。sudo 命令的基本功能就是临时把你变成超级用户，默认是 5 分钟，在此时具有修改系统文件的权限。在后面的章节中会有很多地方用到 sudo 命令，要临时变身成超级用户，只需要在执行的命令前添加 sudo，执行后会提示输入当前用户密码，通过身份验证后就变成了 5 分钟超级用户，这样做是为了安全，因为 sudo 命令在赋予你临时超级用户身份的同时也会记录下你的身份，这样既方便了普通用户的操作，又减少了超级用户密码的使用。

```
cp -r ./src /
cp: cannot create directory '/src': Permission denied
```

直接复制报错，提示没有权限将 src 目录复制到根目录，添加 sudo 命令变身为 5 分钟超级用户，即可顺利完成上述操作：

```
sudo cp -r ./src /
[sudo] password for henry:
```

将当前目录的 src 目录复制到根目录，由于当前用户对根目录没有权限，所以使用 sudo 命令。此外，在图形界面环境下，使用 sudo 需要在弹出的对话框中输入密码，功能和 sudo 完全一样。

掌握了 Linux 的通用格式后，就可以大胆地模仿使用了。要运行 Linux 命令行，可以先使用快捷键 Ctrl+Alt+1~6 切换到 Linux 的终端模式，或使用快捷键 Ctrl+Alt+T 启动虚拟终端。在终端模式下需要先用自己的用户名和密码登录后才可以运行命令，如果要返回图形界面，则使用快捷键 Ctrl+Alt+7 来切换，使用命令行表示安装及配置既简洁又准确，而虚拟终端则是 Ubuntu 的桌面环境通过软件模拟出来的，故称为虚拟终端，由于是在图形界面操作，故无须登录。本书后续章节的操作将以命令行为主，并辅以图形界面帮助大家使用命令行，通常是使用虚拟终端，边学边用方能扎扎实实地掌握。此外，多数命令行都会有相关注释以便于大家理解和操作。

掌握了 Linux 命令的通用格式，还要熟悉 Linux 文件系统的权限。Linux 的权限沿用了 UNIX 的 UGO 权限，系统从文件出发，默认把用户分为文件属主、同组用户和其他用户 3 类，其中其他用户的权限最大，其实就是指非文件属主和同组用户之外的所有用户。系统中的任何一个文件，都默认被赋予了一定的访问权限，如读、写和执行的权限，这为系统提供了最为基本的安全机制。

1）读（r）权限

如果文件具有读权限，则对应用户可以读取文件，如获取文件内容及复制文件等，但不能修改。如果目录具有读权限，则表示允许用户进入某个目录，并可以列出目录下的文件，所以，目录至少应被赋予读权限，否则无法访问。

2）写（w）权限

如果文件具有写权限，则相应的用户可以读、写文件，并能获取文件内容，以及复制、修改、移动和删除文件等。对于目录而言，如果允许用户创建新文件和删除文件，则必须赋予用户写目录的访问权限。

3）执行（x）权限

如果文件具有执行许可，则相应的用户可以运行文件（如程序文件）。对于目录而言，如果允许用户访问其中的任何子目录，则必须赋予用户"执行"目录的访问权限。

4.2.1 身份权限管理及开关机

前面已经介绍了文件权限，因为用户身份和文件权限密切相关，故登录系统后第一件事就是获得必要的信息，包括用户身份、用户切换和临时提权等。

1）获取用户身份命令

Linux 有两种用户身份，一种是 root 身份，这是系统管理员在系统中具有权限最高的身份；另一种是更为常见的普通用户，只对自己的家目录具有所有权限。所以，第一个任务就是要搞清自己的身份，可以运行如下命令：

```
whoami
henry
```

whoami 命令可以获得当前用户名称，如返回结果是 henry，说明当期用户是 henry 用户，并对 /home/henry 目录具有所有权限，至于用户身份，看命令行提示符就知道了，提示符是 $，则说明当前用户为普通用户。

2）su 命令

su 命令用来切换用户身份，如要从 henry 用户身份切换为 root 用户，即提升用户权限，只需要运行如下命令：

```
su - root              #-表示切换到 root 用户及环境
```

或

```
su -                   #可以省略 root 用户
```

切换用户身份后，提示符将由普通用户的"$"变为超级用户的"#"，命令中的"-"表示套用所切换用户的 Shell 环境。不仅如此，还可以通过 su 命令将自己变身为系统中的任意用户。

3）sudo 命令

如果只是想临时获得超级用户权限来完成某一操作，即临时提权，只需要运行 sudo 命令即可：

```
sudo snap install firefox        #临时获得超级用户权限，通过 snap 来安装 firefox 浏览器
[sudo] password for henry:       #输入 henry 用户的密码
```

需要注意的是，命令行模式将会提示输入当前用户口令，如果是在图形界面中，需要超级用户权限时，将会弹出密码对话框，输入当前用户的密码后，即可临时获得超级用户权限。

4）重启系统命令

通过下述命令重启计算机：

sudo shutdown -r 0	#r 参数表示重启，0 表示 0 秒后重启，即立即重启，这是最为稳妥的重启方式

或

sudo reboot	#快速重启系统

5）关机命令

运行如下命令关闭计算机：

sudo shutdown -h 0	#h 参数表示关机，0 表示 0 秒后关机，即立即关机，这是最为稳妥的关机方式

或

sudo halt	#快速关机，因为文件系统越来越强大，因此可以直接关机

4.2.2　复制文件和目录

前面介绍过通过文件管理器 Files 管理文件，下面介绍在命令行管理文件的方法。

1）复制文件

在 Files 中从一个位置复制文件，可直接拖动或使用右键菜单选择复制，然后打开目标文件夹进行粘贴即可复制，在命令行中复制文件或目录可以使用 cp 命令：

```
cd
cp ./.bashrc src/
```

2）复制目录

首先要确定源目录是自己的家目录，然后复制当前目录下的隐藏文件 bashrc 到 src 目录下。

```
cd /etc
cp profile ~
```

将工作目录切换到 etc 目录，然后复制 profile 文件到自己的家目录下。

如果要复制整个目录，则需要添加一个 r 参数，这样就可以将目录及目录下的所有文件复制到目标位置，具体操作如下：

```
cp -r ./src ~/Documents
```

只需要掌握一个命令和一个参数就可以在命令行中自由复制文件或文件夹。

4.2.3　删除文件和目录

1）删除文件

在图形界面环境中删除一个文件极为简单，直接将欲删除的文件拖到回收站即可。在命令行中删除文件需要使用 rm 命令：

```
rm umask027.chk
```

这样就完成了文件的删除。需要提醒大家的是，对于 Ext 文件系统来说，删除的文件极难恢复，所以，删除前一定要慎重。

2）删除目录

删除目录和复制命令 cp 类似，需要添加 r 参数，这样就可以将目录及该目录中的所有文件全部删除，命令如下：

```
rm -r ./src
```

还有一个比较鸡肋的命令就是 rmdir，要使用该命令删除目录，首先需要将该目录下的所有文件删除才能成功。

4.2.4 创建文件和目录

在命令行中创建一个文件可以使用 touch 命令，不过所创建的只是一个空文件，命令如下：

```
touch umask027.chk
```

如果要创建一个有内容的文本文件，可以使用如下命令：

```
echo "Hello world" >hello
```

创建目录可以使用 mkdir 命令：

```
mkdir src dest
```

使用上述命令将一次创建两个目录——src 和 dest。

4.2.5 移动文件和目录

使用 mv 命令可以移动文件和目录，相当于在 Files 中将一个文件或文件夹剪切到另一个目录下，命令如下：

```
mv hello src
```

将文本文件 hello 移动到 src 目录下，命令如下：

```
mv src dest
```

再将 src 目录移动到 dest 目录下。

4.2.6 浏览文本文件

要在命令行中浏览 ASCII 文件，如源代码、Shell 脚本等，可以使用 cat 命令：

```
cat README                          #一次性显示所有文本
```

或

```
more README                         #翻页显示文本，但只能向下翻页
```

或

```
less README                         #翻页显示文本，可上下翻页
```

浏览隐藏文件 README。

4.3 命令行软件包管理工具

上一节分门别类地讲解了一些常用的命令，下面就来学习使用命令行管理 Ubuntu 软件包的方法，如安装、卸载和升级等，帮助大家快速掌握软件包管理的高频命令行。

4.3.1 高频软件包管理命令

命令行软件包管理工具主要是指可以自动解决 DEB 软件包依赖关系的软件管理工具，如 apt、apt-cache/apt-get 和 aptitude 等命令，可以自动解决 DEB 软件包复杂的依赖关系。

1. apt 命令

1）搜索软件包

sudo apt search　neofetch	#搜索软件包
sudo apt show　neofetch	#显示软件包的详细信息
sudo apt list　neofetch	#列出包含条件的包（已安装、可升级等）

2）安装/卸载软件包

sudo apt install neofetch	#安装软件包，常用参数-y 表示安装无须确认，如 sudo apt install-y neofetch
sudo apt remove　neofetch	#卸载软件包
sudo apt purge　neofetch	#删除软件包和相关配置文件

3）升级软件包

sudo apt update	#更新存储库索引，install 前必须运行
sudo apt upgrade	#升级所有可升级的软件包
sudo apt full-upgrade	#升级软件包并自动解决依赖关系
sudo apt edit-sources	#编辑软件源列表

4）清理软件包

sudo apt autoclean	#自动清除不需要的包
sudo apt autoremove	#自动删除不需要的包

在使用 apt 命令时，可能会看到如下内容：

WARNING: apt does not have a stable CLI interface. Use with caution in scripts.（警告：apt 命令不是很稳定，在 Shell 脚本中使用请小心。）

通常不用理会，也无须太担心，在一般情况下使用 apt 命令还是没问题的。

2. apt-cache/apt-get 命令

由于 apt-cache 用于搜索软件,而 apt-get 用于软件管理,如安装、卸载、升级等操作,故这两个命令通常一同出现。

1)搜索软件包

sudo apt-cache search neofetch	#搜索软件包
sudo apt-cache show neofetch	#显示软件包的详细信息

2)安装/卸载软件包

sudo apt-get install neofetch	#安装软件包
sudo apt-get remove neofetch	#卸载软件包
sudo apt-get purge neofetch	#删除软件包和相关配置文件

3)升级软件包

sudo apt-get update	#更新存储库索引,安装前必须运行
sudo apt-get upgrade	#升级所有可升级的软件包

apt-get update 和 apt-get upgrade 的最大区别是,update 仅同步更新软件列表,而 upgrade 则根据列表更新软件本身。

4)清理软件包

sudo apt-get autoclean	#自动清除不需要的包
sudo apt-get autoremove	#自动删除不需要的包

从上面的安装操作可以看出 apt-cache 和 apt-get 搜索操作比较烦琐,而 apt 只需要添加不同的参数即可实现查询、安装和卸载等操作,故 apt 比 apt-get/apt-cache 方便很多,推荐大家使用。不过目前 apt 还不如 apt-get 或 aptitude 成熟,故不推荐在生产环境使用。需要注意的是,无论使用上述哪种命令,都最好先执行 update 操作,以免因软件仓库发生变化而导致操作失败。

3. aptitude 命令

aptitude 本身其实是一个基于文本界面的程序,上半部窗口为树形结构,用于显示和选择软件包。用户可以用方向键或 J 键、K 键进行移动,被选中的软件包或操作项以高亮显示。在移动光标的同时,下半部窗口对应显示所选项目或软件包 z 的描述。当光标位于树结构的上层节点时,可以按 Enter 键来折叠或展开当前分类。在实际应用中,要高效使用 aptitude,通常将其作为命令行工具来使用,首先使用如下命令来安装:

sudo apt update
sudo apt install -y aptitude

运行如下命令启动 aptitude 文本界面:

sudo aptitude

aptitude 文本界面方式界面如图 4-3 所示。

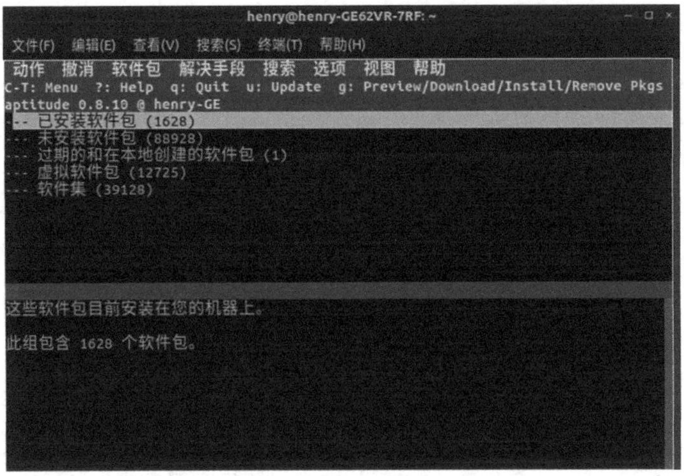

图 4-3 aptitude 文本界面方式界面

aptitude 命令行高频操作如下。

1）搜索软件包

```
sudo aptitude search neofetch
```

2）安装软件包

```
sudo aptitude install neofetch
```

3）删除软件包

```
sudo aptitude remove neofetch          #普通删除
sudo aptitude purge neofetch           #彻底删除
```

4）更新软件仓库列表

```
sudo aptitude update                   #更新存储库索引，安装前必须运行
```

5）更新软件包

```
sudo aptitude upgrade
```

6）清理无用软件包

```
sudo aptitude clean
sudo aptitude autoclean
```

从上面的安装操作可以看出，aptitude 只需要添加不同的参数即可实现查询、安装和卸载等操作，与 apt 命令用法类似，它们都比 apt-cache 和 apt-get 便捷。此外，apt 和 apt-get 的优势在于系统默认安装，为了行文简洁，本书工作站章节的安装操作全部采用 apt 来操作，而在服务器部分，则使用 aptitude 命令来实现。无论使用何种工具，都最好先执行 update 操作，以免因软件仓库发生变化而导致操作失败。

4.3.2 一次安装一组程序

tasksel 命令其实是一个脚本，可以一次安装一组软件包，如安装桌面环境这种庞大的程序。文本用户界面（TUI）使得 tasksel 命令的使用十分直观和简单，类似于 RPM 软件包的 yum groupinstall 命令。

tasksel 可以一次性安装被称为任务（task）的一组软件包，执行一组预定义的安装指令集，如安装 LAMP 组合、各种桌面环境等，功能强大但使用异常简单。此外，tasksel 和 aptitude 类似，都是基于文本界面的程序，可以使用如下命令进行安装：

```
sudo apt update
sudo apt install -y tasksel
```

tasksel 使用方法如下。

成功安装后，运行如下命令列出可选安装任务：

```
sudo apt update
tasksel --list-task                           #列出可选的软件包组
u manual            Manual package selection
u kubuntu-live      Kubuntu live CD
u lubuntu-live      Lubuntu live CD
u ubuntu-gnome-live     Ubuntu GNOME live CD
u ubuntu-live       Ubuntu live CD
u ubuntu-mate-live      Ubuntu MATE Live CD
u ubuntustudio-dvd-live Ubuntu Studio live DVD
u ubuntustudio-live     Ubuntu Studio live CD
u xubuntu-live      Xubuntu live CD
u cloud-image       Ubuntu Cloud Image (instance)
u dns-server        DNS server
u edubuntu-desktop-gnome    Edubuntu desktop
u kubuntu-desktop       Kubuntu desktop
u kubuntu-full      Kubuntu full
u lamp-server       LAMP server
u lubuntu-core      Lubuntu minimal installation
……
```

运行如下命令安装任务：

```
sudo tasksel install lubuntu-core
```

或

```
sudo tasksel
```

然后在弹出的文本界面中通过上下方向键选择一个或多个安装对象，选好后按 Tab 键将光标移至 OK 处，按 Enter 键后即可开始安装。

运行如下命令卸载：

```
sudo tasksel remove lubuntu-core
```

4.3.3　全新格式 snap 令软件安装更便捷

snap 软件包格式是一种由 Ubuntu 主导的 Linux 的通用软件包格式，是为了解决 Linux 软件复杂的依赖关系的软件包，其思路类似于 Mac OS 的 pkg 软件包，用空间换便捷，和 DEB 软件包有本质区别，其将程序所需要的依赖全部打入一个包，通过 snap 命令进行安装、卸载和更新等操作。目前，snap 软件包的格式从 Ubuntu 16.04 正式登场，snap 软件包的生态系统也越来越丰富，越来越流行，已被 Google、JetBrains 和 Firefox 等公司或组织所支持，如 Firefox 推出的 Firefox snap 安装包。而一些厂商，如 Google 和 Jetbrains 也推出了 snap 格式的产品，如 Chrome 浏览器、PyCharm、RubyMine 和 PHPStorm 等 IDE 产品，更多 snap 格式软件包请访问其官方网址：https://snapcraft.io/store。

在 snap 商店中可以看到很多熟悉的应用，如图 4-4 所示。

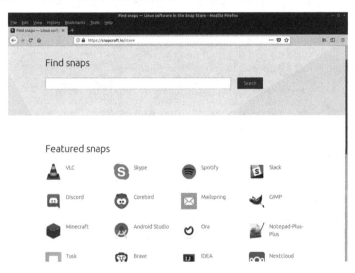

图 4-4　snap 商店逐渐丰富的应用

还可以使用 Find snaps 功能搜索仓库，迅速找到所需要的程序。

snap 命令使用起来并不复杂，常用高频操作如下。

1）搜索软件包

搜索软件包：

sudo snap find/search firefox

获得所安装软件包最为详尽的信息：

sudo snap info firefox

列出已安装软件包的详细信息：

sudo snap list firefox

2）安装/卸载软件包

安装软件包：

sudo snap install firefox

卸载软件包：

```
sudo snap remove firefox
```

3）升级软件包

升级软件包：

```
sudo snap refresh
```

撤销升级：

```
sudo snap revert
```

4）获得最近变更

```
snap change
```

列出所有的 snap 应用可以使用如下命令：

```
snap find
```

以 htop 为例，搜索 htop 应用程序，可以使用如下命令：

```
snap find htop
Name     Version  Developer   Notes  Summary
htop     2.2.0    maxiberta   -      Interactive processes viewer
cointop  d7dcf8b  miguelmota  -      Coin tracking for hackers
```

可以使用如下命令安装 snap 软件包：

```
sudo snap install htop
```

在安装过程中可能会发现，snap 软件包的体积较大，htop 程序大小为 64MB，下载后安装瞬间完成，其思路类似于苹果 Mac OS 的软件包安装过程，snap 默认目录是/snap，将下载的安装文件挂载到该目录下并自动创建挂载点，然后复制文件到指定位置，如刚刚安装的 htop，其目录为/snap/htop/。

4.4 源代码编译安装必知必会

4.4.1 源代码文件

大家经常说开源，到底什么是开源呢？所谓开源，就是开放源代码的简称，对于应用软件而言，其关键就是源代码文件。有了源代码文件就可以修改及定制，这里以 Linux 环境最常用也最基本的 C 源代码文件为例来介绍源代码文件的优势。

基于 C 语言开发的源代码文件就是一个最简单的 ASCII 码文本文件，当然扩展名通常为*.c，以和文本文件的*.txt 相区别，其实二者没有本质的差异，下面就来看一个 C 源代码文件。

```
cat hello.c
#include <stdio.h>                    /*包含标准库的信息 */
```

```
int main(int argc,char * argv[]){    /* main 函数的标准声明，返回类型为 int，声明
                                        为 void 是错误的，不过参数可以设置为 void，
                                        即 int main(void)，只是此种声明方式有点古
                                        老，推荐 int main()，参数 argc 表示参数的个
                                        数，而 argv[]则表示参数的内容 */
    printf("Hello world!");          /* 打印字符串 */
    return 0;                        /* 返回值为 0，0 表示成功，非 0 表示失败*/
}
```

这就是一个最为简单的 C 程序的源代码文件，一定要牢记 C 程序总是从 main 函数开始执行的。多数 Linux 程序的源代码都比较复杂，一个开源项目可能由成百上千个 C 源代码文件组成。

4.4.2　开源编译器 GCC

要将 C 源代码变成二进制可执行文件，离不开编译器，最早的开源编译器是 GCC。GCC 是自由软件基金会刚成立不久时推出的一款开源编译器，开放源代码和开源编译器缺一不可，最新版本是 GCC 7.3。使用 GCC 不一定非要学过编译原理，因为编译原理比较复杂，而 GCC 则比较简单，虽然有 200 多个参数，但常用的也不过那么几个，许多参数即使是 C 程序员也很难遇到，更不用说系统使用者了。GCC 项目的 Logo 如图 4-5 所示。

图 4-5　GCC 项目的 Logo

GCC 就是将 ASCII 码的 C 源代码文件从高级语言 C 编译为低级语言（如汇编语言和机器语言）的一个过程。C 语言之所以是高级语言，主要是因为其与硬件平台无关且人类对其更容易理解，而低级语言，如汇编和机器语言，都与特定的硬件相关（X86 的汇编语言和 ARM 或 PowerPC 的汇编是不同的），且对于人类而言都非常难懂。于是就有了编译器，它可以帮助人类将易懂且与平台无关的 C 源代码编译为相应的汇编语言和机器语言。能在一个硬件平台编译其他硬件平台的代码的编译器被称为交叉编译器，如在 X86 硬件体系中编译 ARM 的可执行代码。

此外，开源世界中的 C 编译器也不止 GCC 一种，还有后起之秀 LLVM（Low Level Virtual Machine）和 Clang。Clang 是 LLVM 的一个编译器前端，支持 C、C++、Objective-C 以及 Objective-C++。LLVM 项目的 Logo 如图 4-6 所示。

图 4-6　LLVM 项目的 Logo

LLVM 是继 GCC 之后，在学术界和产业界都有很大影响力的开源编译器，需要声明的是，这里对 Clang 仅做了解，本章重点讨论 GCC，更多关于 LLVM 的信息请访问其官方主页：https://llvm.org/。

Clang 官方主页：https://clang.llvm.org/。

官方文档地址：https://llvm.org/docs/。

4.4.3 四步从源代码到可执行文件

这里假设 C 的源代码文件没有错误（通常是不可能的），可以直接编译通过，但即便如此，C 的源代码文件还是一大堆 ASCII 文本文件，根本无法运行，这就需要编译器和相关的 C 头文件（header file）来编译，通过编译将文本文件的源代码构建成一个可执行文件。需要强调的是，此处用到的编译器是指 GNU 的 GCC（GNU C Compiler）编译器，而 C 的头文件则是指 Linux 环境的头文件。之所以要强调这些，是因为 Linux 环境的 C 编译器有很多，头文件也有很多，并且可执行文件格式为 ELF/ELF64（64 位平台），ELF 是执行和链接格式（Elecutable and Linking Format）的缩略词，计算机世界存在很多可执行文件格式，但 Linux 环境可执行文件格式大多是 ELF/ELF64，一定要和 Windows 环境的 EXE 可执行文件格式进行区别和切割。

由于 C 语言属于高级计算机语言（人类可读懂），故其生成可执行文件的大致思路是通过编译器转化为一系列低级机器语言指令。这里的低级语言是指 X86 的汇编语言，然后将汇编语言指令按照可执行目标程序的格式打包并以二进制磁盘文件形式保存到 Linux 的文件系统中，这时的可执行程序其实处于一种休眠状态，等待处理器将其调入内存并执行，一旦被处理器调用，程序就变得生龙活虎了。

具体过程只有四个步骤：编译预处理、编译过程（防止混淆，区别于大家常说的编译）、汇编和链接。首先是编译预处理，主要是指预处理器（CPP）根据源程序中以字符 "#" 开头的命令，修改源程序，将所需要的头文件加入源代码文件，经过预处理的源代码文件通常以 "*.i" 作为扩展名。预处理器主要关注 C 源代码文件中的#define（宏定义指令）、#include（头文件包含指令）、#if、#elif（条件编译指令）等关键字。

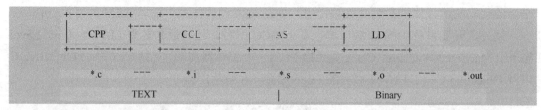

源代码编译安装环境的搭建，运行如下命令即可搭建一个最为基本的编译环境：

build-essential

sudo apt update

sudo apt install -y build-essential

build-essential 是编译软件工具及相关头文件的集合，实际应用中仅有 build-essential

是不够的，还需要很多库才可以顺利完成编译安装，由于这里还没有用到，所以先不考虑这些。

有了编译环境就可以走的更远、研究的更深，可执行如下命令查看源代码文件 hello.c 在预处理（CPP）后的变化：

gcc -o hello.i -E hello.c

运行如下命令查看 hello.i 文件：

cat hello.i

...

773

774 extern int pclose (FILE *__stream);

775

776

777

778

779

780 extern char *ctermid (char *__s) __attribute__ ((__nothrow__ , __leaf__));

781 # 840 "/usr/include/stdio.h" 3 4

782 extern void flockfile (FILE *__stream) __attribute__ ((__nothrow__ , __leaf__));

783

784

785

786 extern int ftrylockfile (FILE *__stream) __attribute__ ((__nothrow__ , __leaf__)) ;

787

788

789 extern void funlockfile (FILE *__stream) __attribute__ ((__nothrow__ , __leaf__));

790 # 868 "/usr/include/stdio.h" 3 4

791

792 # 2 "hello.c" 2

793

794 # 2 "hello.c"

795 int main(int argc,char * argv[]){

796 printf("Hello world!");

797 return 0;

798

799 }

从上述结果可以看出，编译预处理只是对源文件进行了扩展，如添加相应的头文件、宏替换等，编译预处理后仍然是 C 源码文件，只是文件变长了许多。

编译预处理后就进入到编译过程，即编译器（CCL）将经过预处理器处理得到的 C 源代码文件 hello.i "翻译" 为相应的汇编语言，并将所有汇编语句保存到 hello.s 文件中，其中包含汇编语言程序。汇编语言是一种与硬件相关的低级程序语言，对于人类而言具有最基本的可读性，比二进制代码易读，可以运行以下命令进行编译：

```
gcc -o hello.s -S hello.i
```

再次运行 cat 命令，查看 hello.s 文件：

```
cat hello.s
    .file   "hello.c"
    .text
    .section    .rodata
.LC0:
    .string     "Hello world!"
    .text
    .globl      main
    .type   main, @function
main:
.LFB0:
    .cfi_startproc
    pushq       %rbp
    .cfi_def_cfa_offset 16
    .cfi_offset 6, -16
    movq        %rsp, %rbp
    .cfi_def_cfa_register 6
    subq $16, %rsp
    movl %edi, -4(%rbp)
    movq        %rsi, -16(%rbp)
    leaq    .LC0(%rip), %rdi
    movl $0, %eax
    call    printf@PLT
    movl $0, %eax
    leave
    .cfi_def_cfa 7, 8
    ret
    .cfi_endproc
.LFE0:
```

```
        .size   main, .-main
        .ident      "GCC: (Ubuntu 7.3.0-16ubuntu3) 7.3.0"
        .section    .note.GNU-stack,"",@progbits
```

这次所看到的就是汇编代码了，看起来像天书一样。

编译过程成功后，汇编器（AS）将 hello.s 再次"翻译"为只有计算机可以读懂的目标机器指令文件，目标文件中至少有代码段（rx）和数据段（rwx），并以*.o 为文件扩展名，实现命令如下：

```
gcc -c hello.s
```

汇编之后的文件已经不能使用 cat 命令打开了，因为此时已经是二进制文件了，不过这还没完，还需要链接才能成为真正的可执行文件。

链接主要是链接程序（LD）将有关的目标文件链接起来，如多个 C 源码文件编译后生成多个目标文件，一个文件中引用的符号同该符号在另一个文件中的定义连接起来，使得所有的目标文件成为一个能够被操作系统执行的统一整体。至此，C 的源代码就变身为 ELF 格式的可执行文件了，链接的关键操作如下：

```
gcc -o hello hello.o
```

最终得到了可执行程序 hello，该程序能够在终端中运行并打印 Hello world!字符串，上述编译其实可以通过如下命令完成：

```
gcc -o hello hello.c
```

4.4.4 Linux 中的编译安装

前面做了那么多铺垫，主要是为了在 Linux 中通过源代码安装程序，安装过程也不复杂，包括经典的三大步骤，即配置、编译和安装。需要说明的是，hello.c 是最简单的 C 程序，只有一个源文件，而 Linux 中可用的开源软件如 MySQL 或 Apache 等，由于实现的功能复杂，大多都是由成千上万个 C 源码文件构成的，而且每个源码文件不是三五行，而是百行千行甚至是万行，所以编译起来也不容易，由于实在是复杂，所以，就由 Makefile 文件来规划整个编译流程，不但要正确编译所有源码文件，还要保持高效、开源。项目越来越复杂，手工编写 Makefile 也变得越来越复杂，最后只能借助脚本来生成相应的 Makefile 文件，然后在所生成 Makefile 的指引下开始编译应用程序，完成编译后再将编译好的程序存储在 Linux 文件系统的相应目录中。下面以 Wireshark 为例来加深对编译安装的理解。

需要强调的是，编译过程中可能需要大量的第三方函数库，无论是静态库还是动态库，都需要提前安装好，且版本匹配。否则，configure 配置过程将会报错，因为不满足编译所需要的环境，故无法生成项目的 Makefile 文件，make 也就无从着手进行编译了。

Tips：动态库和静态库。

动态库又称为动态链接库，类似于 Windows 环境下的 DLL 文件。动态库代码在可执行程序运行时才载入内存，在编译时仅做简单引用，将动态库与程序代码独立就可以提高代码的可复用度，并且可以降低程序的耦合度，因此，所生成代码的体积比较小。而静态库则在编译过程中为库代码载入可执行程序，因此体积比较大。动态库和静态库的关键区别在于二进制代码被载入的时机不同。需要知道的是，源代码编译安装时，使用动态库的概率要远远高于静态库。

前面已经提到的文件系统层次结构标准 FHS，规定了大部分动态链接库文件应该存储到/usr/lib 目录下，唯一例外的情况是，某些库是在系统启动时加载的，则保存到/lib 目录下，而那些不是系统本身的部分库，则放置在/usr/local/lib 目录下，所以，/lib、/usr/lib 和 /usr/local/lib 目录就是静态链接库的大本营，需要牢记，且多数动态链接库以*.so 为扩展名，遇到此类文件时要特别小心，不要轻易修改或删除。

当 Linux 程序运行时，由于静态库在程序编译时会被链接到目标代码中，程序运行时直接调用该静态库，而动态库在程序编译时并不会被链接到目标代码中，而是在程序运行时才被载入，因此，在程序运行时还需要动态库的存在，在没有找到所需要的相应动态库或动态库版本不对时，程序都会报错。

1. 准备工作

安装 Wireshark 所需要的库，使编译过程更加顺利，关键操作如下：

```
sudo apt install -y build-essential pkg-config libglib2.0-dev libpcap-dev libgcrypt20-dev qt5-default qttools5-dev-tools libssl-dev libwscodecs1
```

2. 编译过程

接下来就开始编译 Wireshark 了，具体操作如下。

运行如下命令下载 Wireshark 源代码：

```
wget https://www.wireshark.org/download/src/all-versions/wireshark-2.6.0.tar.xz
```

成功下载后执行下列命令解压解包：

```
tar -Jxvf wireshark-2.6.0.tar.xz
cd wireshark-2.6.0
```

3. 配置 Wireshark 源码

通过./configure 可执行脚本来创建 Makefile：

```
./configure --with-ssl --prefix=/usr/local/wireshark
```

成功创建 Makefile 之后，就可以在此文件的指引下将源码编译为可执行文件，关键操作如下：

```
make
sudo make install
```

4. 权限配置

安装后还要配置权限，让普通用户也可以使用 Wireshark 抓包功能，具体操作如下：

```
sudo groupadd wireshark
sudo usermod -a -G wireshark henry
sudo chgrp wireshark /usr/local/wireshark/bin/dumpcap
sudo chmod 755 /usr/local/wireshark/bin/dumpcap
sudo setcap cap_net_raw,cap_net_admin=eip /usr/local/wireshark/bin/dumpcap
sudo getcap /usr/local/wireshark/bin/dumpcap
```

成功安装后，还需要在~/.bashrc 中更新系统的环境变量，具体操作如下：

```
cd
vim .bashrc
export PATH=${PATH}:/usr/local/wireshark/bin
```

为了方便使用，加入启动图标:

```
sudo vim /usr/share/applications/wireshark.desktop
[Desktop Entry]                    #图标文件必须以此关键字开头
Type=Application
Version=1.0
Name=Wireshark
Name[vi]=Wireshark
GenericName=Network Analyzer
GenericName[af]=Netwerk Analiseerder
Icon=/usr/local/wireshark/share/icons/hicolor/128x128/apps/wireshark.png
                    #指定图标位置
Exec=/usr/local/wireshark/bin/wireshark %f
Terminal=false
MimeType=application/vnd.tcpdump.pcap;application/x-pcapng;application/x-snoop;application/x-iptrace;application/x-lanalyzer;application/x-nettl;application/x-radcom;application/x-etherpeek;application/x-visualnetworks;application/x-netinstobserver;application/x-5view;application/x-tektronix-rf5;application/x-micropross-mplog;application/x-apple-packetlogger;application/x-endace-erf;application/ipfix;application/x-ixia-vwr;
Categories=Network;Monitor;Qt;
```

成功创建 Wireshark 图标之后，从文件管理器打开/usr/share/applications 目录，将鲨鱼鳍图标复制到桌面，复制后原来的图标会变样，但只需要双击运行，在随后弹出的对话框中选择信任此应用，图标就会恢复原样。不仅是 Wireshark，几乎所有的图形化应用都可以如法炮制，创建桌面快捷方式。

上述就是一个从源代码编译安装的完整实例，希望大家能熟练掌握，在后面的服务器章节中还会有更为复杂的编译内核，以及大型软件的安装实例等着大家去实践。

4.5 本章小结

本章学习了 Ubuntu 命令行的入门知识和应用的部署命令。从图形界面到命令行，使用计算机就是使用应用。从安装应用开始精通 Ubuntu 也是一个巩固命令行知识的好机会。本章全面覆盖了从丰富的命令行软件包管理工具的使用，到自己动手从源代码编译软件的过程，用户可以在安装软件应用的过程中体验和深入了解 Ubuntu 命令行、FHS、UGO 等理论知识。

第5章

定制 Ubuntu 应用：只用最优秀的程序

前几章介绍了最小安装 Ubuntu 18.04、GNOME 3 及其他流行的桌面环境，还有命令行入门及软件包管理等内容，本章就来练练手，实践一下，帮助大家从最小模式开始定制 Ubuntu 18.04 的应用。

此外，使用 Ubuntu 18.04 最新的最小安装模式，可以使定制更为方便，无须像 Ubuntu 16.04 那样需要手动卸载默认应用，优秀的 Ubuntu 最小系统和其随心所欲的定制功能，可以使用户更为方便地定制自己的系统，打造一个合身、高效、雅致的开发、学习和工作环境。当然，此处不是反对大家安装标准模式的 Ubuntu 18.04，只是强调对喜欢定制的用户而言，最小模式比较方便罢了。

Tips：删除烦人的 Amazon 网站链接。

对于安装了 Ubuntu 标准模式的朋友而言，该模式中较为烦人的应该是默认的 Amazon 的网站，可以使用如下命令将其彻底删除：

```
sudo apt purge -y ubuntu-web-launchers
```

这样一来，Ubuntu 标准模式就清爽多了。

5.1 网上冲浪和下载聊天

网上冲浪早已成为大家日常生活的一部分，使用浏览器可以看新闻、写博客、网上购物及使用即时通信工具聊天，并且随着互联网 B/S 结构的普及，可以使用浏览器做的事情越来越多，操作系统日益成为运行浏览器的容器。就日常应用而言，用户几乎可以在浏览器中完成任何事情，这是一个现实，更是一个趋势，本章就为大家详细介绍 Ubuntu 中的互联网应用，让大家能在 Ubuntu 中轻松地完成这些工作。

5.1.1 精选优秀应用

（1）全球最流行的浏览器 Chrome。
（2）小巧的微信客户端 Electronic-wechat。
（3）急速下载工具组合 uGet 和 aria2。
（4）安装网络电话 Skype。

5.1.2 部署和配置

1. 全球最流行的浏览器 Chrome

从 Google 官方软件仓库安装 Chrome 浏览器，更新起来更加方便，关键方法如下：

```
wget -q -O - https://dl-ssl.google.com/linux/linux_signing_key.pub | sudo apt-key add -
                                           #通过 wget 命令下载公钥，并添加到系统
sudo sh -c 'echo "deb [arch=amd64] http://dl.google.com/linux/chrome/deb/ stable main" >> /etc/apt/sources.list.d/google-chrome.list'     #将官方软件仓库添加到系统
sudo apt update                            #更新软件仓库列表
sudo apt install -y google-chrome-stable   #安装最新的稳定版本
```

直接在桌面环境搜索 Chrome，之后找到 Chrome 图标双击即可运行，还可以在命令行中运行如下命令启动 Chrome 并打开 Ubuntu 网站：

```
google-chrome www.ubuntu.com               #通过命令行打开 Ubuntu 网站
```

Chrome 不仅是一个极速浏览器，还可以用它直接打开 PDF 文档或将网页打印为 PDF，具体操作和 Windows 版本完全相同。Ubuntu 18.04 运行 Chrome 浏览器如图 5-1 所示。

图 5-1　Ubuntu 18.04 运行 Chrome 浏览器

最后，右键单击启动器中的 Chrome 图标，选择锁定到启动器选项，这样使用起来就方便多了。此外，还可以从 snap 软件仓库中下载 Chrome 的开源版本 Chromium，关键操作如下：

```
sudo snap install chromium
```

2. 小巧的微信客户端 Electronic-wechat

在移动互联网时代，无论是使用 Android 还是 iOS，微信几乎是每部智能手机必装的应用，在 Ubuntu 中可以使用 Electronic-wechat 这个优秀的微信客户端，架起 Ubuntu 和智能手机的沟通之桥。Electronic-wechat 是基于 JavaScript 和 Node.js 开发的一个轻量级微信客户端，其安装方法如下。

1）安装 Node.js

由于 Electronic-wechat 是基于 JavaScript 和 Node.js 开发的，故其离不开 Node.js，下面将通过 PPA 来安装 Node.js，关键操作如下。

Ubuntu 官方软件仓库中的 Node.js 版本有些旧，无法驱动 Electronic-wechat，可以通过 PPA 软件仓库安装最新版本的 Node.js，先运行如下命令安装所需要的依赖：

```
sudo apt update                                      #更新软件仓库索引，因为软件仓库变化
                                                      频繁
sudo apt install -y build-essential curl checkinstall #安装所依赖软件库及程序
```

再运行如下命令安装 PPA 软件仓库：

```
curl -sL https://deb.nodesource.com/setup_8.x | sudo -E bash –
                                                     #下载并自动更新 Node 官方软件仓库
```

执行如下命令安装 node.js：

```
sudo apt install -y git nodejs                        #从 PPA 软件仓库安装 Node.js 和相关程序
```

2）安装 Electronic-wechat

之后就可以正式开始安装 Electronic-wechat 了，关键操作如下：

```
git clone https://github.com/geeeeeeeeek/electronic-wechat.git
                                                     #克隆源代码
cd electronic-wechat                                  #切换到源代码目录
npm install && npm start                              #npm 是 Node.js 的包管理器，用于
                                                      安装依赖包并运行 Electronic-wechat
```

成功安装后，直接搜索 shotcut，双击图片即可运行，其主界面如图 5-2 所示。

除此之外，还可以使用网页版微信，只需要用 Chrome 访问如下地址，再用手机扫码即可登录使用：https://wx.qq.com/。

图 5-2　移动端和 PC 端都可使用的 Ubuntu 微信 Electronic-wechat

3. 急速下载工具组合 uGet 和 aria2

1）安装 aria2

首先安装 aria2，关键操作如下：

```
sudo apt update
sudo apt install -y aria2                              #安装 aria2 命令行下载工具
```

其实 curl 也可以作为 uGet 的插件。

2）安装 uGet 最新版本

运行如下命令安装 uGet 最新版本：

```
sudo add-apt-repository ppa:plushuang-tw/uget-stable -y   #添加官方 PPA 软件仓库
sudo apt install -y uget                                  #安装 uGet 下载工具
```

需要在 uGet 的"设置"→"插件"标签页中启用 aria 插件，然后右键单击"全部分类"，选择"属性"，在分类属性的默认属性标签页中，将 aria 的连接数设置一个较为合适的值并指定下载目录就可以了，这样这对经典组合就能高效地协同工作了，关键操作如图 5-3 和图 5-4 所示。

4. 安装网络电话 Skype

Ubuntu 18.04 的 snap 软件仓库比以前丰富了不少，如 Skype 就可以通过这种方式安装，关键操作如下：

```
sudo snap install skype –classic
```

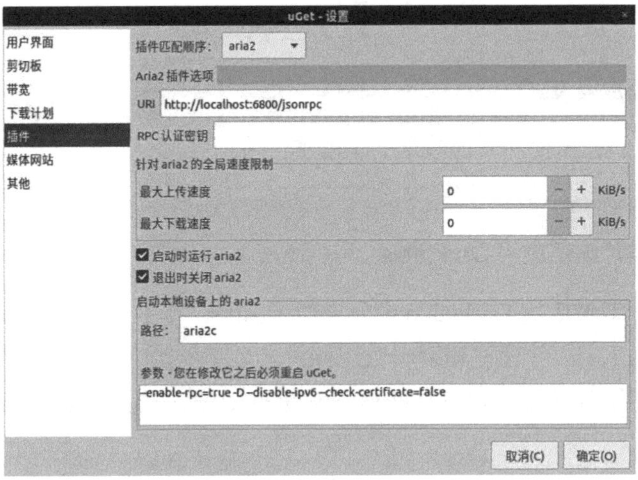

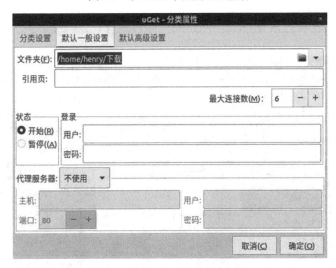

图 5-3 在 uGet 中启用 aria 插件

图 5-4 设置连接数和下载目录

5.2 多媒体及图片文件的创建和编辑

5.2.1 精选优秀应用

（1）全能媒体播放器 VLC。
（2）专业数码照片编辑应用 Darktable。
（3）高效录屏工具 Kazam。
（4）专业视频后期处理工具 ShotCut。
（5）多媒体格式转换 HandBrake。

5.2.2 部署和配置

1. 全能媒体播放器 VLC

VLC 可以通过 snap 软件仓库安装，具体操作如下：

sudo snap install vlc --classic

2. 专业数码照片编辑应用 Darktable

专业数码照片编辑应用 Darktable 十分类似于 Adobe 专业数码照片处理应用 Lightroot，是专业的数码暗房工具，可管理和编辑数码照片，支持多款单反相机，能够编辑处理 RAW 格式文件并可获得增强效果。可以对数码相片进行处理，是摄影爱好者不可或缺的应用，安装方法如下：

sudo apt update

sudo apt install -y darktable

成功安装后，直接搜索 shotcut，双击图片即可运行，Darkable 主界面如图 5-5 所示。

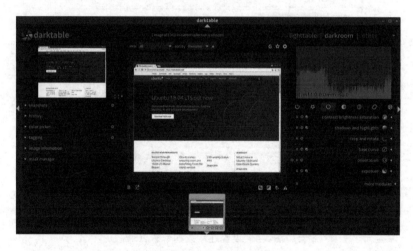

图 5-5　Darkable 主界面

3. 高效录屏工具 Kazam

如果 GNOME 3 默认的录屏功能不能满足需求，可以选择高效录屏工具 Kazam，其既可全屏录制，又能区域录制，完全支持 FHD 高清分辨率录屏还可以截图，并且可以将录屏保存为多种视频格式，其部署方法如下：

sudo apt update

sudo apt install -y kazam　　　　　　　　　　　　#从官方软件仓库中安装 Kazam

直接搜索 Kazam，双击图片即可运行，Kazam 主界面如图 5-6 所示。

4. 专业视频后期处理工具 ShotCut

推荐给大家一个比 OpenShot 更专业的视频后期处理应用 ShotCut，这一应用可以说是 Linux 下的 Adobe Premiere，其看家本领是对视频文件的后期处理，其界面简洁、操作简单、效果专业，可以对视频文件进行剪辑，同时可以添加和实现各种过场效果，如图像叠加层、添加水印、数码变焦、数码变焦、立体标题等。

图 5-6　Kazam 主界面

运行如下命令安装 ShotCut：

```
sudo apt update
sudo apt install -y libsdl2-2.0-0
snap install shotcut --classic                    #从 snap 软件仓库中安装 ShotCut
```

直接搜索 ShotCut，双击图片即可运行，ShotCut 主界面如图 5-7 所示。

图 5-7　ShotCut 主界面

ShotCut 的使用方法，请参考其官方文档和视频。

5. 多媒体格式转换 HandBrake

音视频文件少不了要在各种文件格式之间转换，HandBrake 就是一款专业的媒体文件转换工具，所支持的设备和格式丰富，是影音发烧友的最爱，由于 Ubuntu 官方软件仓库中的版本过于陈旧，故采取 PPA 方式安装，安装方法如下：

```
sudo add-apt-repository ppa:stebbins/handbrake-releases  -y
                                                  #添加 HandBrake PPA 软件仓库到系统
sudo apt install -y Handbrake-gtk handbrake-cli   #从官方软件仓库中安装
```

直接搜索 HandBrake，双击图片即可运行，HandBrake 主界面如图 5-8 所示。

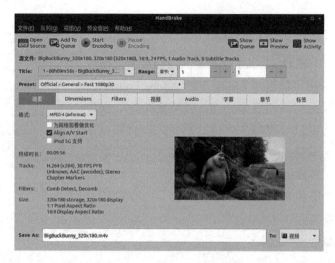

图 5-8　HandBrake 主界面

HandBrake 功能的详细介绍请参考其官方文档：https://handbrake.fr/features.php。

5.3　Windows 兼容层应用

5.3.1　精选优秀应用

（1）在让 Ubuntu 中运行 WINE。

（2）PlayOnLinux 令 WINE 更加易用。

5.3.2　部署和配置

1. 在 Ubuntu 中运行 WINE

对于 Windows 平台的应用，最好的选择是 VMware Workstation，只要计算机性能出色，完全可以在 Linux 环境下获得和 Windows 中一样的效果。还有一个更加节省资源的选择，即安装著名的 Windows 兼容层程式 WINE（Wine Is Not An Emulator），如此便可以令 Windows 应用和游戏在 Ubuntu 中满血复活。

网络上通常将 WINE 称为 Windows 模拟器或归为虚拟化技术，但这些表述并不准确，WINE 项目其实是一套开源的 Windows API 实现，也就是说在 Linux、UNIX 或 Android 平台上，从头开始构建了一套开源的 Windows API，只要有足够的 Windows API 支持，Windows 应用就可以在异构平台运行起来。这是一种比虚拟化技术更为简单和高效的方法，直接将 Windows API 调用翻译为动态的 POSIX 调用，免除了性能和其他一些行为的内存占用，与通过虚拟计算机硬件来实现运行 Windows 应用的思路和实现完全不同，也就没有了虚拟化带来的性能损失。

不过 WINE 项目最大的问题在于 Windows 是一套商业操作系统，不但不开源，还具有很多不公开的 API，这为 WINE 项目的开发增加了不少难度，也造成了很多 Windows 应用无法通过 WINE 来运行的情况。不过这都没有难住 WINE 的开发者，WINE 项目越来越完善，尤其是 WINE 3.0 版本的发布，完全支持 64 位架构及 DirectX 10/11，增强了 2D/3D 图形性能，稳定性也获得了一定的提升，十分适合用来模拟 Windows 下丰富的应用和游戏。

1）安装稳定版本的 WINE

WINE 的具体安装方法如下：

```
sudo apt update
sudo apt install wine64
```

或

```
sudo apt install wine32
```

成功安装 WINE 之后，可以运行如下命令测试安装：

```
wine –version                                    #获得 WINE 的版本
```

2）安装 WINE 的黄金搭档

WINE 还有一个好搭档 winetricks，可以帮助 WINE 管理和完善其实现的 Windows 环境，如安装 Windows 应用和游戏，提前安装和配置相应的运行库（Runtime）、DLL 文件（动态链接库）、注册表和系统文件等，这些在通过上述 PPA 安装 WINE 时应该就已经安装了，如果没有安装，可以使用如下命令安装：

```
sudo apt install -y winetricks                   #从 WINE 软件仓库中安装 winetricks
```

运行如下命令启动 winetricks：

```
winetricks
```

运行 winetricks 后会提示安装.NET 支持及 Gecko 浏览器核心，直接安装即可。运行 Windows 应用或游戏前，可以到 WINE 所支持的应用或游戏的在线数据库查询一下，查询地址：https://appdb.winehq.org/。

该网页不仅可以查询 WINE 支持的应用，还给出了流行应用和游戏 TOP 10 供大家参考，对于 WINE 用户来说具有重大的参考价值。

WINE 的商业版本名称为 CrossOver，具有更加优秀的兼容性并针对很多 Windows 应用进行了优化，是一个不错的选择。此外，WINE 开源项目的发展和壮大其实和 CrossOver 密切相关，CrossOver 一方面为 WINE 开源项目投入大量资源，如支付工资给 WINE 社区的开发者，另一方面也在 WINE 商业化上进行了积极尝试，并取得了不小的成功，这是一个双赢的结果，既推动了开源项目，自身也从定制开源中获得了成功。该公司的产品 CrossOver 就是基于 WINE 并在其基础上进行了大量完善和提升，笔者也是其订阅服务的用户之一，CrossOver 用起来比 WINE 要方便和稳定，CrossOver 的主界面如图 5-9 所示。

图 5-9　CrossOver 的主界面

CrossOver 的最新版本为 CrossOver 18，可以运行微软 Office 2013 和 Office 2016。

2. PlayOnLinux 令 WINE 更加易用

如果不想花钱使用 CrossOver 也没关系，还有一个不错的选择就是 PlayOnLinux，虽然看名字似乎是用来玩游戏的工具，但其实是一个使用起来和 CrossOver 类似的 WINE 前端，可以自动选择 WINE 的版本和创建相应的虚拟磁盘，令 WINE 用起来更加简单和便捷，通过它可以方便地运行某个 Windows 应用程序或游戏。点击鼠标即可通过 PlayOnLinux 来安装应用或游戏。

运行如下命令安装 PlayOnLinux：

```
sudo apt update
sudo apt install -y playonlinux              #安装 PlayOnLinux
```

如果安装 PlayOnLinux 之前已经安装了 WINE，则最好将其卸掉，让 PlayOnLinux 自己选择所要安装的 WINE 版本，并自动创建相应的虚拟硬盘，以保证 Windows 应用或游戏可以获得最佳的支持。

PlayOnLinux 安装预置的 Windows 应用或游戏极为简单，首先准备好要安装的 Windows 应用或游戏的安装文件，之后启动 PlayOnLinux，在 Action 对话框中选择 Install a program 选项或直接单击 PlayOnLinux 主界面中的"+"键。在接下来出现的 PlayOnLinux 安装列表对话框中，搜索要安装的 Windows 应用或游戏，或从 PlayOnLinux 安装列表对话框中选择 Windows 应用所属类别，最后从预置的几个分类列表中找到欲使用的 Windows 应用或游戏，单击"Install"按钮后，便会提示指定安装程序的位置或由 PlayOnLinux 自动下载相应安装文件，选择指定安装程序的位置，随后就会出现 Windows 环境熟悉的安装界面，根据提示操作直到完成。需要注意的是，预置于应用列表中的应用大多是 WINE 支持的 Windows 应用或游戏。在安装过程中一定要保持网络通畅才能顺利完成，因为安装过程中会安装很多必要的组件，如 DirectX runtime 等。

更多的情况是安装不在预置应用列表中的 Windows 应用，PlayOnLinux 安装列表对话框左下角有一行小字"Install non_listed program",单击后会弹出 PlayOnLinux 的安装向导对话框,单击"Next"按钮跳过欢迎对话。需要注意的是,应用不在列表中不意味着不能安装和使用,只是表示官方数据库中没有相关的反馈数据而已。

在接下来的对话框中有 3 个选项,都是与 WINE 相关的,如指定 WINE 版本、配置 WINE 和安装 Windows 应用所需要的库等,如果不知道该选哪个,全部不选即可,让 PlayOnLinux 选择最适合的 WINE 版本和配置,单击"Next"按钮后就会跳到 PlayOnLinux 安装向导的下一个页面,选择硬件平台是 32 位还是 64 位,这里选择 64 位,配置完成后,PlayOnLinux 就会根据你的配置创建一个独立的 WINE 虚拟磁盘和配置文件,最后需要指定 Windows 应用或游戏安装文件的位置,选好后单击"Next"按钮开始安装,安装过程和在 Windows 中安装无异,成功安装后,PlayOnLinux 将提示创建快捷方式,根据需求进行相应的操作即可。

成功安装的程序图标都会出现在 PlayOnLinux 的主界面中,双击即可运行,更多功能还有待大家自己挖掘。经过上面的操作,在 Ubuntu 中可以运行的 Windows 应用或游戏又多了不少,很多 Windows 中的应用或游戏都可以在 Ubuntu 中运行了。

5.4 系统工具

5.4.1 精选优秀应用

(1) Ubuntu 系统的 CCleaner 系统清理工具 Ubuntu Cleaner。
(2) Ubuntu 系统密码管理工具 KeePassXC。

5.4.2 部署和配置

1. Ubuntu 系统的 CCleaner 系统清理工具 Ubuntu Cleaner

Windows 环境的系统维护工具是 CCleaner,小巧实用,可以清理系统垃圾和注册表垃圾,而在 Ubuntu 环境下则有 Ubuntu Cleaner,一个简单实用的系统清理工具,是 Ubuntu 用户的必备之选,安装方法如下:

```
sudo add-apt-repository ppa:gerardpuig/ppa -y    #添加 Ubuntu Cleaner PPA 软件仓库到系统
sudo apt install -y ubuntu-cleaner               #从官方软件仓库中安装
```

成功安装后,在系统中直接搜索 Ubuntu Cleaner,双击图标即可运行,Ubuntu Cleaner 的主界面如图 5-10 所示。Ubuntu Cleaner 清理完成的界面如图 5-11 所示。

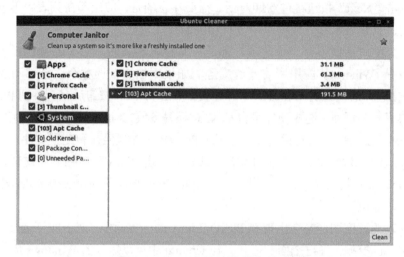

图 5-10　Ubuntu Cleaner 的主界面

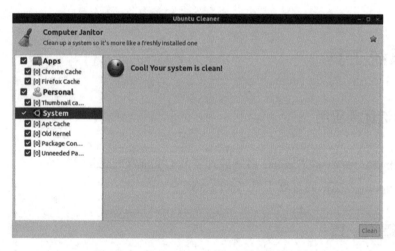

图 5-11　Ubuntu Cleaner 清理完成的界面

在其简洁的界面中选择不同类别的系统垃圾，扫描出来并选中，单击"清理"按钮即可令 Ubuntu 用起来历久弥新。

2. Ubuntu 系统密码管理工具 KeePassXC

1Password 是著名的密码管理工具，可以轻松管理各种密码，比较遗憾的是该软件唯独不支持 Linux 平台，好在 Ubuntu 中也有一款知名的免费密码管理工具 KeePassXC，与 1Password 的功能和用法类似，开源、免费、跨平台，其安装方法如下：

```
sudo add-apt-repository ppa:phoerious/keepassxc -y
sudo apt-get install -y keepassxc
```

5.5 本章小结

本章向大家介绍了如何将 Ubuntu 系统从最小安装利用 Ubuntu 精选应用定制为一部高效且功能强大的工作站，尽管不可能满足大家的全部需求，但基本可以满足日常应用需求，至于本书第 3 版中精选的互联网应用、多媒体播放和处理应用、图形图像处理等应用，由于篇幅限制就不赘述了，原来的安装和使用方法依然有效。

第6章

开发者Ubuntu工作站应用方案

使用Ubuntu进行开发是一件很惬意的事情,无论是对于系统开发、Python开发,还是前端或后端开发来说,Ubuntu都是一个十分理想的开发和测试环境。本章提出的应用方案,可以帮助开发者将Ubuntu定制为高效和顺手的开发工作站。

6.1 编辑器

编辑器是开发者最重要的生产力工具之一,下面介绍几款十分优秀的编辑器,令开发者的工作得心应手。

6.1.1 Ubuntu平台的Notepad++和Notepadqq

Notepad++是Windows环境下人气最旺的编辑器之一,在Ubuntu中可以直接安装,就像使用Ubuntu的原生应用一般,其实是通过WINE运行的,安装和使用起来十分方便,关键操作如下:

```
sudo snap install notepad-plus-plus                #从snap软件仓库中安装十分简单
```

成功安装后,搜索Notepad++,熟悉的图标就出现了,单击即可运行,具体效果如图6-1所示。

此外,还有一款极为类似的编辑器,名为Notepadqq,二者无论是外观还是使用方法都十分类似,是开发者不可或缺的应用,该编辑器的安装方法如下:

```
sudo add-apt-repository ppa:notepadqq-team/notepadqq -y
sudo apt install -y notepadqq
```

直接搜索Notepadqq,双击图片即可运行,Notepadqq主界面如图6-2所示。

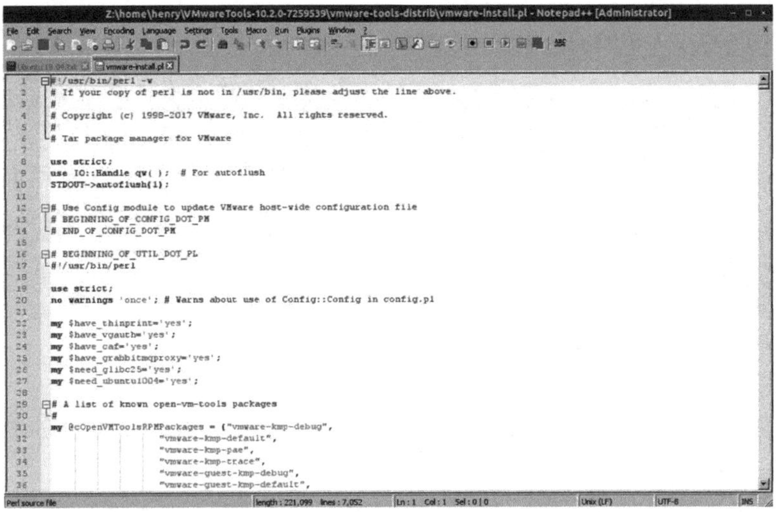

图 6-1　Notepad++

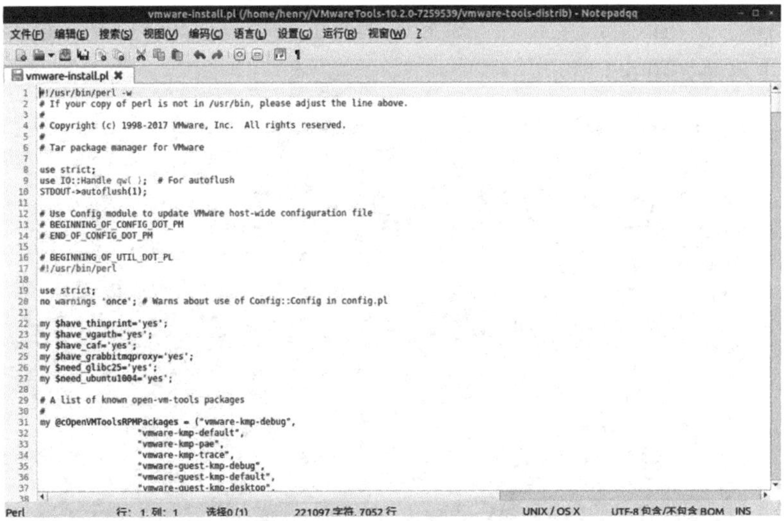

图 6-2　Notepadqq 主界面

Notepad++其实是在 WINE 的支持下运行的，而 Notepadqq 则是原生的 Ubuntu 应用，使用者可以根据自己的喜好进行选择。

6.1.2　当下最流行的代码编辑器 Visual Studio Code

Visual Studio Code（VSCode）是由微软出品的一款高效的专业开源代码编辑器，号称可以 Double your coding speed（编码速度加倍），它集成了 git 版本管理和 Docker 容器管理，并具有代码高亮、语法检测、引用分析等诸多实用功能，支持多种开发语言及框架，可安装 Atom、Sublime Text 及 Vim 等多种编辑器的键盘布局，并有多种颜色和图标主题可选，适合前后端等各类开发者使用，官方安装方法如下：

```
curl https://packages.microsoft.com/keys/microsoft.asc | gpg --dearmor > microsoft.gpg
                                                        #使用 Curl 命令下载 GPG 公钥
sudo mv microsoft.gpg /etc/apt/trusted.gpg.d/microsoft.gpg
sudo sh -c 'echo "deb [arch=amd64] https://packages.microsoft.com/repos/vscode stable main" > /etc/apt/sources.list.d/vscode.list'
                                                        #将官方软件仓库添加到系统
sudo apt update                                         #更新软件仓库索引
sudo apt install -y code                                #从官方软件仓库中安装
```

直接搜索 code，双击图标即可运行。

Tips：获得 Windows 和 Mac 版本。

由于是跨平台的编辑器，所以可以在不同的平台上获得一致的用户体验，无论是 Ubuntu，Windows 还是 Mac。

如果是英文界面还需要汉化，单击左侧活动栏最下面的按钮输入 Chinese，单击第一个搜索结果旁的绿色"Install"按钮，安装中文语言包，完成后右下角提示框提示需要重启，单击"Yes"按钮即可，重启后 VSCode 的界面就变成了简体中文，这样看起来就舒服多了，其主界面如图 6-3 所示。

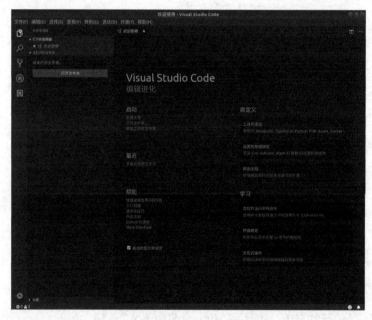

图 6-3　Visual Studio Code 主界面

1. VSCode 的用户界面

VSCode 的用户界面给人的感觉是时尚、美观和专业，从左到右依次为活动栏、侧栏、编辑器和可弹出面板标签页等部分。

其中，活动栏从上到下依次为资源管理器、搜索、调试、版本管理和扩展按钮。可弹出面板由问题、输出、调试和终端标签页组成，弹出时与编辑器下部重合，通常终端标签页用得最多。

此外，VSCode 编辑器底部还有一个状态栏，该状态栏具有警告（常用）、错误（常用）、光标位置（熟视无睹）、空格缩进（常用）、编码 UTF-8（熟视无睹）、行稳序列（很少涉及）和语言模式（常用）等状态信息显示。

2．主题设置和下载

作为一款代码编辑器，更换各种颜色及风格的主题必不可少，VSCode 具有大量的个性化主题，更换方法也很简单，选择 VSCode 主菜单文件（File）→首选项（Preferences）→颜色主题（Color Theme）选项，即可看到当前所有安装的颜色主题，具体效果如图 6-4 所示。

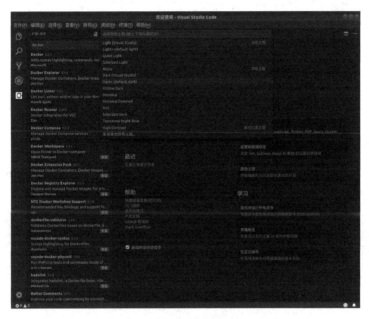

图 6-4 定制 VSCode 的颜色主题

选择 Light（Visual Stdio）主题后，界面瞬间光鲜亮丽了许多，具体效果如图 6-5 所示。也可以使用组合键，先按 Ctrl+K 组合键，再按 Ctrl+T 组合键，结果和上述操作结果类似。

如果 VSCode 内置主题无法满足需要，还可以下载扩展颜色主题，具体方法为单击 VSCode 活动栏上的扩展按钮，在对话框中输入主题的关键字，找到主题后单击"Install"按钮便可安装，安装完成后便可选用。

3．选择图标主题

VSCode 不仅支持更换和下载颜色主题，还可以更换和下载图标主题，具体操作为：选择 VSCode 主菜单文件（File）→首选项（Preferences）→图标主题（File Icon Theme）选项，即可挑选自己喜欢的图标主题，如果嫌图标主题太少，可选择下列菜单最下方的安装扩展图标主题，下载方法和颜色主题类似，先搜索再安装使用。

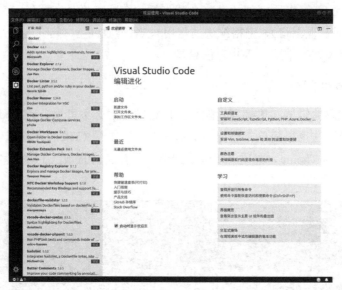

图 6-5　更好的 VSCode 主题风格

4．快捷键和键盘布局设置

无论哪种编辑器，快捷键（组合键）都是提高效率的不二法门，VSCode 也不例外，如 Ctrl+C、Ctrl+X、Ctrl+V 和 Ctrl+S 等，高频快捷键还有以下几个：

Ctrl+F	#查找文件
Ctrl+Shift+F	#查找文件夹
Ctrl+/	#行注释
Shift + Alt + A	#块注释
Ctrl + Enter	#下方插入一行，无须将光标移动到行尾

除了使用默认的快捷键，还可以使用按键映射和自定义快捷键。按键映射，就是将 VSCode 编辑器的键盘布局替换为所设定编辑器的键盘布局，如将 VSCode 的按键映射为 Vim 或 Emacs 的键盘布局，这样 VSCode 使用起来就和 Vim 或 Emacs 的习惯相仿，从而降低了编辑器迁移的成本。具体实现方法为：选择 VSCode 主菜单文件（File）→首选项（Preferences）→按键映射（Keymaps），先搜索再安装和使用，如将 VSCode 映射为 Vim 或 Notepad++的键盘布局，具体操作如图 6-6 所示。

自定义快捷键的方法为：选择 VSCode 主菜单文件（File）→首选项（Preferences）→键盘快捷方式（Keyboard shortcuts），即可修改默认的快捷键定义，具体操作如图 6-7 所示。

5．关联 GitHub

使 VSCode 关联 GitHub 十分简单，只需要在终端中将代码仓库同步到本地，然后通过 VSCode 活动栏中的资源管理器打开，并通过资源管理器打开代码仓文件夹，在同步下来的代码仓库文件夹中创建或修改文件，单击活动栏→分支→扩展功能按钮（三个点）选项，最后在弹出的菜单中选择提交（commit）和推送（push）即可实现，当然 VSCode 所支持的 git 功能十分全面，这里的介绍仅点到为止。

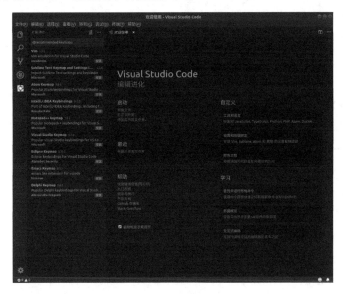

图 6-6　定义键盘布局

图 6-7　自定义快捷键

6. 插件的关联

VSCode 支持丰富的插件功能，直接单击活动栏中的"扩展"键，即可搜索和安装所需要的插件，下面将开发者常用的插件列出，仅供参考。

1）C/C++ developer
C/C++（Microsoft）
C/C++ Clang Command Adapter（Yasuaki）
C/C++ Snippets（Hardsh）
C/C++ Compile Run（danielpinto8zz6）
2）Python developer
Python（Microsoft）
Python for VSCode（Thomas Haakon Townsend）
Anaconda Extension Pack（Microsoft）
flask-snippets（cstrap）
Djaneiro—Django Snippets（Scott Barkman）
3）Web developer（HTML/CSS/JavaScript）
CSS Peek（Pranay Prakash）
Prettier - Code formatter（Esben Petersen）
Auto Rename Tag（Jun Han）
Icon Fonts（idleberg）。
若要了解 Visual Studio Code 的使用和功能，可以访问其官方主页。

6.2 集成开发环境（IDE）

集成开发环境也是开发者的得力助手，尽管关于 IDE 的争论从未中断，但不可否认，集成开发环境是提高 Coding 效率的首选，下面就为大家介绍几款 Ubuntu 环境下的优秀集成开发环境。

Code::Blocks 是一个专业且强大的 C/C++ IDE，虽然 Eclicps 可以通过添加相关插件实现 C/C++ IDE 的功能，但术业有专攻，如果只做 C/C++ 开发，Code::Blocks 才是专业之选，其具体安装方法如下：

```
sudo add-apt-repository ppa:damien-moore/codeblocks-stable –y
                                                    #添加 Code::Blocks PPA 软件仓库到
                                                     系统
sudo apt-get install -y codeblocks codeblocks-contrib    #从官方软件仓库中安装
```

需要注意的是，上述操作仅安装 Code::Blocks IDE，并没有安装 C/C++编译器和相应的开发环境 build-essential，如果需要请自行添加。

1. PyCharm

在一个效率至上的时代，PyCharm 作为 Python 的 IDE 毫无疑问是大家的首选。

PyCharm 的部署在 Ubuntu 中很简单，最简单的方法就是从 Ubuntu 软件商店中直接安装，命令行最简单的安装方法是通过 snap 进行安装，关键操作如下：

```
sudo snap install pycharm-community--classic        #安装免费的社区版本，够用就好
```

或安装专业版本，关键操作如下：

```
sudo snap install pycharm-professional --classic    #如果购买了专业版本，可以直接安装
```

在 Ubuntu 中直接搜索 PyCharm，双击图标即可运行，其主界面如图 6-8 所示。

图 6-8　PyCharm 主界面

需要注意的是，这里安装的是免费的社区版本，如果购买了 License，可以直接安装专业版本。

此外，通过 snap 还可以安装 Android Studio 和 JetBrains 公司的相关 IDE，如著名的 IntelliJ IDEA、PHPstorm 和 Webstorm 等多款 IDE，如法炮制安装即可，类似的操作如下：

```
sudo snap install intellij-idea-community –classic
sudo snap install phpstorm –classic
sudo snap install webstorm –classic
```

Tips：安装 Android 的默认语言编译器 Kotlin。

Kotlin 由 JetBrains 发布于 2011 年，最大的特点就是兼容 Java。Google 将 Kotlin 列为 Android 官方开发语言，其简洁高效，目前最新的版本是 Kotlin 1.2.30，顺便说一下，前面提到的 Android Studio 也是基于 JetBrains 著名的 IntelliJ IDEA 开发的，默认集成了 Kotlin plugin，Koltin 最简单的安装方法如下：

```
sudo snap install kotlin    --classic           #使用 snap 安装 Kotlin
```

然后运行如下命令加以验证：

```
kotlin -version
Kotlin version 1.2.30-release-78 (JRE 1.8.0_151-8u151-b12-0ubuntu0.16.04.2-b12)
```

Kotlin 的官方网站地址：https://kotlinlang.org/。
Kotlin 的官方文档地址：https://kotlinlang.org/docs/reference/。

2. Postman

Postman 是一款完整的 API 开发环境，可在开发的整个生命周期，如从设计、测试到发布 API 文档和监控来管理 API。

在测试阶段，Postman 就是一款近似全能的网页调试工具和网页 HTTP 请求发送工具，Postman 的 Logo 如图 6-9 所示。

Postman 最引人注目的功能就是能发送任何类型的 HTTP 请求，如 HEAD、POST、GET、PUT 等，还可附带任何数量的 HTTP headers 和参数，支持多种认证机制，目前 Postman 可以从 snap 商店直接安装，具体操作如下：

图 6-9　Postman 的 Logo
（图片来源：官方网站）

```
Sudo snap install postman
```

除了通过软件安装，Postman 还可以 Chrome 插件的形式运行。

6.3　版本管理：git 和 GitHub

2005 年 Linux 内核代码版本控制软件 BitBucket 失效时，Linux 创始人 Linus 花了一周的时间开发出 git 这个分布式的版本控制系统，它最初被用于 Linux 内核代码的版本管理，目前已经成为主流版本管理程序了，多数开源项目都使用 git，git 的 Logo 如图 6-10 所示。

git 是一个分布式设计的版本控制程序，凭借其便捷和高效的操作获得了广大开发者的认可，并在互联网上迅速传播，几乎成为开源社区版本控制的标配程序了，之后又诞生了基于 git 的 GitHub 在线代码托管服务，它的出现可以说为 git 打了一针强心剂，可以视为一个 WebGUI 的 git，并提供基于 git 的版本托管服务，GitHub 的 Logo 如图 6-11 所示。

图 6-10　git 的 Logo（图片来源：官方网站）　　图 6-11　GitHub 的 Logo（图片来源：官方网站）

不用命令行也可以使用 git，它基于 Ruby on Rails 开发，由于程序源代码是开发者沟通最直接的手段，所以，开源项目通过 GitHub 来快速传播与分享，开发者则可以直接浏览和追踪其他开发者、组织开源项目的源代码，并可利用 Fork 功能快速创建基于现成开源项目的分支，直接参与到开源项目中，大大降低了参与开源软件的门槛，GitHub 的 Web 界面如图 6-12 所示。

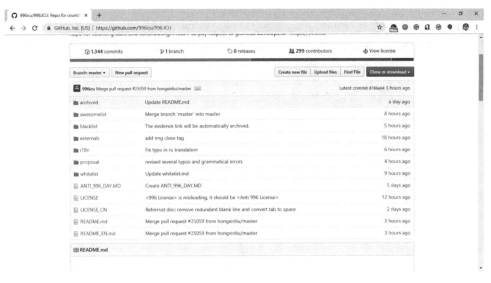

图 6-12　GitHub 的 Web 界面

综上所述，称 git 和 GitHub 为开源软件世界的基石一点儿也不为过，下面就通过一个十分简单的实例，介绍 git 和 GitHub 的使用，切实帮助开发者、开发团队以及企业提高软件开发的效率和质量。

6.3.1　安装和配置 git

Ubuntu 18.04 默认没有安装 git，故需要安装和配置 git，经过简单的安装和配置，就可以使用 git 来管理自己的代码了。

1）安装 git

可以运行如下命令安装 git：

```
sudo apt -y install git
```

成功安装后，可以键入如下命令检测安装：

```
git --version
git version 2.17.1
```

2）配置使 git 更高效便捷

安装好后就可以使用了，运行如下命令查看 git 的默认配置：

```
git config -l                              #查看 git 默认配置
```

由于还没有任何配置，所以显示为空。

为了使用 git 更加顺手和高效，需要为 git 的常用命令设置一些别名，便于日后操作：

```
git config --global alias.a add            #设置 git add 的别名
git config --global alias.l log            #设置 git log 的别名
git config --global alias.br branch        #设置 git branch 的别名
git config --global alias.co checkout      #设置 git checkout 的别名
```

```
git config --global alias.ci commit          #设置 git commit 的别名
git config --global alias.st status          #设置 git status 的别名
```

添加用户电子邮件和用户名称，具体操作如下：

```
git config --global user.email "邮箱地址"
git config --global user.name "GitHub 用户名"
```

3）指定默认编辑器为 Vim

多数开发者都有自己熟悉的编辑器，将自己最熟悉的编辑器设置为 git 默认的编辑器会比较方便，具体方法如下：

```
git config --global core.editor "vim"
```

启用 git 输出显示颜色：

```
git config --global color.ui true
```

全部设置完成后，再次运行 git config -l 命令，就可以看到上述配置了：

```
git config --list
alias.a=add
alias.l=log
alias.br=branch
alias.co=checkout
alias.ci=commit
alias.st=status
user.email=邮箱地址
user.name= GitHub 用户名
core.editor=vim
color.ui=true
```

6.3.2 关联 git 和 GitHub 账号

配置好 git 之后，需要将 git 和 GitHub 的账号关联起来，这样就可以通过 git 操作 GitHub 远程服务器上的版本库了，并可即时将本地代码库中的源代码推送到 GitHub 保存。要实现这个功能，首先需要申请一个 GitHub 账户，并且配置相关的 SSH key，随后在 GitHub 上创建一个版本库，笔者已经在 GitHub 上使用自己的账户创建了一个名为 C 的版本库。

通过自己的 GitHub 账号创建好一个名为 C 的版本库，地址：git@github.com:HenryHo/c.git。

使用如下命令创建 SSH Key：

```
ssh-keygen -t rsa -b 4096 -C "邮箱地址"
```

成功创建后切换到~/.ssh 目录下，复制 id_rsa.pub 文件内容到 GitHub Settings 左侧的 SSH and GPG keys-SSH keys 配置页面，具体操作如图 6-13 所示。

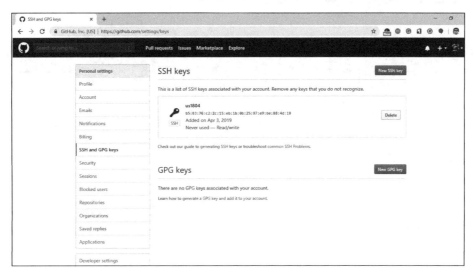

图 6-13　保存 SSH key 到 GitHub

确认无误后保存，即可使用如下命令测试与 GitHub 服务器的连通性：

ssh -T git@github.com

首先输入 yes，如果获得如下提示：

Hi HenryHo! You've successfully authenticated, but GitHub does not provide shell access.

说明连接没有任何问题，已准备就绪。

6.3.3　使用 git 将代码推送到 GitHub

首先在本地创建或编辑源代码，然后添加、提交到本地代码库，之后再推送到 GitHub，具体操作如下。

从远端复制和检测代码：

git clone https://github.com/HenryHo/c.git　　　　　　#从 GitHub 复制空代码库

在本地创建源代码，示例如下：

cd c.git

vim hello.c

代码如下：

#include <stdio.h>

int main(int argc,char *argv[])

{

printf("hello world!");

}

完成后保存退出即可。

创建源代码文件后，首先要添加和提交到本地代码库中，具体操作如下：

```
git add hello.c                              #将 hello.c 源代码问题添加到本地代码库
git commit -m 'hello world'                  #将 hello.c 提交到本地代码库，且提交备注
                                              为 helloworld
```

运行如下命令将本地库中源代码推送到 GitHub 远端仓库：

```
git push
```

Tips：避免频繁地输入用户名和地址。

如果在 git clone 时使用的是 https 安全地址，在进行 git push 等操作时，总会提示输入 GitHub 账号和密码，可以运行如下命令将认证信息保存起来：

```
git config --global credential.helper store
```

这样只需要输入一次，后续提交或拉取就不用再输入用户名和密码了。

这时，通过浏览器打开 GitHub，登录后进入 C 库，即可看到刚添加的源代码文件。当然这个例子极为简单，实际工作中的操作要复杂得多，这就需要大家多使用多积累。

6.4 时间和思维导图管理工具

下面推荐两款使用简单的工具——GNOME To Do 和 XMind 8，可以帮助开发者高效利用时间，方便开发者捋清思路、提高工作效率、将更多时间放在生活上，达到工作和生活的平衡。

1. GNOME To Do

新添加的待办事项的基本功能是编辑和管理日程列表，可以为每个任务分配不同的颜色，以表示不同的优先级，值得一提的是，还支持与 GNOME Online Accounts 绑定并同步。待办事项是行动规划和时间管理的必备工具，可以运行如下命令安装此应用：

```
sudo apt update
sudo apt install -y gnome-todo
```

搜索 gnome-todo，双击图标即可运行，用待办事项来管理时间可以提高效率，其主界面如图 6-14 所示。

2. XMind 8

XMind 8 是风靡全球的思维导图工具，正如其官方广告"思如泉涌，成竹在图"所说的，XMind 8 是开发者保持头脑清晰的必备工具。XMind 8 虽说不是最美观的思维导图工具，但一定是最实用的思维导图工具。XMind 8 分为免费版和专业版，开发者使用免费版即可，在 Ubuntu 18.04 中的安装方法如下。

图 6-14 待办事项主界面

首先将其从官方下载到 XMind 8 目录下,然后使用如下命令解压和安装:

```
cd ~/xmind
sudo unzip xmind-8-update8-linux.zip
sudo ./setup.sh
```

最后运行 XMind 8,操作如下:

```
cd ~/xmind8/XMind_amd64
sudo ./XMind
```

稍等片刻,即可看到熟悉的 XMind 8 界面。

6.5 本章小结

本章对开发者提出的使用方法进行了介绍,从开发者最常用的编辑器、集成开发环境、git 和 GitHub,到时间和思维导图管理工具,大家可以根据自己的需求和喜好灵活增删,将 Ubuntu 打造成高效和顺手的开发平台。

第 7 章

构建 Ubuntu 全能家庭娱乐中心

计算机的用途有很多，但对于个人或家庭用户而言，游戏和电影可能是相当重要的应用，本章就来教大家如何在 Ubuntu 环境中打游戏、看电影和追剧。游戏离不开显卡和驱动，因为显卡对游戏的画质和效果影响巨大，显卡驱动对游戏的显示效果来说最为直接和重要。就目前市面上的显卡而言，使用最广泛的是 Intel 的核显，也就是大家常说的集成显卡，只要使用 Intel 的处理器就会有核显，其次才是 NVIDIA 的显卡（下文将简称为 N 卡）和 AMD 的显卡（下文将简称为 A 卡）。无论选择哪种显卡，Ubuntu 都可以满足大家的需求，首先解决市场份额最大的 Intel 核显，其驱动已经集成到了 Linux 内核，所以不用担心，Ubuntu 会自动安装，下面主要介绍游戏中最为流行的 N 卡和 A 卡。

7.1 构建 Ubuntu 游戏中心

N 卡绝对是游戏玩家的首选，近来一份报告显示，Linux 用户还是钟情于 N 卡。

不只 Linux 用户钟情于 N 卡，其实多数游戏玩家都是 N 卡的粉丝，而 N 卡效果又取决于其驱动，所以，N 卡驱动直接决定了游戏的效果。N 卡驱动的选择与安装对游戏效果的影响巨大，所以，对于游戏玩家来说，掌握安装 N 卡驱动的方法是使用 Ubuntu 系统的必修课，下面介绍选择和安装 N 卡驱动的方法和经验。

7.1.1 安装 N 卡驱动的准备工作

安装 N 卡驱动一直是一个难点，尤其是对初学者来说，很多朋友发出"使用 N 卡，能进入桌面就不错了"的感慨。其实用户只要准备充分就可以顺利安装并正常使用 N 卡。

1. 获得当前显卡的详细信息

无论是流行游戏还是专业图形图像处理，离开了显卡的支持一切将无从谈起，安装显卡驱动之前，需要获得当前计算机显卡方面的配置，可以在终端中使用如下命令检测显卡驱动：

```
lspci | grep VGA                                          #检测显卡的基本信息
00:02.0 VGA compatible controller: Intel Corporation Device 591b (rev 04)
01:00.0 VGA compatible controller: NVIDIA Corporation GP106M [GeForce GTX 1060 Mobile] (rev a1)
ubuntu-drivers devices                                    #获得当前驱动，系统默认安装后的状态
== /sys/devices/pci0000:00/0000:00:01.0/0000:01:00.0 ==
modalias:   pci:v000010DEd00001C20sv00001462sd000011D5bc03sc00i00
vendor:    NVIDIA Corporation
model:    GP106M [GeForce GTX 1060 Mobile]
driver:   nvidia-driver-390 - distro non-free recommended    #推荐驱动版本为 NVIDIA 官方私有稳
                                                              定版本 390

driver:   xserver-xorg-video-nouveau - distro free builtin
```

返回信息显示一块是默认的核显，另一块是 N 卡，如果没有 N 卡就只显示一块，进一步获取更为关键的信息，操作如下：

```
glxinfo | grep "OpenGL version"                          #检测显卡是否支持 3D
OpenGL version string: 3.0 Mesa 18.0.0-rc5
```

如果看到如上信息，说明显卡支持 OpenGL 3D，版本为 3.0。

Tips：安装相关测试工具。

如果发现上述工具缺失，可以运行如下命令安装显卡测试工具：

```
sudo apt install -y mesa-utils                           #安装测试工具
glxgears                                                  #用来检测 OpenGL 3D 显卡驱动的效率
                                                           小程式

290 frames in 5.0 seconds = 57.993 FPS                   #默认显卡驱动的性能
240 frames in 5.0 seconds = 47.984 FPS
240 frames in 5.0 seconds = 47.996 FPS
240 frames in 5.0 seconds = 47.999 FPS
241 frames in 5.0 seconds = 48.005 FPS
……
```

通过这款小工具可以看出显卡的性能，测试结果如图 7-1 所示。

图 7-1　检测计算机显卡支持

从第一条命令的运行结果可以看出计算机具有 Intel 核显和 N 卡；第二条命令结果显示该显卡支持 3D 及相关版本信息；第三条命令则检测得更加细致，得到的信息也更全面，第四条命令则可以检测玩家最关心的参数——FPS（Frames Per Second）每秒显示的帧数。

2. BIOS 相关设置

在 BIOS 中需要关闭安全启动（Secure boot），以避免出现安装 N 卡驱动后出现的循环登录问题。此外，快速启动（Fast boot）也建议关闭，因为此功能并不能让计算机加速启动，只是使 Windows 10 高级休眠而已，在此状态下 Windows 文件系统无法共享给 Ubuntu，同时在 Windows 10 系统中也应将快速启动选项禁用。

需要注意的是，如果只使用 Ubuntu 系统，建议只使用 N 卡，目前最好不要使用 N 卡和核显切换程序，因为很可能会出现系统崩溃等问题。

3. 安装 N 卡驱动所需要的依赖库或程序

安装 N 卡驱动所需要的依赖库或程序会让安装比较顺利，关键操作如下：

```
sudo apt update
sudo apt install -y dkms build-essential linux-headers-generic pkg-config
```

4. 备份重要配置文件

为了保险起见，备份如下 X-Window 相关配置文件：

```
sudo cp -rf /usr/share/X11/xorg.conf.d ~/Documents/        #备份 X-Window 关键文件，以备不时之需
```

5. 卸载系统中的旧版 N 卡驱动

为了保证 N 卡驱动安装成功，需要卸载任何可能存在的旧版驱动，具体操作如下：

```
sudo apt purge nvidia*
```

6. 禁用开源驱动和内核模块

将开源驱动 nouveau 加入驱动黑名单，关键配置如下：

```
sudo vim /etc/modprobe.d/blacklist-nouveau.conf
```

在编辑器中添加如下内容：

```
blacklist nouveau
options nouveau modeset=0
```

之后禁用 nouveau 内核模块并重新生成 initrd 启动文件，关键操作如下：

```
sudo update-initramfs -u
```

最后运行如下命令重启系统：

```
sudo reboot
```

7.1.2　官方 PPA 软件仓库安装 N 卡驱动

准备工作做得好，成功概率就会大大提高，之后可以在图形界面通过虚拟终端安装 N 卡驱动，也可以在纯粹的终端命令行进行安装，最终效果是一样的。

在图形界面中安装 N 卡闭源驱动最简单的方法是运行虚拟终端，在虚拟终端中运行如下命令：

```
sudo ubuntu-drivers autoinstall
```

或从 PPA 软件仓库安装最新的 N 卡驱动，关键操作如下：

```
sudo add-apt-repository ppa:graphics-drivers/ppa -y    #添加 Graphic Drivers PPA 软件源，这是
                                                       Ubuntu 官方维护的显卡驱动软件源
```

截至 2018 年 5 月，在 Ubuntu 官方 PPA 软件仓库中，N 卡最新稳定驱动版本为 396.24，因此，安装 nvidia-396 驱动即可，关键操作如下：

```
sudo apt install -y nvidia-396                         #安装最新版本的 N 卡驱动
```

7.1.3　终端手动安装 N 卡驱动

1. 从官方下载最新 N 卡驱动

可以从 NVIDIA 官方下载最新驱动，从终端中手动安装。从下拉列表中选择自己的 N 卡型号并下载最新的 Linux 驱动，关键操作如图 7-2 所示。

图 7-2　从官网下载 N 卡驱动

2. 重启后关闭图形界面

重启后，直接在终端界面登录，Ubuntu 17.10 及之后的 Ubuntu 版本需要停止 GDM 登录服务，具体操作如下：

```
sudo systemctl stop gdm                              #关闭图形界面而无须重启系统
```

Ubuntu 17.10 之前的 Ubuntu 版本需要停止 LightDM 登录服务，具体操作如下：

```
sudo systemctl stop lightdm                          #关闭图形界面而无须重启系统
```

3. 命令行安装 N 卡驱动

之后在终端环境（不是虚拟终端）运行如下命令安装 N 卡驱动：

```
cd ~/Downloads
chmod u+x NVIDIA-Linux-x86_64-390.48.run             #授予驱动安装文件可执行权限
./NVIDIA-Linux-x86_64-390.48.run                     #根据提示安装 N 卡驱动
```

根据安装程序的提示安装即可，具体操作如图 7-3 和图 7-4 所示。

图 7-3　在终端环境下手动开始安装 N 卡驱动

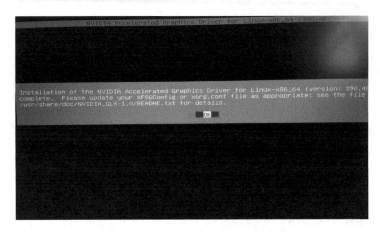

图 7-4　终端手动成功安装 N 卡驱动

需要提醒大家的是，在安装过程中选择安装 NVIDIA 32 位兼容库，如图 7-5 所示。

图 7-5　手动安装 N 卡关键配置

其他选项采用默认选项或根据需求设置即可，手动安装好驱动后，再次运行如下命令：

ubuntu-drivers devices

== /sys/devices/pci0000:00/0000:00:01.0/0000:01:00.0 ==

modalias : pci:v000010DEd00001C20sv00001462sd000011D5bc03sc00i00

vendor 　　 : NVIDIA Corporation

model 　　　: GP106M [GeForce GTX 1060 Mobile]

manual_install: True　　　　　　　　　　　　　　　　　　　　#手动安装标记为真：

driver 　　: nvidia-driver-390 - distro non-free recommended

driver 　　: xserver-xorg-video-nouveau - distro free builtin

之后运行如下命令检测 N 卡的性能：

glxgears

Running synchronized to the vertical refresh.　The framerate should be approximately the same as the monitor refresh rate.

119250 frames in 5.0 seconds = 23849.973 FPS

122233 frames in 5.0 seconds = 24446.479 FPS

123961 frames in 5.0 seconds = 24792.062 FPS

124718 frames in 5.0 seconds = 24943.600 FPS

123936 frames in 5.0 seconds = 24787.154 FPS

124245 frames in 5.0 seconds = 24848.900 FPS

123898 frames in 5.0 seconds = 24779.496 FPS

123652 frames in 5.0 seconds = 24730.355 FPS

...

还可以运行 NVIDIA 的设置程序，如图 7-6 所示。

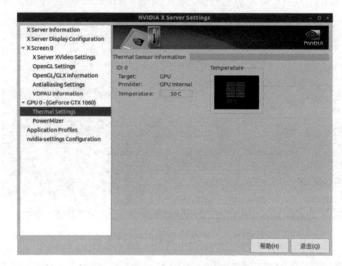

图 7-6　运行 NVIDIA 的设置程序

最后，再次运行软件和更新，切换到"附加驱动"选项卡，看到正在使用手动安装驱动，如图 7-7 所示。

性能可以提高很多，不过前面的数据应该是默认的 Intel 核卡的性能，需要强调的是，理论上无论是从 PPA 源安装还是从官方下载 Linux 显卡驱动手动安装，结果都是相同的，不过笔者还是推荐通过官方显卡驱动 PPA 软件仓库来安装，因为在这种方式下，安装和更新都更为安全和便捷，尤其是对于初学者而言。

此外，千万不要以为安装 N 卡驱动只用来玩游戏，其实后面章节的人工智能深度学习也需要安装 N 卡驱动，需要使用显卡强劲的运行能力。对于深度学习而言，无论是学习还是应用，目前都需要 N 卡强大的运算能力。深度学习入门级显卡是 N 卡的 1050Ti 或 1050 Ti，最好使用 NVIDIA 1060 及以上的显卡。

图 7-7　检测手动安装成功

Tips：安装 A 卡开源驱动。

A 卡开源驱动性能很好，AMD 官方也逐步放弃私有驱动而转向开源驱动，并帮助开源驱动项目提升效率，A 卡开源驱动安装方法如下：

sudo add-apt-repository ppa:oibaf/graphics-drivers -y　　　　#添加 A 卡驱动 PPA 软件仓库

然后安装（或确认）xserver-xorg-video-amdgpu 软件包，关键操作如下：

sudo apt install xserver-xorg-video-amdgpu　　　　#安装开源版本的 A 卡驱动

最后重启系统即可。

7.2　构建自己的 Ubuntu 游戏中心

安装好 N 卡驱动，就可以着手构建自己的 Ubuntu 游戏中心了，当然少不了必要的硬件和软件支持，下面就来介绍实现方法。

可以对自己定制的 PC 或笔记本进行操作，笔者的配置为 Intel i7、NVIDIA 1060 显卡、16GB 内存（游戏和模拟器大多需要大内存）、支持 HDMI 输出（这对于喜欢大屏游戏的用户来说很重要），并配以罗技经典手柄，物美价廉，兼容性极佳，无须额外驱动即可在 Ubuntu 中使用。这样，游戏中心的操作控制器组合就是键盘、鼠标（用于不支持手柄的游戏或习惯用键盘游戏的用户）和手柄（用于支持手柄的各种游戏），可以满足绝大多数玩家的需求。

7.2.1　使用及配置游戏手柄

游戏手柄是家用游戏机的标准配置，为 PC 配置游戏手柄纯属个人偏好，因为使用 PC

的键盘和鼠标也可以很好地控制。诚然，使用键盘、鼠标玩射击游戏（FPS）十分方便，但如果是其他类型的游戏，如动作及格斗游戏，笔者更加偏爱游戏手柄，想必这也是很多朋友的选择。笔者采用的是经典的手柄 Logitech Gamepad F310，即插即用。

拿到手柄后首先确认手柄背后的模式切换键被设置为 X 模式，具体设置如图 7-8 所示。

图 7-8　确认手柄设置为 X 模式

目前多数游戏都采用 Xinput 模式，连接到计算机就可以工作了，可以运行如下命令检测手柄的连接：

```
lsusb

...

Bus 001 Device 003: ID 046d:c21d Logitech, Inc. F310 Gamepad [XInput Mode]
```

看到如上信息，说明游戏手柄已经被系统识别，然后需要安装一个游戏手柄测试和配置工具，保证游戏手柄正常工作，在终端中运行如下命令：

```
sudo apt update
sudo apt install -y jstest-gtk
```

然后运行该配置工具，可以看到已经检测出手柄的正确信息，搜索 jstest-gtk 程序，找到后双击其图标即可运行。需要注意的是，如果计算机正在使用无线鼠标或键盘 USB 接收器及其他 USB 设备，一定要先移除这些设备及其接收器，然后开始测试和配置游戏手柄，以免造成模拟器或游戏手柄配置的错乱。

7.2.2　PC 游戏必备——Steam 客户端

Linux 没有游戏可玩吗？那是过去，现在情况已经发生了很大的变化。首先，就游戏最底层的技术而言，Linux 游戏的 3D 是基于 OpenGL 的，更准确地说应该是 Mesa 项目（一个开源 OpenGL 项目），而 Windows 则基于自家的 DirectX。总体而言，OpenGL 和 DirectX 在技术上十分接近，差别主要在开发难度上，OpenGL 的开发比 DirectX 要复杂。具体来说，无论是 Android 还是 iOS 平台的游戏，都基于 OpenGL 的 ES，从移动平台的表现可以看出，OpenGL 的技术实力没有问题，不过未来统一各平台的图形技术是 Vulkan，它是由基于 AMD 所贡献的 Mantle 构建的下一代图形底层技术,与微软的 DirectX 12 同源,但更简单、高效,并能跨平台运行。其次,游戏产业发展到现在,由于成本的问题,多数公司都不是从头到尾自己开发,而是基于某个相对成熟的游戏引擎进行开发,目前主流的游戏引擎都支持 Linux 平台,如 Unreal、Unity、Source 及开源游戏引擎 Godot 等,游戏引擎支持 2D 和 3D 并能跨平台运行已是大势所趋,发展到今天,Linux 游戏技术及支持都不再是问题,生态系统才最为重要。

对 Linux 而言,因为缺少用户、市场和生态系统,目前 Linux 游戏令人失望。Valve Corporation 公司敢为天下先,利用自家的 Steam,为 Linux 游戏做了很多努力,虽然目前 Linux 游戏生态系统仅是雏形乍现,但已经从零到一,实现质的突破了,且发展迅猛,未来可期。

Valve Corporation 公司(以下简称 Valve)是 Linux 游戏生态系统的推动者。Valve 开发了 Counter-Strike(反恐精英)、Half-Life(半条命)、Left 4 Dead(求生之路)及 Portal(传送门)等著名游戏,并成功运营了 Steam 全球数字发行平台(包括音频、视频、游戏等)。2015 年,Valve 推出基于 Linux 的 SteamOS 和 Steam Machines,虽然目前已经进化到了 Steam Machine 第二代,可运行的游戏有两千多种,但和 Windows 平台相比,差距还是不小的,可喜的是,Steam 市场中越来越多的游戏公司开始对 SteamOS 提供原生支持(其实就是 Linux 版本),Valve 自然身先士卒,自家所有的游戏都率先支持该系统平台,并且很多游戏公司的著名大作也开始支持 Linux,具体结果如图 7-9 所示。

图 7-9　Valve 自家游戏支持

具有 Steam Logo(以前是用企鹅 Tux 作为标志)的游戏都可以在 Linux 中运行,具体如图 7-10 所示。

Tips:可以在 Ubuntu 上运行的 PC 游戏大作。

众所周知,一个游戏生态系统的建立不会一蹴而就,目前 Linux 生态系统也很难完全令人满意,但 Linux 游戏的发展情况无疑令人欣喜,根据 SteamDB 网站的统计,2018 年 6 月的统计数据显示有 3104 款游戏支持 Linux,其中不乏 Dota 2、反恐精英、全球攻势、

Hitman、古墓丽影、巫师、文明 6、Racket League 和 Metro 2033 等游戏大作，这已经比前几年好很多了，可以说实现了对零的突破，从只能用 WINE 运行游戏到 Steam 原生游戏。从统计图中可以看出，最近两年支持 SteamOS+Linux 的游戏数量增长迅猛，2018 年 8 月底的统计显示，支持 Linux 的游戏已经突破 3200 款了。

图 7-10　支持 Linux 平台的游戏标志

更为重要的是，Valve 将 Steam 数字发行平台的硬件构建在了开放的 PC 硬件体系，辅助以开源的 Linux 系统，软硬件都基于 Open 体系，凭借 Steam 数字发行平台的强大影响力，开启了 Linux 游戏的时代，这其实就是笔者所讲的生态系统——一个 Linux 游戏的生态系统。玩家在意的是高质量的游戏和一流的游戏效果及体验，根本不在意采用的是 Windows 还是 Linux，只要存在大量的玩家（消费者），游戏开发者或公司自然会开发这个金矿，这对开发公司及开发者来说具有巨大的影响力，逐步形成针对 Linux 的游戏开发大潮，Linux 加开源将是未来游戏产业发展的重要趋势且势不可当。并且，可以肯定的是，随着 SteamOS 的逐步成熟及 Steam 数字发布平台的发展，支持 SteamOS 的游戏将会越来越多，也希望喜欢 Ubuntu 的朋友多在 Linux 环境玩游戏，以支持 Linux 游戏产业及生态系统。

只要安装了 Steam 的 Linux 客户端，就有了数以千计的 Linux 游戏可玩，其中不乏经典之作，运行如下命令就可以安装 Steam：

```
sudo apt update
sudo apt install -y steam
```

此外，还可以从其官方网站下载 Steam 客户端的最新版本。

在系统中搜索 Steam 安装程序并双击其图标，即可运行 Steam 安装程序。

成功安装 Steam 之后，桌面将会出现 Steam 图标，双击 Steam 客户端图标运行后，首先要下载其更新，然后输入自己的 Steam 账号和密码登录游戏库，下载自己的游戏，下载并安装好后就可以开始游戏了。

装好 N 卡驱动和 Steam 客户端之后，在 Ubuntu 中也可以享受 N 卡核弹带来的强劲渲染速度和突出的光影效果。Steam 打开了 Linux 游戏之门，并为 Linux 提供了大量高质量的优秀游戏，能够推出游戏的 Linux 版本也是一家游戏公司实力强大的重要标志之一，如著名游戏厂商 SQUARE ENIX 所开发的多数新游戏都支持 Linux。

虽然 Steam Machine 已经从 Steam 首页撤出，但并不意味 Linux 游戏失败。最近 Valve 表示，Valve 依然在 SteamOS 及 Linux 游戏上做着不懈的努力，Linux 游戏将会越来越多并逐步形成 Linux 游戏生态系统，到那时，在 Linux 中玩游戏也会变成一件理所应当、十分自然的事情。

Tips：使用一条命令安装/删除优秀的 Linux 游戏。

除了 Steam 游戏，Linux 本身也具有大量游戏，虽然在质量和数量上无法和 Steam 游戏相媲美，不过作一般的娱乐之用已经足够，经典游戏有开源泡泡龙（Frozen Bubble）、SuperTux（超级企鹅）、SuperTuxKart（超级企鹅卡丁车）、TuxRacer（企鹅滑雪）及 OpenArena（开源雷神之锤）等，每种游戏都需要至少 5GB 的磁盘空间，可以运行如下命令一次性安装多个 Linux 原生优秀游戏：

```
sudo apt update
sudo apt install alien-arena astromenace chromium-bsu frogatto frozen-bubble pingus supertux supertuxkart extremetuxracer openarena nexuiz redeclipse -y
```

如果要删除它们，可通过如下命令一次性彻底删除：

```
sudo apt purge alien-arena astromenace chromium-bsu frogatto frozen-bubble pingus supertux supertuxkart extremetuxracer openarena nexuiz redeclipse -y
```

如果只是喜欢这些游戏中的某个游戏，则确认其安装名称并直接安装即可。此外，snap 软件仓库也有不少游戏，如流行的 Minecraft（我的世界）的安装也极为简单，关键操作如下：

```
sudo snap install minecraft
```

成功安装后即可搜索运行，用自己的账号登录即可开始游戏。

7.2.3 模拟器游戏

1. 家庭游戏主机和街机模拟器

除了上述介绍的 Linux 原生游戏之外，在 Linux 环境中还有一个游戏的重要分支——模拟器游戏。模拟器通常是指通过软件仿真技术模拟各种家用游戏主机（Console）及当年风靡一时的街机（Arcade）硬件，其实就是对家用游戏机及街机硬件的"虚拟化"。由于运行在各种游戏主机及街机的游戏本身可玩性及游戏质量就很高，所以，这些游戏即使到了现在仍然长盛不衰，更加幸运的是，现在主流 PC 的运算速度已经足够驱动这些模拟器并获得接近真实游戏主机的游戏体验了，所以，无论是 Windows 平台还是 Linux 平台，模拟器都是游戏的一个热门领域，世界各地存在大量的模拟器爱好者，笔者也是其中一员。

2. 游戏模拟器中的瑞士军刀 RetroArch

本书第 3 版中介绍过 RetroArch，其稳定版本已经升级到了 RetroArch1.7.2，下面只简单介绍其安装、配置及使用内容请参考第 3 版中的相关内容。

在 Ubuntu 环境中，RetroArch 可以通过官方 PPA 软件源来安装，具体方法为在终端中运行如下命令：

```
sudo add-apt-repository ppa:libretro/stable -y          #添加 PPA 软件仓库
sudo apt install retroarch libretro*                    #安装 RetroArch 及六七十个常用
                                                          的游戏主机模块
```

如果只需要任天堂红白机和超级任天堂，则需要运行如下命令：

```
sudo apt install -y retroarch libretro-quicknes libretro-snes9x
```

Tips：熟悉的游戏主机选择。

RetroArch 可以模拟国内流行过的游戏主机，所对应的 RetroArch 主机模块如下：

- 任天堂红白机（FC/NES）——FCEUmm/QuickNES 模块。
- 超级任天堂（SFC/SNES）——Snes9x 模块。
- 任天堂 GameCube——Dolphin 模块。
- 任天堂 Wii——Dolphin 模块。
- 世嘉五代 MD——PicoDrive 模块。
- 世嘉土星 SS——Yabause 模块。
- 索尼 PS1——PSX 模块。
- 索尼 PSP——PPSSPP 模块。
- 街机模拟器——MAME 模块和 FB Alpha 模块。
- DOS 游戏模拟器——Dosbox 模块。
- ……

每种主机都有多个模块可选，每种模块又有好多版本，可以尝试和游戏最匹配的主机模块。限于篇幅，更多的游戏主机模块（目前共有 120 多个主机模块）没有在本书中列出，如 Atari 系列、各种掌机及 PC-Engine 系列等。

7.3 使用 Ubuntu 构建自己的家庭影院

7.3.1 KODI 家庭影院

KODI 是一款影音播放神器，截至 2018 年年初，KODI 用户数量已经达到了 3000 多万。其赢得广大用户青睐的原因如下：可以支持所有的音视频格式；界面专业美观；播放功能全面且强大；拥有上千种插件，大大扩展了它的功能，如从 IMDB、Rotten Tomatoes（烂番茄）、豆瓣等多家知名电影及影评网站获得相关电影的详细信息和评价等。

安装了 KODI 就可以享受 KODI 带来的高质量多媒体效果，具体方法如下：

```
sudo apt install -y kodi                                            #安装 KODI
```

重启系统，在登录时，如同选择桌面环境一样选择 KODI，然后输入用户名和密码，即可登录到 KODI 的主界面，KODI 家庭影院的主界面如图 7-11 所示。

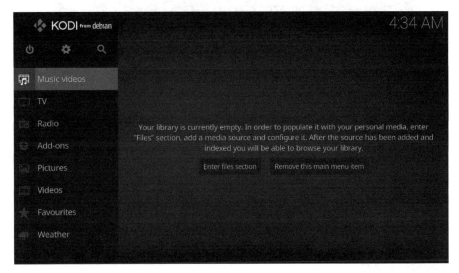

图 7-11　KODI 家庭影院的主界面

使用 KODI 播放电影，需要事先构建好局域网文件共享，无论是通过 Ubuntu 打造的网络存储，还是局域网中已有的 NAS 都可以，将多媒体文件上传到网络共享相应的目录中，具体上传方法和上传游戏 ROM 文件类似，此处不再赘述。一切准备就绪就可以开始用 KODI 播放共享的或 NAS 中的电影，将 Ubuntu 系统打造成自己的家庭影院了。

具体操作如下：选择"KODI"→"VIDEOS"→"Files"→"Add Videos"命令，单击"Browse"按钮，从"Windows network（SMB）"中添加网络共享，进入电影文件夹，如 smb://192.168.1.7/share/kodi/movies，最后单击"确定"按钮。有时还需要选择 scraper 电影数据库，KODI 就会开始根据共享中电影文件的名字匹配海报封面及简介。例如，使用 KODI 播放高清的开源电影大雄兔（Big Buck Bunny）。

需要注意的是，用户既可以登录使用 KODI，也可以直接在桌面环境启动 KODI，两种方式使用起来是一样的。

7.3.2　KODI 手机应用

在移动时代，怎能少了移动应用呢？幸运的是，无论是 Android 系统还是 iOS 系统，都有 KODI 的应用，也就是说可以在移动端播放多媒体文件。

在 Google Play 或 App Store 中搜索 Kore，就会找到这款应用。

成功安装到手机后，就可在局域网的环境控制中播放多媒体文件，效果如图 7-12 所示。

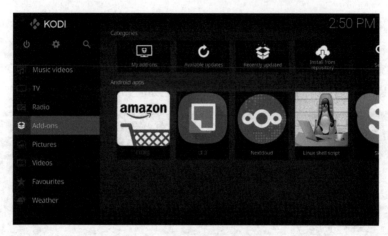

图 7-12　KODI 的移动应用

将 Ubuntu 打造成家庭影院，是广大电影爱好者及高清画质爱好者梦寐以求的。KODI 是一款不容错过的媒体播放和管理神器，其全面的播放和管理功能、强大的插件扩展能力使用过 KODI 的朋友都会情不自禁地爱上它，进而离不开它。

7.4　本章小结

本章主要介绍了如何使用 Ubuntu 构建家庭娱乐中心，如游戏中心和家庭影院。从给 Ubuntu 安装显卡驱动开始，到安装 Steam 客户端及各种模拟器，再到实现家庭影院的神器 KODI，一步步将 Ubuntu 系统打造成一个可以满足多数用户需求的全能家庭娱乐中心，如果用户有特殊需求，可自行在此基础上进行扩展，让 Ubuntu 陪大家一起娱乐（新游戏、新电影、新剧）和回味（老游戏、老片、老剧），共度快乐时光，感悟生活。

第8章

Ubuntu 部署和配置 TensorFlow 深度学习环境

在人工智能（Artificial Intelligence，AI）热浪及趋势的推动下，AI 这个原本被人们认为很遥远的专业名词迅速进入了公众视野，并很快成为媒体追捧的对象。AI 被称为是人类的最后一项发明，之所以这么说，是因为如果 AI 高度发达，人类的所有问题和需求均可借助 AI 来解决和实现，当然这也引发了一些人的担忧，如 SpaceX 的创始人马斯克、著名理论物理学家霍金，以及微软创始人比尔·盖茨等就认为人类应该对 AI 保持谨慎乃至警惕，因为 AI 很有可能是人类社会文明的终结者。居安思危没有问题，问题在于他们太高估 AI 目前的能力了。笔者认为未来 AI 可能会对人类造成影响，但具体会造成什么影响还很难说，毕竟在一个技术高速发展的时代预测未来是十分危险的。当前关于 AI 的报道铺天盖地，AI 虽然经过了半个世纪的发展，硕果累累，但其技术水平仍处于 AI 技术的早期，远未达到威胁人类社会的程度。

其实早在 1956 年就已经提出了 AI 的概念，其半个多世纪的发展过程跌宕起伏，有高潮也有低谷。就其取得的成就而言，AI 是一个十分宽泛的技术，主要包括智能算法、大数据、机器学习（包括深度学习）和神经网络等，而 AI 技术的重中之重就是机器学习和深度学习（深度学习是机器学习的一个分支）。

总体而言，AI 发展大致可以分为三个阶段，第一个阶段是算法阶段，焦点是 AI 底层的算法，虽说已经取得了很大进步，但还远没有达到人类所期待的地步；第二个阶段是近年来的大数据阶段，随着大数据的兴起、普及和流行，AI 也步入了大数据这一全新阶段；时至今日，AI 已经发展到了第三个阶段，即人工智能芯片阶段，典型代表就是 Google 的 TPU 人工智能芯片，更加令人兴奋的是，Google 将该芯片打造成了一项云服务提供给大家。

AI 技术正在走出科学家的实验室，逐步进入到应用和普及阶段。在硬件方面有了 TPU，那么软件方面也得跟上，虽然目前有很多 AI 开源项目，但最流行的还是 TensorFlow 深度学习框架，它流行的主要原因包含两个方面：一方面是 TensorFlow 框架系出名门，Google 出品的人工智能套件和 TPU 是绝配，当然，TensorFlow 也可以运行在最普及的 X86 平台加 nVidia 显卡的环境下，通过显卡强大的计算能力来弥补 CPU 的不足；另一方面是 TensorFlow 本身具有很大优势，支持多种开发语言，AI 开发和处理功能丰富，底层封装完善，可令开发人员快速上手并快速创建 AI 应用，TensorFlow 项目的 Logo 如图 8-1 所示。

图 8-1　TensorFlow 项目的 Logo

8.1　TensorFlow 深度学习环境的推荐软硬件

TensorFlow 框架除了实现机器学习、深度学习及并行学习，还可以完成一些数据挖掘工作，并且支持 X86 平台的主流系统。要使用 TensorFlow 学习 AI 技术，就得有相应的环境，目前使用最新的 Ubuntu 18.04 构建最为流行，并且 TensorFlow 使用的痛点主要是部署和配置，下面将针对其使用中的痛点和难点，帮助大家牢牢掌握 TensorFlow 深度学习环境在 Ubuntu 18.04 中的规划、部署和配置。

（1）机器学习硬件环境如下。

- 处理器：i7-7700HQ。
- 内存：16GB。
- 显卡：GeForce GTX 1060。

（2）机器学习软件环境如下。

- Ubuntu 18.04 LTS X64。
- Cuda Tookit 9.0。
- cuDNN v7.0。
- TensorFlow 1.8.0（GPU 版本）。

可以根据自己需求灵活组合和增强上述环境，如增强 GPU，将其换成 1070 或 1080。

8.2 部署 TensorFlow 及相关软件

部署 TensorFlow 及相关软件的关键在于安装顺序。首先需要安装 Ubuntu 18.04 系统，其次安装显卡驱动，再次安装部署 CUDA 9.0 和 cuDNN7.0，最后部署 TensorFlow。

8.2.1 安装 N 卡驱动

在游戏领域，N 卡是玩家最喜欢的显卡，而 TensorFlow 深度学习环境的最佳配置是 Google 的 TPU，不过 TPU 不易获得，于是 N 卡就成了很好的选择且最为流行。鉴于 N 卡的运算能力比 CPU 更强大，更适用于 TensorFlow 深度学习，所以首先需要安装显卡驱动，由于在第 7 章中已经详细介绍了 N 卡驱动的安装和配置方法，因此建议采用官方 PPA 安装。重启计算机后，如果成功安装了显卡驱动，可以运行如下命令来检测并得出结果。

```
nvidia-smi
Fri May 12 17:45:00 2018
+-----------------------------------------------------------------------------+
| NVIDIA-SMI 390.48                 Driver Version: 390.48                    |
|-------------------------------+----------------------+----------------------+
| GPU  Name        Persistence-M| Bus-Id        Disp.A | Volatile Uncorr. ECC |
| Fan  Temp  Perf  Pwr:Usage/Cap|         Memory-Usage | GPU-Util  Compute M. |
|===============================+======================+======================|
|   0  GeForce GTX 1060     Off | 00000000:01:00.0 Off |                  N/A |
| N/A   55C    P0    26W /  N/A | 296MiB /  6078MiB    |      0%      Default |
+-------------------------------+----------------------+----------------------+

+-----------------------------------------------------------------------------+
| Processes:                                                       GPU Memory |
|  GPU       PID   Type   Process name                             Usage      |
|=============================================================================|
|    0      1180      G   /usr/lib/xorg/Xorg                           27MiB |
|    0      1237      G   /usr/bin/gnome-shell                         48MiB |
|    0      1869      G   /usr/lib/xorg/Xorg                          117MiB |
|    0      1990      G   /usr/bin/gnome-shell                         99MiB |
+-----------------------------------------------------------------------------+
```

8.2.2 安装 CUDA

CUDA（Compute Unified Device Architecture）是 CUDA Toolkit 的简称，是由 NVIDIA 公司推出的一种全新的基于并行编程模型和指令集的通用计算架构，它利用了 NVIDIA 显卡 GPU 的并行计算引擎，与 CPU 相比能够更高效地解决许多复杂的计算任务。CUDA 的安装也不复杂，关键操作如下。

1. 下载 CUDA 软件包

CUDA 官网下载地址：https://developer.nvidia.com/cuda-downloads。

在下载页面中选择正确的系统、架构、Linux 发行版等，依次下载 CUDA 的安装包和补丁程序即可。

2. 部署 CUDA 9.0

根据自己的系统下载对应的安装包，本例下载的是 runfile 文件，而不是 DEB 文件。下载好以后，使用 Ctrl+Alt+F1 组合键切换至终端，之后运行如下命令进行安装：

```
sudo apt update
sudo apt install -y freeglut3-dev build-essential libx11-dev libxmu-dev libxi-dev libgl1-mesa-glx libglu1-mesa libglu1-mesa-dev
cd Downloads
sudo chmod 777 cuda_9.0.176_384.81_linux.run
sudo ./cuda_9.0.176_384.81_linux.run -toolkit -samples -silent -override
Copying samples to /home/henry/NVIDIA_CUDA-9.0_Samples now...
Finished copying samples.
```

成功部署后，使用如下命令创建一个 CUDA 的软链接，操作如下：

```
cd /usr/local
sudo ln -s /usr/local/cuda-9.0 cuda
```

此外，还可以选择变更 GCC 版本，如运行命令降低 GCC 版本，其关键操作如下：

```
gcc --version                              #默认版本为 7.3.0
gcc (Ubuntu 7.3.0-16ubuntu3) 7.3.0
Copyright (C) 2017 Free Software Foundation, Inc.
This is free software; see the source for copying conditions.  There is NO
warranty; not even for MERCHANTABILITY or FITNESS FOR A PARTICULAR PURPOSE.
```

安装低版本的 GCC，具体操作如下：

```
sudo apt install -y gcc-5 g++-5                          #安装 GCC 5.0 并令其成为系统默认版本
sudo update-alternatives --install /usr/bin/gcc gcc /usr/bin/gcc-5 50
sudo update-alternatives --install /usr/bin/g++ g++ /usr/bin/g++-5 50
```

安装完毕，再声明一下环境变量，并将其写入到 ~/.bashrc 的尾部：

```
vim ~/.bashrc
...                                                              #追加后面的内容
export PATH=/usr/local/cuda-9.0/bin:$PATH
export LD_LIBRARY_PATH=/usr/local/cuda-9.0/lib64:$LD_LIBRARY_PATH
```

保存后退出，运行如下命令让配置立即生效：

```
source ~/.bashrc
```

运行如下命令检测 CUDA 是否安装成功：

```
nvcc --version
nvcc: NVIDIA (R) Cuda compiler driver
Copyright (c) 2005-2017 NVIDIA Corporation
Built on Fri_Sep__1_21:08:03_CDT_2017
Cuda compilation tools, release 9.0, V9.0.176
```

最后，还可以运行一下 CUDA 9 的 Sample，关键操作如下：

```
cd ~/NVIDIA_CUDA-9.0_Samples/1_Utilities/deviceQuery      #进入相应 Sample 目录
sudo make clean                                            #清除编译垃圾
sudo make                                                  #编译 Sample
./deviceQuery                                              #运行 Sample
./deviceQuery Starting...
    CUDA Device Query (Runtime API) version (CUDART static linking)
Detected 1 CUDA Capable device(s)
Device 0: "GeForce GTX 1060"
    CUDA Driver Version / Runtime Version          9.1 / 9.0
    CUDA Capability Major/Minor version number:    6.1
    Total amount of global memory:                 6078 MBytes (6373572608 bytes)
    (10) Multiprocessors, (128) CUDA Cores/MP:     1280 CUDA Cores
    GPU Max Clock rate:                            1671 MHz (1.67 GHz)
    Memory Clock rate:                             4004 Mhz
    Memory Bus Width:                              192-bit
    L2 Cache Size:                                 1572864 bytes
    Maximum Texture Dimension Size (x,y,z)         1D=(131072), 2D=(131072, 65536), 3D=(16384, 16384, 16384)
    Maximum Layered 1D Texture Size, (num) layers  1D=(32768), 2048 layers
    Maximum Layered 2D Texture Size, (num) layers  2D=(32768, 32768), 2048 layers
    Total amount of constant memory:               65536 bytes
    Total amount of shared memory per block:       49152 bytes
```

```
Total number of registers available per block:         65536
Warp size:                                             32
Maximum number of threads per multiprocessor:  2048
Maximum number of threads per block:           1024
Max dimension size of a thread block (x,y,z): (1024, 1024, 64)
Max dimension size of a grid size    (x,y,z): (2147483647, 65535, 65535)
Maximum memory pitch:                          2147483647 bytes
Texture alignment:                             512 bytes
Concurrent copy and kernel execution:          Yes with 2 copy engine(s)
Run time limit on kernels:                     Yes
Integrated GPU sharing Host Memory:            No
Support host page-locked memory mapping:       Yes
Alignment requirement for Surfaces:            Yes
Device has ECC support:                        Disabled
Device supports Unified Addressing (UVA):      Yes
Supports Cooperative Kernel Launch:            Yes
Supports MultiDevice Co-op Kernel Launch:      Yes
Device PCI Domain ID / Bus ID / location ID:   0 / 1 / 0
Compute Mode:
    < Default (multiple host threads can use ::cudaSetDevice() with device simultaneously) >
deviceQuery, CUDA Driver = CUDART, CUDA Driver Version = 9.1, CUDA Runtime Version = 9.0, NumDevs = 1
Result = PASS
```

如果显示 PASS，则说明 CUDA 安装成功；如果显示 CUDA 驱动不满足 CUDA 运行库，则说明驱动太旧或 CUDA 太新，根据提示解决问题即可。

8.2.3 安装 cuDNN Toolkit 套件

NVIDIA cuDNN 是用于深度神经网络的 GPU 加速库。它强调性能、易用性和低内存开销。NVIDIA cuDNN 可以集成到更高级别的机器学习框架中，如加州大学伯克利分校的流行 Caffe 软件。插入式设计可以让开发人员专注于设计和实现神经网络模型，而不是调整性能，同时还可以在 GPU 上实现高性能现代并行计算。

1. 下载安装包

去官网下载与 CUDA 9.0 匹配的 cuDNN。需要使用账号登录，因为 cuDNN 的下载是 Membership Required，这里下载的是 cuDNN v7.05 for CUDA 9.0，需要注意的是，cuDNN 的版本一定要和 CUDA 的版本相匹配，整个安装过程十分简单，只需要将文件解压并复制到 CUDA 相应的文件夹下即可。

从官网下载 3 个安装包，运行如下命令进行安装：

```
sudo dpkg -i libcudnn7_7.0.5.15-1+cuda9.0_amd64.deb
sudo dpkg -i libcudnn7-dev_7.0.5.15-1+cuda9.0_amd64.deb
sudo dpkg -i libcudnn7-doc_7.0.5.15-1+cuda9.0_amd64.deb
```

2. 验证 cuDNN 安装

验证 cuDNN 之前需要安装 freeimage lilbray 作为 ministCUDNN 示例代码的依赖关系，关键操作如下：

```
sudo apt install -y libfreeimage3 libfreeimage-dev
```

成功安装后便可以验证 cuDNN 安装，关键操作如下：

```
sudo cp -r /usr/src/cudnn_samples_v7/ ~
cd ~/cudnn_samples_v7/mnistCUDNN       #选择 mnistCUDNN sample，也可以
                                        选择其他 sample

sudo make clean                         #清理编译环境
sudo make                               #编译
./mnistCUDNN                            #运行 sample

cudnnGetVersion() : 7005 , CUDNN_VERSION from cudnn.h : 7005 (7.0.5)
Host compiler version : GCC 5.5.0
There are 1 CUDA capable devices on your machine :
device 0 : sms 10   Capabilities 6.1, SmClock 1670.5 Mhz, MemSize (Mb) 6078, MemClock 4004.0 Mhz, Ecc=0, boardGroupID=0
Using device 0
Testing single precision
Loading image data/one_28x28.pgm
Performing forward propagation ...
Testing cudnnGetConvolutionForwardAlgorithm ...
Fastest algorithm is Algo 1
Testing cudnnFindConvolutionForwardAlgorithm ...
^^^^ CUDNN_STATUS_SUCCESS for Algo 0: 0.029696 time requiring 0 memory
^^^^ CUDNN_STATUS_SUCCESS for Algo 1: 0.048800 time requiring 3464 memory
^^^^ CUDNN_STATUS_SUCCESS for Algo 2: 0.080896 time requiring 57600 memory
^^^^ CUDNN_STATUS_SUCCESS for Algo 7: 0.133952 time requiring 2057744 memory
^^^^ CUDNN_STATUS_SUCCESS for Algo 5: 0.191488 time requiring 203008 memory
Resulting weights from Softmax:
0.0000000 0.9999399 0.0000000 0.0000000 0.0000561 0.0000000 0.0000012 0.0000017 0.0000010 0.0000000
```

Loading image data/three_28x28.pgm

Performing forward propagation ...

Resulting weights from Softmax:

0.0000000 0.0000000 0.0000000 0.9999288 0.0000000 0.0000711 0.0000000 0.0000000 0.0000000 0.0000000

Loading image data/five_28x28.pgm

Performing forward propagation ...

Resulting weights from Softmax:

0.0000000 0.0000008 0.0000000 0.0000002 0.0000000 0.9999820 0.0000154 0.0000000 0.0000012 0.0000006

Result of classification: 1 3 5

Test passed!   #测试通过

Testing half precision (math in single precision)

Loading image data/one_28x28.pgm

Performing forward propagation ...

Testing cudnnGetConvolutionForwardAlgorithm ...

Fastest algorithm is Algo 1

Testing cudnnFindConvolutionForwardAlgorithm ...

^^^^ CUDNN_STATUS_SUCCESS for Algo 0: 0.053248 time requiring 0 memory

^^^^ CUDNN_STATUS_SUCCESS for Algo 1: 0.058976 time requiring 3464 memory

^^^^ CUDNN_STATUS_SUCCESS for Algo 2: 0.064512 time requiring 28800 memory

^^^^ CUDNN_STATUS_SUCCESS for Algo 7: 0.125952 time requiring 2057744 memory

^^^^ CUDNN_STATUS_SUCCESS for Algo 5: 0.200704 time requiring 203008 memory

Resulting weights from Softmax:

0.0000001 1.0000000 0.0000001 0.0000000 0.0000563 0.0000001 0.0000012 0.0000017 0.0000010 0.0000001

Loading image data/three_28x28.pgm

Performing forward propagation ...

Resulting weights from Softmax:

0.0000000 0.0000000 0.0000000 1.0000000 0.0000000 0.0000714 0.0000000 0.0000000 0.0000000 0.0000000

Loading image data/five_28x28.pgm

Performing forward propagation ...

Resulting weights from Softmax:

0.0000000 0.0000008 0.0000000 0.0000002 0.0000000 1.0000000 0.0000154 0.0000000 0.0000012 0.0000006

```
Result of classification: 1 3 5
Test passed!                                    #测试通过
```

Test passed 表示测试通过，一切正常，说明 cuDNN 安装成功。

8.2.4 部署 TensorFlow

Ubuntu 18.04 最小安装模式可以通过如下步骤安装 TensorFlow，可以使用默认的 Python 版本，当然也可以选择 3.x 版本，并通过 Virtualenv 自由切换 Python 版本。

1. 准备工作

运行如下命令安装 Python 的相关包：

```
sudo apt update
sudo apt-get install -y python-pip python-dev
```

2. 安装 TensorFlow

运行如下命令即可安装 TensorFlow：

```
sudo pip install tensorflow-gpu                 #Python 的版本很关键，此处采用默认的 2.7 版本
Collecting tensorflow-gpu
    Downloading
https://files.pythonhosted.org/packages/9d/77/fff8c99f9a54823b95f3160b110c96c0c6d6b299e8df51a17dbc4884
55d8/tensorflow_gpu-1.8.0-cp27-cp27mu-manylinux1_x86_64.whl (216.3MB)
    100% |████████████████████████████████| 216.3MB 7.6kB/s
Collecting grpcio>=1.8.6 (from tensorflow-gpu)
    Downloading
https://files.pythonhosted.org/packages/0d/54/b647a6323be6526be27b2c90bb042769f1a7a6e59bd1a5f2eeb795b
fece4/grpcio-1.11.0-cp27-cp27mu-manylinux1_x86_64.whl (8.7MB)
    100% |████████████████████████████████| 8.7MB 190kB/s
Collecting mock>=2.0.0 (from tensorflow-gpu)
    Downloading
https://files.pythonhosted.org/packages/e6/35/f187bdf23be87092bd0f1200d43d23076cee4d0dec109f195173fd3
ebc79/mock-2.0.0-py2.py3-none-any.whl (56kB)
    100% |████████████████████████████████| 61kB 3.1MB/s
...
```

如果一切顺利，就可以运行如下程序进行测试了：

```
python
Python 2.7.15rc1 (default, Apr 15 2018, 21:51:34)   #这里采用默认的 Python 2.7.15
[GCC 7.3.0] on linux2
```

```
Type "help", "copyright", "credits" or "license" for more information.
>>> import tensorflow as tf                    #导入 TensorFlow 模块
>>> a = tf.constant(6)
>>> b = tf.constant(6)
>>> sess = tf.Session()
2018-05-12 19:27:08.896189: I tensorflow/core/platform/cpu_feature_guard.cc:140] Your CPU supports instructions that this TensorFlow binary was not compiled to use: AVX2 FMA
2018-05-12 19:27:08.982704: I tensorflow/stream_executor/cuda/cuda_gpu_executor.cc: 898] successful NUMA node read from SysFS had negative value (-1), but there must be at least one NUMA node, so returning NUMA node zero
2018-05-12 19:27:08.983089: I tensorflow/core/common_runtime/gpu/gpu_device.cc:1356] Found device 0 with properties:
name: GeForce GTX 1060 major: 6 minor: 1 memoryClockRate(GHz): 1.6705
pciBusID: 0000:01:00.0
totalMemory: 5.94GiB freeMemory: 5.36GiB
2018-05-12 19:27:08.983102: I tensorflow/core/common_runtime/gpu/gpu_device.cc:1435] Adding visible gpu devices: 0
2018-05-12 19:27:09.161167: I tensorflow/core/common_runtime/gpu/gpu_device.cc:923] Device interconnect StreamExecutor with strength 1 edge matrix:
2018-05-12 19:27:09.161197: I tensorflow/core/common_runtime/gpu/gpu_device.cc:929] 0
2018-05-12 19:27:09.161221: I tensorflow/core/common_runtime/gpu/gpu_device.cc:942] 0:   N
2018-05-12 19:27:09.161383: I tensorflow/core/common_runtime/gpu/gpu_device.cc:1053] Created TensorFlow device (/job:localhost/replica:0/task:0/device:GPU:0 with 5132 MB memory) -> physical GPU (device: 0, name: GeForce GTX 1060, pci bus id: 0000:01:00.0, compute capability: 6.1)
                                                #GPU 设备 GTX 1060 正在工作
>>> sess.run(a+b)
12                                              #获得结果
>>>
```

或者使用一个经典的 Hello TensorFlow 程序，代码如下：

```
import tensorflow as tf
hello = tf.constant('Hello, TensorFlow!')
sess = tf.Session()
print(sess.run(hello))
...
>>> print(sess.run(hello))
Hello, TensorFlow!
```

运行测试程序对 TensorFlow 进行测试，均获成功。至此，一个基本的 TensorFlow 开发环境就部署且配置好了，也可以通过运行 TensorFlow 源码中的例子进行测试，这里不再赘述。

8.3 本章小结

本章介绍了 TensorFlow 最基本的部署和配置，可以满足多数用户的需求，如果有更高的需求，请自行在此基础上进行扩展。众所周知，Ubuntu 是运行 TensorFlow 的流行平台，具有完善的开发环境和原生的 Python 支持，再加上人工智能的翘楚 TensorFlow 就十分完美了，将 Ubuntu 18.04 作为 TensorFlow 的开发基础，能够使 TensorFlow 的开发和应用更为高效和便捷。

第 2 篇　Ubuntu Server 必知必会

部署和批量自动化部署 Ubuntu Server

　　从本章开始将进入 Ubuntu Server 部分，由于服务器（PC Server）和桌面 PC 存在很大的差异，所以会一并介绍 Ubuntu Server 和企业环境常用的服务器及相关硬件，使本书内容更加贴近企业应用环境及实际应用。由于企业应用环境千差万别，笔者只能从自身经验出发，以较为常用的服务器及相关企业产品为例进行介绍，所以，需要读者在学习时进行一定的研究和扩展。

　　要将 Ubuntu Server 部署到服务器，肯定离不开存储，需要将操作系统部署到服务器的内部存储，不仅如此，企业宝贵的数据同样需要保存在服务器的存储中，但"存储"一词比较笼统，下面就从服务器端的存储设备开始，逐步介绍企业级服务器操作系统的安装配置和相关网络服务、高可用，以及集群等高频应用。

9.1　服务器端存储设备及技术

9.1.1　服务器存储设备

　　企业级服务器存储就是 Linux 操作系统和数据的"家"，所有数据都被保存在存储中，其对于企业的重要性不言而喻，所以，首先要熟悉常用的存储硬件。通常，企业级存储有 DAS、NAS、SAN 和 iSCSI。

　　1. DAS

　　DAS（Direct Attached Storage，直接加载存储）是服务器最普遍的存储方式，即外部数据存储设备，如磁盘、磁盘阵列和磁带库等都可以直接挂载到服务器内部总线上，这些数据存储设备通常是服务器结构的一部分。DAS 能够解决单台服务器的存储空间扩展和高性能传输需求，不过一般服务器的 DAS 不存储数据库的数据文件，仅供操作系统使用。

2. NAS

NAS（Network Attached Storage，网络附加存储）独立于服务器，是单独为网络数据存储而开发的一种专业文件服务器。NAS 服务器集中连接了所有存储设备，如各种磁盘阵列和磁带库等，存储容量可以较好地扩展，支持各种网络文件传输协议，如 FTP、HTTP、SSH、CIFS 及 WebDAV 等。由于网络存储是由 NAS 专业服务器独立负责的，所以它对服务器的性能基本没有影响，影响 NAS 性能的主要因素是网络性能。此外，由于 NAS 主要作为文件级的存储，所以它不支持块级别的操作，且网络传输较慢。

较新的企业级 NAS 大多支持 iSCSI，在一定程度上扩展了 NAS 的功能，NAS 也可以支持块设备。尽管如此，对于 NAS 来说，速度仍然是瓶颈，可以将其用于对速度要求不高的情况，如文件共享、系统数据库备份等。

3. SAN

SAN（Storage Area Network，存储区域网络）则走得更远，将磁盘阵列及带库单独通过光纤交换机连接起来，形成一个光纤通道的网络，然后将这个网络与企业局域网连接，以达到高速存储的目的。SAN 存储中起核心作用的是光纤交换机，而光纤交换机的基础又是光纤通道协议，支持 IP、SCSI 和 ATM 等多种高级协议。可以直接充当块存储设备，挂载到服务器系统，其缺点是价格昂贵。如果预算有限，则可以退而求其次，使用 iSCSI 或相对廉价的高速以太网设备替代高端的光纤。需要特别提醒大家的是，规划存储时最好不要采用 RAID5 技术，建议选择 RAID10 或 RAID01，虽然其数据利用率略低只有 50%，但可以换来在磁盘损坏时数据性能的稳定。

4. iSCSI

iSCSI 又称为 IPSAN，即用廉价的以太网络及相关设备替代昂贵的光纤网络及设备，在高速以太网络上实现 SCSI 协议的传输，从而以较低的成本获得相对较高的存储性能。其性价比高且能够充分利用现有网络设备，因而备受企业的青睐，至于如何在 Ubuntu 上实现 iSCSI，可以参考第 17 章。

存储的选择根据应用场景的不同而不同，Ubuntu Server 对存储的 I/O 性能要求较高，故 SAN 是数据库存储的首选，它可以发挥 MySQL 或 PostgreSQL 数据库的最佳性能。如果企业预算有限，可以使用 iSCSI 来实现，虽然性能差一些，但成本低。

如果使用 Ubuntu Server 实现文件服务器，则可以选择相对廉价的 DAS 或 NAS 充当存储设备，通常容量可能是文件服务器首先考虑的因素，其次才是存储速度。

根据企业实际条件和应用场景，灵活地选择最适合自身的存储，才是以不变应万变的良策。

9.1.2 服务器端存储技术

服务器和普通 PC 最大的区别是其具有独特的存储技术，如普遍采用了 RAID 或 LVM 等较为专业的存储技术，以保证企业所需要的高可用性和灵活性。

1. RAID 实现数据高可用

RAID（Redundant Array of Independent Disks，独立磁盘冗余阵列）的基本思想是把多个相对便宜的硬盘组合起来，形成一个硬盘阵列组，使该硬盘阵列组的性能达到甚至超过一个价格昂贵、容量巨大的专业存储器。RAID 通常被应用在服务器上，由完全相同的硬盘构成，因此，操作系统只会把它当成一个存储设备。RAID 有不同的等级，不同等级的 RAID 在数据可靠性和读写性能上有不同的设计。在实际应用中，可以根据自己的实际需求选择合适的 RAID 方案。

2. RAID 的使用方案

- RAID 0（高频使用）
- RAID 1（高频使用）
- RAID 3
- RAID 5（高频使用）
- RAID 6
- RAID 0+1（高频使用）
- RAID 1+0（高频使用）
- RAID 50
- RAID 60

对于服务器操作系统而言，不推荐使用软件 RAID。软件 RAID 是指通过操作系统采用分区或磁盘来实现的 RAID，它既不能保证数据安全，又浪费了大量系统资源，尤其是浪费了宝贵的 I/O 资源。笔者推荐在选购服务器时一起购买硬件 RAID，如各种 RAID 卡。由于硬件 RAID 卡拥有自己的芯片，所以它对服务器的资源占用非常少，并且可以实现真正的数据安全和高可用。

3. LVM 令存储更加灵活

不推荐大家在服务器上使用软件 RAID，尤其在生产环境中，而是推荐大家使用 LVM。LVM 是逻辑盘卷管理（Logical Volume Manager）的简称，以前高端 UNIX 服务器（小机）才具有高级存储管理功能，且只有 IBM 或 HP 的小机才能享用。幸运的是，1998 年 Heinz Mauelshagen 根据 HP-UX 的逻辑卷管理程序开发了第一个 Linux 版本的逻辑卷管理工具，后来成了 Linux 核心的一部分，目前多数 Linux 发行版本都将 LVM 2 作为默认的逻辑卷管理软件。LVM 其实就是建立在物理硬盘和分区上的一个逻辑层，用来提高磁盘管理的灵活性。通过 LVM 可将若干个磁盘分区连接为一个整块的卷组（Volume Group），形成一个存储池。可以在卷组上随意创建逻辑卷（Logical Volumes），并可以在逻辑卷上创建文件系统，与直接使用物理存储相比，LVM 具有更好的灵活性，十分适合企业使用。

LVM 底层是由 Linux 内核 Device-Mapper（DM）驱动的一个虚拟设备，位于物理设备和文件系统层之间，维护着逻辑卷和物理盘分区之间的映射，可将几块磁盘或者分区组合起来，形成一个名为卷组的存储池。如果磁盘空间紧张，只需要向此存储池添加物理磁盘即可，LVM 从卷组中划分出不同大小的逻辑卷，创建新的逻辑设备且可以扩大和缩小逻辑卷。LVM 的结构如图 9-1 所示。

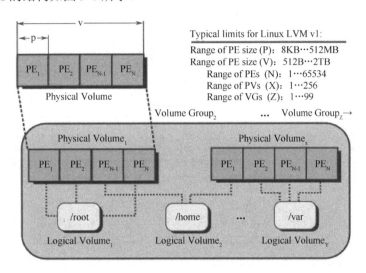

图 9-1　LVM 的结构（图片来源：维基百科）

安装 Ubuntu 时，默认使用逻辑卷来安装系统，这样随着企业的发展，存储可以方便地扩充或调整。

Tips：LVM 关键概念。

◆ 物理卷（Physical Volume，PV）：可以在上面建立卷组的媒介，可以是硬盘分区，也可以是硬盘本身。

◆ 卷组（Volume Group，VG）：将一组物理卷整合为一个逻辑存储池，可在卷组上创建逻辑卷。

◆ 逻辑卷（Logical Volume，LV）：虚拟分区，由物理区域（Physical Extents）组成。

◆ 物理区域（Physical Extent，PE）：硬盘可供指派给逻辑卷的最小单位（通常为 4MB）。

鉴于本章所涉及的 LVM 操作很少，逻辑卷管理的内容请参考附录 A。

9.1.3　服务器文件系统选择

安装 Ubuntu Server 时可以选择的文件系统有很多，如默认的 EXT4，以及 XFS、ReiserFS、Btrfs 等。那么文件系统又是如何工作和选择的呢？Linux 文件系统的核心是虚拟文件系统（VFS），Linux 可以通过 VFS 支持几乎所有的文件系统。

VFS（Virtual File System）是位于 Linux 内核空间中的一个文件系统的中间层，或者说是一座用户访问和使用某个具体文件的系统之桥，上层用户空间访问文件系统实际是在访问 VFS，而非具体的某个文件系统。通过 VFS 这座桥梁映射为具体的文件系统格式，这样一来，Linux 用户空间的应用就可以不用关心具体用的是什么文件系统，只需要使用统一的标准接口进行文件操作即可。更加方便的是，如果有新的文件系统加入，只需要安装相应的驱动即可使用，无须重新编译 Linux 内核。下面就从企业常用的 EXT4 和 XFS 这两种成熟的文件系统入手，介绍必要的知识和技能。VFS 和其他文件系统如图 9-2 所示，VFS 在 Linux 整体架构中的作用如图 9-3 所示。

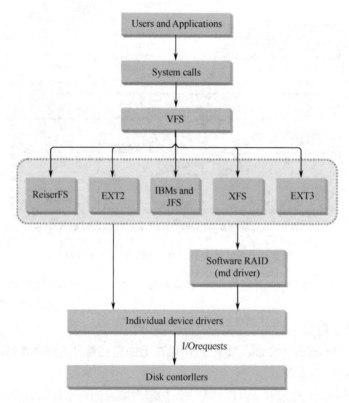

图 9-2　VFS 和其他文件系统（图片来源：https://www.safaribooksonline.com/）

1. EXT4 文件系统

Linux 默认的文件系统可以追溯到最早的 Minix 文件系统，但由于其性能比较差而发展出了 EXT 文件系统，即扩展文件系统。1992 年发布了 EXT1，时隔一年推出了 EXT2。2001 年，EXT3 在 EXT2 的基础上引入了日志系统，从 2008 年到现在所使用的文件系统一直是 EXT4，EXT 文件系统一直以来都是 Linux 的默认文件系统，而且一直在稳健地发展，同时还兼顾了文件系统的兼容性。到了 EXT4，扩展文件系统可以说真正成熟了，它的稳定性、伸缩性及可靠性，都有了很大的提高，足以支撑企业级应用。EXT4 文件系统的结构如图 9-4 所示。

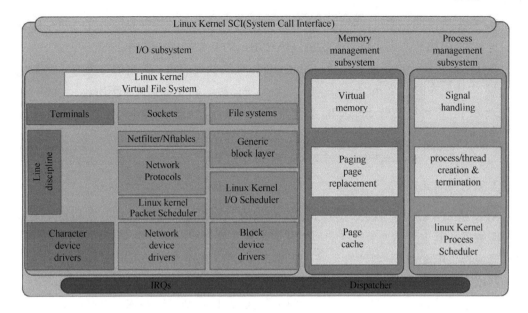

图 9-3　VFS 在 Linux 整体架构中的作用（图片来源：维基百科）

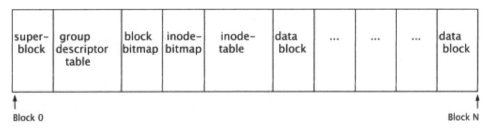

图 9-4　EXT 4 文件系统的结构

EXT4 文件系统是由引导块和若干块组（Block Group）构成的，块组的数量是由磁盘容量决定的，磁盘空间越大，块组数量越多。每个块组由超级块（Super Block）、块组描述符表（GDT）、预留块组描述符表（Reserve GDT blocks）、数据块位图（Block Bitmap）、inode 位图（Block Bitmap）和若干数据块（Data Block）构成。数据块是 EXT4 文件系统中最小的存储单元，每个块的大小从 1KB 到 64KB 不等，创建文件系统时默认为 4KB。虽说这是 EXT4 文件系统的结构，但无论哪个版本的 EXT 文件系统，其结构都大同小异，大家完全可以举一反三地理解和学习。

- ◆ 超级块：超级块共占内存 1024B，主要功能是描述整个分区文件系统的元数据信息，在每个块组头部都有一个备份。
- ◆ 块组描述符表：由多个块组描述符组成，整个分区分成多少个块组就对应有多少个块组描述符。每个块组描述符（Group Descriptor）存储一个块组的描述信息。
- ◆ 预留块组描述符表：预留空间以备不时之需。

◆ 数据块位图：通过比特位描述数据块使用状况的块，其中的每个位（bit）代表本块组中的一个块，位为 1 表示该块已用，为 0 表示该块空闲。

◆ inode 位图：一个通过比特位描述 inode 使用状况的块，其中的每个位（bit）代表本块组中的一个 inode，位为 1 表示该块已用，为 0 表示该块空闲。

上述内容都可以通过 dumpe2fs 命令来查看验证，具体操作如下：

```
sudo dumpe2fs
sudo blkcat /dev/mapper/elk-home 3670130 >blk-3670130
```

2. XFS 文件系统

XFS 是 SGI 公司于 1993 年发布的 64 位日志文件系统，采用 B-树平衡树算法来尽快地分配数据。其主要是为了支持大型文件和大型文件系统，2001 年被添加到 Linux 内核，是一套成熟、开源的企业级文件系统，最大可达 8EB，单个文件大小可达 16 TB 到 16 EB，目前红帽企业版将 XFS 作为默认的文件系统。

文件系统的设计与 EXT 类似，也采用了 Extent File Writing 技术，以减少单一文档在磁盘上的分散程度，不同的是 XFS 传输大文件的速度更有优势，且 XFS 极具伸缩性，非常健壮，十分适合企业应用。

一般而言，企业生产环境追求稳妥，EXT4 或 XFS 等文件系统经过多年的发展，已经十分稳定和强壮了，都是企业用户的首选。如果非要二选一的话，XFS 在海量文件保存或数据存储应用环境下的表现较好，如企业文件或大数据服务器等，而 EXT4 则适用于大量小文件管理的场景，如项目源码版本管理及编译等。

无论是 EXT4 还是 XFS 文件系统，都需要通过 VFS 虚拟文件系统中间层来实现各种转换和操作，其他的文件系统也很优秀，如 JFS 或 ZFS，但由于它们都属于商业公司，通常不使用这些企业的产品则会较少用到。其他开源文件系统，如 ReiserFS 或 Btrfs，目前都还不成熟，不建议企业使用这些文件系统存储宝贵的数据。

9.2 单节点部署 Ubuntu Server

9.2.1 将 Ubuntu Server 系统安装到服务器

有了服务器存储及文件系统方面的背景知识后，就可以开始安装 Ubuntu Server 到服务器了。首先制作 U 盘安装介质，成功安装 U 盘启动后，出现的是时尚、简洁和雅致的全新安装界面，Ubuntu Server 18.04 终于抛弃了老旧的经典安装界面，服务器一般采用默认语言英文即可；然后出现 Ubuntu Server 键盘配置界面，安装程序将自动检测并给出结果，通常是没有问题的，选择"Done"选项继续安装，之后将会出现 3 个选项，选择"Install Ubuntu"选项即可开始正式安装，进入安装程序后配置网络，至少要配置一块服务器网卡，可以手动配置或使用 DHCP 自动配置，直接选择"Done"选项继续安装。

之后便开始划分 Ubuntu Server 的磁盘分区，进入分区操作阶段，有 3 个选项，分别是 Use an entire disk（使用整块磁盘）、手动分区和返回前一个过程，这里采用手动方式进行分区，移动方向键将光标移动到手动分区模式，然后按"Enter"键。

对于 Ubuntu Server 来说，比较理想的分区方案是两分法，即/boot 和根分区。Ubuntu Server 18.04 不再需要交换分区，安装程序会自动在根目录下创建名为 swap.img 的交换文件。

要创建/boot 分区，需要选择"Add First Partition"选项，然后在之后的界面中再次选择"Add First Partition"选项创建该分区，如指定分区大小为 1GB（空白表示使用整个分区），格式化为 ext4 的文件系统（菜单中有 ext4、xfs、btrfs、swap 及 leave unformatted 可选），选择挂载点为/boot（菜单中有多个挂载点可选），创建及配置方法为：通过"Tab"键切换对象，然后直接输入数字指定分区大小，按"Enter"键确认，或通过方向键从菜单中选择即可完成，确认无误后选择"Create"并按"Enter"键即可创建/boot 分区，关键操作如图 9-5 所示。

图 9-5　创建新分区

接下来，按照创建/boot 分区的方法创建根分区，分区效果如图 9-6 所示。

此时会出现分区结果，还可以对分区进行调整，只需要选中分区，按"Enter"键即可回到分区编辑界面进行配置，选择"show disk information"选项再次确认分区，如果分区没有问题，选中"Done"选项继续，之后出现一个确认界面，需要选中"Done"或"Reset"确认或重置分区，此处分区若没有问题，直接选中"Done"选项继续。

最后一步操作就是设置用户名、主机名、密码及导入 SSH 密钥等，由于 Ubuntu Server 的系统安装在后台进行，所以上述配置完成之后，安装也就完成了，安装速度比以前快了很多，Ubuntu Server 18.04 从内到外焕然一新。

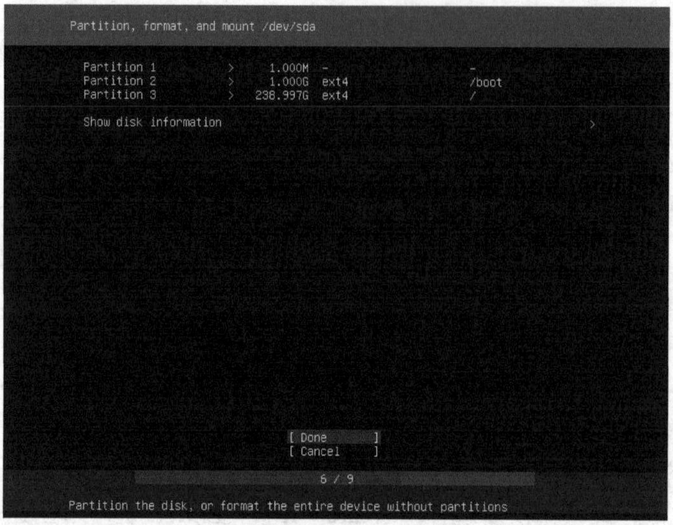

图 9-6　设置好的系统分区

9.2.2　配置 Ubuntu 服务器

机架式服务器通常至少有 6 块网卡，刀片服务器与其类似，但需要通过 Chaise 上的交换机来配置网络，这里不做讨论。Ubuntu Server 安装到服务器后，通常需要配置主机名、网卡，以及安装最新的补丁等。

1. 重新指定服务器主机名

首先需要指定主机名，主机名对于服务器而言十分重要，可以根据公司的命名规则命名主机，一旦命名，通常不会变更，因为一旦主机名变更，可能对上线的服务影响很大，所以务必谨慎。此外，安装系统时会给其赋一个默认的主机名，在决定了新主机名称之后，可以使用如下命令重新命名主机：

```
sudo hostnamectl set-hostname 新主机名
```

成功命名后，用如下命令检测：

```
sudo hostnamectl status
```

2. 配置静态 IP 地址

服务器和普通计算机的一大区别就在于绝大多数服务器采用有线网络（Wired）和固定 IP 地址及相关网络配置，且通常有多块网卡，再加上 Ubuntu Server 18.04 替换了网卡配置工具，故配置方法有点特殊，关键配置如下：

```
sudo vim /etc/netplan/00-interfaces-init.yaml   #网卡更为详细的讲解请参见第 11 章
```

然后根据如下内容将网卡配置为静态地址：

```
# This file describes the network interfaces available on your system
# For more information, see netplan(5).
```

```
network:
  version: 2
  renderer: networkd
  ethernets:
    ens33:
      dhcp4: no
      dhcp6: no
      addresses: [192.168.1.9/24]
      gateway4: 192.168.1.1
      nameservers:
        addresses: [8.8.8.8,8.8.4.4]
```

保存退出后重启系统网络，关键操作如下：

```
sudo netplan apply
```

3. 安装最新补丁

配置好网络后，最重要的事情就是安装最新的系统及安全补丁，可以执行如下命令安装：

```
sudo apt update
sudo apt install aptitude -y        #安装 Aptitude 程序，因为 Ubuntu 服务器部
                                     分将使用稳定可靠的 Aptitude 软件包安装
                                     工具
sudo aptitude update
sudo aptitude upgrade
```

4. 远程管理 Ubuntu 服务器

生产环境、服务器大多被托管到数据中心，通常需要远程管理 Ubuntu Server。要远程管理 Ubuntu Server，就需要使用 SSH。SSH（Secure Shell）是 Linux 中最常用的远程命令工具，能够在远端和本地搭建一个加密的安全通道。

Ubuntu 中内置的是 SSH 的开源版本 OpenSSH，分为 Client 和 Server 两部分，它们之间通过 SSH 协议进行加密通信和压缩传输。无论对于工作站版本还是服务器版本来说，SSH 都是必须安装的程序，如果没有安装，可以使用如下命令进行安装：

```
sudo aptitude install -y ssh                    #安装 SSH 服务
```

成功安装后，要为 OpenSSH 创建一对密钥，包含公钥和私钥，默认保存在家目录下的.ssh 隐藏文件夹中。SSH 的加密方式是：公钥加密、私钥解密或私钥加密、公钥解密，私钥一定要妥善保存，而公钥则是公开的。从 A 端加密传送数据到 B 端，A、B 端各自生成一对公钥和私钥，A 端使用自己的私钥加密数据，发送到 B 端，B 端用 A 端的公钥解密数据；B 端用自己的私钥加密，将数据传输到 A 端，A 端用 B 端的公钥解密数据。再

次提醒：一定要保存好自己的私钥，否则，再安全的加密方式也形同虚设。

运行如下命令创建一对最基本的 SSH 密钥：

```
ssh-keygen -t rsa -b 4096            #4096 为密钥的长度，可自行定义密钥长度，如 1024 或 2048 等
Generating public/private rsa key pair.
Enter file in which to save the key (/home/henry/.ssh/id_rsa):
Created directory '/home/henry/.ssh'.
Enter passphrase (empty for no passphrase):
Enter same passphrase again:
Your identification has been saved in /home/henry/.ssh/id_rsa.
Your public key has been saved in /home/henry/.ssh/id_rsa.pub.
The key fingerprint is:
SHA256:l7ImdW+UrBWLntPDrpc40tp07GaRphq4xKLWUx9HClc henry@henry-virtual-machine
The key's randomart image is:
+----[RSA 4096]-----+
|                   |
|           E       |
|           o       |
|         . + =     |
|       o * S.      |
|. o * &+o          |
|. * =.B+@o         |
|.+ *.+=B=.         |
|o . ++o*o          |
+-----[SHA256]-----+
```

其中，-t 用来指定加密算法，默认为 dsa 算法，还可以选择 rsa 算法，-b 用来指定密钥长度，这里采用 4096bit，密钥越长越安全，成功创建后运行如下命令确认：

```
ll
total 16
drwx------ 2 henry henry 4096 Jul 11 12:23 ./
drwxr-xr-x 5 henry henry 4096 Jul 11 12:23 ../
-rw------- 1 henry henry 3247 Jul 11 12:23 id_rsa
-rw-r--r-- 1 henry henry  738 Jul 11 12:23 id_rsa.pub
```

其中，id_rsa 是私钥，id-rsa.pub 是公钥，可以使用 ssh-copy-id 命令安全地复制服务器公钥到其他主机。此外，经常可以见到两个文件，一个是 authorized_keys，用于保存远程主机的公钥；另一个是 known_hosts 文件，用于保存成功访问过 SSH 服务客户端的公钥。

至于 SSH 服务器端和客户端的配置，可以通过修改它们的主配置文件/etc/ssh/sshd_config 和/etc/ssh/ssh_config 来实现，不过无论是服务器端还是客户端，默认设置一般可以满足需求，如果有特殊需求，可以通过 manpage 来查看这两个文件的说明。尽管采用密钥方式进行认证，可以避免中间人的攻击也更为安全，不过对于多数企业用户而言，通过 VPN 采用口令方式进行 SSH 远程登录，更为普遍且便捷高效。

SSH 客户端大多在 Windows 环境下管理 Ubuntu 系统，Windows 环境最流行的免费、小巧的客户端非 PuTTY 莫属。

下载并解压安装包后，将 PuTTY 主文件复制到 Windows 系统的 Windows 目录下，然后在"运行"文本框中输入 PuTTY，即可启动 Putty。

启动 PuTTY 后，在"Host Name"文本框中输入要登录的服务器域名或 IP 地址，然后单击"Open"按钮，关键操作如图 9-7 所示。

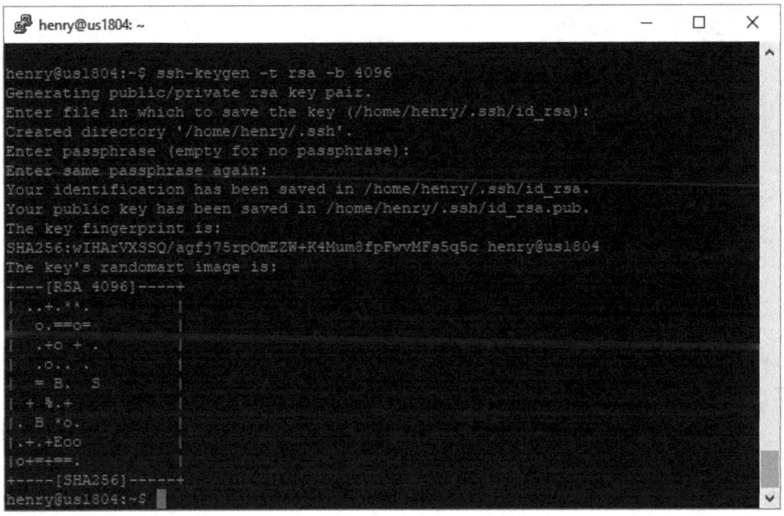

图 9-7　PuTTY 远程管理

在弹出的登录窗口中输入用户名和密码，成功登录后就出现了熟悉的终端对话框，犹如将远端被控制的 Ubuntu 终端拉到 Windows 中一般，如果无法登录，通常是由 SSH 版本不匹配或网络连接问题造成的，对症下药即可。

9.3　PXE 批量部署 Ubuntu Server

在实际工作中，经常会遇到这样的情况：想要安装操作系统，但是计算机不带光驱或 USB 接口，所以无法通过本地方式安装操作系统；此外，在一些场合，如机房、IT 实验室、工厂生产线，有大量的计算机需要同时安装操作系统，如果通过光驱一个个安装，不仅效率低，也不利于维护。随着虚拟化技术的普及，部署虚拟服务器的机会越来越多，这些虚拟服务器部署系统时也需要通过网络，而且最好是全程无应答自动进行部署，这时候就需要PXE的强大功能了。

PXE是Preboot eXecution Environment的简写，直译为预启动执行环境，主要由英特尔（Intel）公司开发并维护，该协议是典型的C/S（客户端/服务器）设计，分为Client端和Server端。PXE Client是需要安装系统的计算机，如PC、笔记本、PC Server服务器等，下文将以服务器为例进行介绍。Client程序被集成在服务器的网卡ROM中，服务器开始网络引导时，服务器的BIOS将PXE Client程序调入内存，同时显示网络引导菜单，待用户选择后，PXE Client将保存在PXE Server上的操作系统引导及安装文件通过网络下载到本地执行并系统安装程序，直到完成系统部署，PXE引导流程图如图9-8所示。

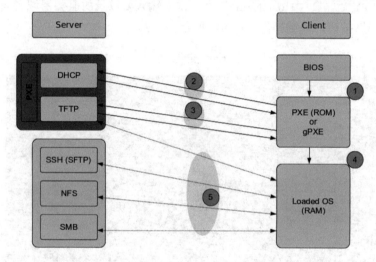

图9-8　PXE引导流程图（图片来源：Askubuntu.com）

PXE可以通过网络实现多个计算机的批量部署，也就是大家常说的静默方式或是无应答式的自动批量部署。对于企业而言，PXE技术可以极大地提高物理服务器或虚拟服务器的系统部署效率，可以说自动化运维管理就是从自动化批量部署开始的。

谈到自动化部署，既有商业产品，如微软的WDS（Windows Deployment Services），又有很多开源项目，如Red Hat所支持的Cobbler（修鞋匠）项目，以及Ubuntu官方发展的MaaS（Metal as a Service）项目，它们都可以实现PXE的功能，但这些程序本身的部署和配置的复杂程度都高于PXE技术，且兼容性和通用性也逊色于PXE技术，故本文将主要介绍如何在Ubuntu Server 18.04上完成PXE服务器部署，以实现企业梦寐以求的大规模网络批量部署物理或虚拟服务器功能。

下面介绍架设PXE服务器的两个最重要的服务：DHCP服务和TFTP服务。DHCP服务负责给网络中的计算机分配IP地址、子网掩码及默认网关等必要的网络配置，TFTP服务则负责传输文件。可以把DHCP和PXE部署到同一个计算机或分别部署到单独的计算机上，这里将DHCP、TFTP服务和PXE安装到同一个服务器上，下面将实现PXE服务器的部署。

1. 准备工作

配置 PXE 服务器的网卡 IP，具体操作如下：

```
sudo -i                                    #此处采用超级用户权限比较方便
vim /etc/netplan/00-interfaces-init.yaml
```

根据如下内容将网卡配置为静态地址：

```
# This file describes the network interfaces available on your system
# For more information, see netplan(5).
network:
  version: 2
  renderer: networkd
  ethernets:
    ens34:
      dhcp4: no
      dhcp6: no
      addresses: [192.168.1.200/24]        #设置 PXE 服务器的 IP 地址
      gateway4: 192.168.1.1                #配置 PXE 服务器的默认网关地址
      nameservers:
        addresses: [8.8.8.8,8.8.4.4]       #设置 PXE 服务器的默认 DNS 服务器
                                            地址，大家可根据实际环境设置
```

保存退出后重启系统网络，关键操作如下：

```
netplan apply                              #令配置网络生效
```

运行如下命令设置主机名：

```
hostnamectl set-hostname pxe.example.com   #配置 PXE 服务器的主机名和静态
                                            解析
```

编辑/etc/hosts 文件，添加如下内容：

```
192.168.1.200    pxe.example.com
```

2. 安装 PXE 套件

PXE 通常由 DHCP 服务、TFTP 服务和 Web 服务构成，运行如下命令安装 PXE 套件：

```
aptitude update                            #升级软件仓库索引
aptitude install -y isc-dhcp-server tftpd-hpa apache2   #安装 DHCP、TFTP 和 HTTP 服务
```

3. 配置 DHCP

使用 Vim 编辑器编辑 DHCP 的主配置文件，关键操作如下：

```
vim /etc/dhcp/dhcpd.conf
```

在文件末尾追加如下内容：

```
subnet 192.168.1.0 netmask 255.255.255.0 {  #定义所分配的网段
```

```
    range 192.168.1.201 192.168.1.240;          #定义 IP 地址池，可分配地址是
                                                 201～240
    option routers 192.168.1.1;                 #配置默认网关地址
    option domain-name-servers 192.168.1.1;     #配置默认 DNS 服务器地址
}

allow booting;
allow bootp;
option option-128 code 128 = string;
option option-129 code 129 = text;
next-server 192.168.1.200;                      #指定 PXE 服务器的 IP 地址
filename "pxelinux.0";                          #指定 PXE 引导文件名称
```

4. 配置 TFTP 服务

使用 Vim 编辑器编辑 TFTP 的主配置文件，关键操作如下：

```
vim /etc/default/tftpd-hpa
```

将文件修改为如下内容：

```
TFTP_USERNAME="tftp"
TFTP_DIRECTORY="/var/lib/tftpboot"              #定义 TFTP 的主目录
TFTP_ADDRESS="0.0.0.0:69"                       #定义 TFTP 的监听地址和端口，
                                                 0.0.0.0 表示任意主机
TFTP_OPTIONS="--secure -l -v -m /etc/tftpd.remap"  #定义替换规则文件 tftpd.remap
```

创建 tftpd.remap 文件，关键操作如下：

```
vim /etc/tftpd.remap
```

添加如下配置：

```
rg \\ /
```

该配置表示用正斜杠（/）替换文件名中的反斜杠（\），仅对 Linux 环境生效，之后修改相应目录权限，操作如下：

```
chmod 777 /var/lib/tftpboot
```

由于 Ubuntu 的 TFTP 配置和其他 Linux 版本的配置存在较大差异，所以在配置时要格外注意。

5. Apache 管理安装文件

Apache 管理安装文件首先需要下载和挂载安装镜像，下载并将安装镜像挂载到/media 目录的关键操作如下：

```
wget http://cdimage.ubuntu.com/releases/18.04.1/release/ubuntu-18.04.1-server-amd64.iso
                    #需要注意的是，不要下载 Live 版本的 Ubuntu Server
```

```
md5sum ubuntu-18.04.1-server-amd64.iso
e8264fa4c417216f4304079bd94f895e *ubuntu-18.04.1-server-amd64.iso
```

生成的 MD5 校验码要和官方公布的校验码进行对比，然后挂载，具体操作如下：

```
mount -o loop ubuntu-18.04.1-server-amd64.iso /media/    #将 ISO 安装镜像挂载到/media 目录下
```

如果安装镜像还在光驱，直接使用如下命令挂载：

```
mount /dev/cdrom /media
```

在 Apache 网站的根文档目录创建 Ubuntu 目录，并复制安装光盘的文件，具体操作如下：

```
mkdir /var/www/html/ubuntu
cp -rf /media/* /var/www/html/ubuntu/
```

最后运行如下命令重启 DHCP、TFTP 和 Apache 服务，令其生效：

```
systemctl restart isc-dhcp-server        #重启后，DHCP 服务即可提供网络配置
systemctl restart tftpd-hpa              #重启后，TFTP 服务即可提供安装程序启动文件
                                          的下载服务
systemctl restart apache2                #重启后，TFTP 服务即可提供主要的安装程序下
                                          载服务
```

6. 配置 PXE 服务器

配置好 DHCP、TFTP 及 HTTP 服务后，即可开始配置 PXE 服务器，首先将启动文件复制到/var/lib/tftpboot/目录：

```
cp -rf /media/install/netboot/* /var/lib/tftpboot/
```

编辑/var/lib/tftpboot/ubuntu-installer/amd64/pxelinux.cfg/default 文件，配置 PXE 服务，关键操作如下：

```
cd /var/lib/tftpboot/ubuntu-installer/amd64/boot-screens
chmod 755 /var/lib/tftpboot/ubuntu-installer/amd64/boot-screens/syslinux.cfg
vim /var/lib/tftpboot/ubuntu-installer/amd64/pxelinux.cfg/default
```

该文件默认配置如下：

```
# D-I config version 2.0
# search path for the c32 support libraries (libcom32, libutil etc.)
path ubuntu-installer/amd64/boot-screens/
include ubuntu-installer/amd64/boot-screens/menu.cfg
default ubuntu-installer/amd64/boot-screens/vesamenu.c32
prompt 0
timeout 0                                #可以修改默认的时间
```

在文件末尾添加如下启动条目：

```
menu title Boot Menu                     #创建从本地硬盘启动条目
    label localboot
```

```
        menu label Boot Local Disk
        localboot 0
label linux_manual                          #创建 PXE 手动安装条目,便于定制安装
menu label Manual Install Ubuntu 18.04 Server
        kernel ubuntu-installer/amd64/linux
        append initrd=ubuntu-installer/amd64/initrd.gz vga=788
label linux_automatic                       #创建 PXE 全自动安装条目,便于批量部署
menu label Automatic Deploy Ubuntu 18.04 Server
        kernel ubuntu-installer/amd64/linux
        append ks=http://192.168.1.200/ks.cfg auto=true url=http://192.168.1.200/ubuntu/preseed/ubuntu-server.seed vga=normal initrd=ubuntu-installer/amd64/initrd.gz --
```

上述配置中的 ks 文件是静默安装的配置文件,192.168.1.200 是 PXE 服务器的 IP 地址,红帽系统有这些就可以了,但在 Ubuntu 环境中还需要 preseed 文件的帮助才能完成全自动部署,具体方法如下:

```
vim /var/www/html/ubuntu/preseed/ubuntu-server.seed
```

在 ubuntu-server.seed 文件的末尾追加如下内容,否则安装中将会报错:

```
d-i partman/confirm_write_new_label boolean true
d-i partman/choose_partition select Finish partitioning and write changes to disk
d-i partman/confirm boolean true
d-i live-installer/net-image string http://192.168.1.200/ubuntu/install/filesystem.squashfs
```

至于 Kickstart 文件,需要自定义 ks 文件,并保存到/var/www/html 目录下,具体操作如下:

```
vim /var/www/html/ks.cfg
```

ks 文件参考内容如下:

```
#Generated by Kickstart Configurator
#platform=AMD64 or Intel EM64T
#System language
lang en_US
#Language modules to install
langsupport en_US
#System keyboard
keyboard us
#System mouse
mouse
#System timezone
timezone --utc America/New_York
```

```
#Root password
rootpw --disabled
#Initial user (user with sudo capabilities)
user henry --fullname "Henry Ho" --iscrypted --password $1$0Nw/bapt$MTqq.s0dbx Qugpp3q3gGV1
#Reboot after installation
reboot
#Use text mode install
text
#Install OS instead of upgrade
install
#Use Web installation
url --url=http://192.168.1.200/ubuntu/
#System bootloader configuration
bootloader --location=mbr
#Clear the Master Boot Record
zerombr yes
#Partition clearing information
clearpart --all --initlabel
#Basic disk partition
part / --fstype ext4 --size 1 --grow --asprimary
part /boot --fstype ext4 --size 500 --asprimary
#System authorization infomation
auth   --useshadow   --enablemd5
#Network information
network --bootproto=dhcp --device=ens33
#Firewall configuration
firewall --disabled --trust=ens33 --ssh
#Do not configure the X Window System
skipx
```

需要说明的是，ks 文件中最好注明要安装的系统架构。确认无误后保存为 /var/www/html/ks.cfg 文件备用，大家可以在此基础上根据自己的情况灵活定制。如果要定制自己的 ks 文件，还可以在图形界面中安装 Kickstart 创建工具，就能轻松生成，具体操作如下：

```
sudo apt install -y system-config-kickstart
```

最后，执行下列命令检测相关服务是否启动：

```
lsof -i:67
```

```
COMMAND    PID    USER    FD    TYPE DEVICE SIZE/OFF NODE NAME
dhcpd      4427   dhcpd   7u    IPv4   27569         0t0  UDP *:bootps
lsof -i:69
COMMAND       PID USER    FD    TYPE DEVICE SIZE/OFF NODE NAME
in.tftpd  16785 root      4u    IPv4   55907         0t0  UDP *:tftp
lsof -i:80
CCOMMAND      PID      USER    FD    TYPE DEVICE SIZE/OFF NODE NAME
apache2 16540        root      4u    IPv6   66687         0t0  TCP *:http (LISTEN)
apache2 16541 www-data       4u    IPv6   66687         0t0  TCP *:http (LISTEN)
apache2 16543 www-data       4u    IPv6   66687         0t0  TCP *:http (LISTEN)
```

一切准备就绪后就可以通过网络来启动安装系统了,无论是对物理服务器还是虚拟服务器来说,这样都可以极大地提高系统部署的效率。

Tips:监控 PXE 运行状态。

除了通过各服务的端口来监控 PXE 运行状态,还可以通过 Apache 的日志来获得 PXE 服务的状态,关键操作如下:

```
tail -f /var/log/apache2/access.log
    192.168.1.201    -    -    [22/Jan/2019:19:25:16    -0600]    "GET    /ubuntu/pool/main/c/cloud-initramfs-tools/cloud-initramfs-dyn-netconf_0.40ubuntu1_all.deb    HTTP/1.1"    200    6542    "-"    "Debian APT-HTTP/1.3 (1.6.6)"
    192.168.1.201    -    -    [22/Jan/2019:19:25:16    -0600]    "GET    /ubuntu/pool/main/o/open-vm-tools/open-vm-tools_10.2.0-3ubuntu3_amd64.deb HTTP/1.1" 200 539601 "-" "Debian APT-HTTP/ 1.3 (1.6.6)"
    192.168.1.201 - - [22/Jan/2019:19:25:16 -0600] "GET
…
```

9.4 本章小结

本章首先学习了服务器存储方面的知识,如企业常用的 DAS、NAS、iSCSI 和 SAN 等,因为这是部署服务器系统的基础;其次学习了企业常用的 RAID、LVM、EXT4/XFS 文件系统,并强烈建议不要在生产环境使用软件 RAID;同时,再次介绍了 Ubunu Server 18.04 的部署和基本配置;最后介绍了企业环境 PXE 的批量自动化部署。

第10章

揭秘 Ubuntu Server 的启动过程

Linux 是如何启动的？和 Windows 的启动过程一样吗？Ubuntu Server 18.04 是如何启动的？Ubuntu Server 18.04 和先前版本的启动又有什么不同？这些问题可能一直困惑着大家，本章将深入介绍 Ubuntu Server 的启动过程，并帮助大家掌握 UEFI、GPT、systemd 和 GRUB 2.0 的概念及使用，熟悉 BIOS、MBR 及 GRUB Legacy 技术，搞清楚 Ubuntu 是如何启动的。

10.1 Linux 最初的启动过程

很多用户对 Linux 启动时屏幕上出现的一行行信息感到疑惑，为了帮助大家更好地理解 Linux 开机启动的过程，首先介绍一下这期间到底发生了什么。下面就以启动固件、磁盘分区表、加电自检这几部分为基础，再深入探讨，帮助大家深入理解 Linux 的启动过程。

10.1.1 深入 BIOS 和 UEFI 固件

传统 BIOS 基于 16 位汇编语言代码，采用蓝白文本界面，可用菜单配置，是 PC 诞生之初的产物，想必大家对其都十分熟悉了。而统一可扩展固件接口（Unified Extensible Firmware Interface，UEFI）则可以视为 BIOS 的 2.0 版本，主要基于 C 语言开发，采用模块化设计，并内置图形驱动，可以实现高分辨率的图形界面，且支持鼠标操作。值得一提的是，由于采用了高级语言和统一的接口，统一可扩展固件接口可以为 UEFI 开发出丰富的功能，这些都是传统 BIOS 无法比拟的。

UEFI 的缺点和优点一样明显，使用高级语言编写导致其更容易受到攻击，存在安全隐患。此外，UEFI 的 ESP 隐藏分区也是它的一大软肋，一旦被破坏或损毁，所有系统都将无法启动，在可用性和安全性上仍然有很大的提升空间。

无论是经典的 BIOS，还是较新的 UEFI，都是被保存在主板的一段底层代码，作用是对计算机进行初始化及基本的硬件管理和配置，它能够对计算机硬件，如 CPU、系统时间、计算机启动设备及顺序等进行设定，只是实现机制不同，BIOS 配置界面如图 10-1 所示。

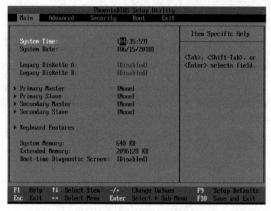

图 10-1　BIOS 配置界面

在实际使用中，传统 BIOS 和 UEFI 通常不能从界面区分，因为二者的界面类似。尽管二者底层实现不尽相同，但功能较为类似，故大家都习惯笼统地将其称为 BIOS，尤其在服务器端。其实更加准确的名称为启动固件。

10.1.2　深入 MBR 和 GPT 分区格式

MBR 格式分区表只有 512B，其中 446B 被预留给引导程序，如 GRUB，64B 为磁盘的分区表，最多可以分 4 个主分区，故每个分区只分到 16B，最后 2B 为主引导记录结束标志：55AA。早期硬盘采用 CHS 方式寻址，后来使用逻辑区块寻址（LBA），MBR 的关键构造如图 10-2 所示。

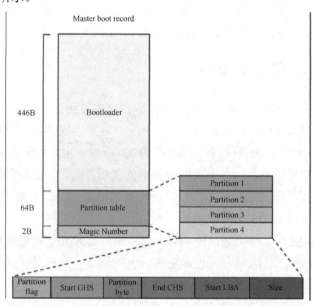

图 10-2　MBR 的关键构造（图片来源：IBM Developerworks 网站）

可以通过如下命令抓取 MBR 内容：

sudo dd if=/dev/sda of=mbr bs=512 count=1

然后使用十六进制编辑器查看所抓取的内容，即 MBR 的真实内容，关键操作如下：

sudo hexdump -C mbr　　　　　　#hexdump 是一个二进制文件查看命令，参数 C 可让每个字节显示为十六进制及相应的 ASCII 字符

文件内容如下：

```
00000000  eb 63 90 00 00 00 00 00  00 00 00 00 00 00 00 00  |.c..............|
00000010  00 00 00 00 00 00 00 00  00 00 00 00 00 00 00 00  |................|
*
00000050  00 00 00 00 00 00 00 00  00 00 00 80 00 08 00 00  |................|
00000060  00 00 00 00 ff fa 90 90  f6 c2 80 74 05 f6 c2 70  |...........t...p|
00000070  74 02 b2 80 ea 79 7c 00  00 31 c0 8e d8 8e d0 bc  |t....y|..1......|
00000080  00 20 fb a0 64 7c 3c ff  74 02 88 c2 52 bb 17 04  |. ..d|<.t...R...|
00000090  f6 07 03 74 06 be 88 7d  e8 17 01 be 05 7c b4 41  |...t...}.....|.A|
000000a0  bb aa 55 cd 13 5a 52 72  3d 81 fb 55 aa 75 37 83  |..U..ZRr=..U.u7.|
000000b0  e1 01 74 32 31 c0 89 44  04 40 88 44 ff 89 44 02  |..t21..D.@.D..D.|
000000c0  c7 04 10 00 66 8b 1e 5c  7c 66 89 5c 08 66 8b 1e  |....f..\|f.\.f..|
000000d0  60 7c 66 89 5c 0c c7 44  06 00 70 b4 42 cd 13 72  |`|f.\..D..p.B..r|
000000e0  05 bb 00 70 eb 76 b4 08  cd 13 73 0d 5a 84 d2 0f  |...p.v....s.Z...|
000000f0  83 d0 00 be 93 7d e9 82  00 66 0f b6 c6 88 64 ff  |.....}...f....d.|
00000100  40 66 89 44 04 0f b6 d1  c1 e2 02 88 e8 88 f4 40  |@f.D...........@|
00000110  89 44 08 0f b6 c2 c0 e8  02 66 89 04 66 a1 60 7c  |.D.......f..f.`||
00000120  66 09 c0 75 4e 66 a1 5c  7c 66 31 d2 66 f7 34 88  |f..uNf.\|f1.f.4.|
00000130  d1 31 d2 66 f7 74 04 3b  44 08 7d 37 fe c1 88 c5  |.1.f.t.;D.}7....|
00000140  30 c0 c1 e8 02 08 c1 88  d0 5a 88 c6 bb 00 70 8e  |0........Z....p.|
00000150  c3 31 db b8 01 02 cd 13  72 1e 8c c3 60 1e b9 00  |.1......r...`...|
00000160  01 8e db 31 f6 bf 00 80  8e c6 fc f3 a5 1f 61 ff  |...1..........a.|
00000170  26 5a 7c be 8e 7d eb 03  be 9d 7d e8 34 00 be a2  |&Z|..}....}.4...|
00000180  7d e8 2e 00 cd 18 eb fe  47 52 55 42 20 00 47 65  |}.......GRUB .Ge|
00000190  6f 6d 00 48 61 72 64 20  44 69 73 6b 00 52 65 61  |om.Hard Disk.Rea|
000001a0  64 00 20 45 72 72 6f 72  0d 0a 00 bb 01 00 b4 0e  |d. Error........|
000001b0  cd 10 ac 3c 00 75 f4 c3  00 00 00 00 00 00 00 00  |...<.u..........|
000001c0  02 00 ee ff ff ff 01 00  00 00 ff ff ff 1d 00 00  |................|
000001d0  00 00 00 00 00 00 00 00  00 00 00 00 00 00 00 00  |................|
*
000001f0  00 00 00 00 00 00 00 00  00 00 00 00 00 00 55 aa  |..............U.|
```

00000200

在十六进制编辑器中可以清晰地看到 MBR 分区表的三大部分：引导程序、磁盘分区表、结束标志，如此便可以和构造图结合起来。

GPT 分区表的结构比 MBR 复杂很多，但依旧是三大部分，第一部分是 MBR 的所有内容，第二部分是主分区表，第三部分是备份分区表。主分区表又由 GPT 分区 Header、条目构成，采用逻辑区块地址（LBA），具体组成如图 10-3 所示。

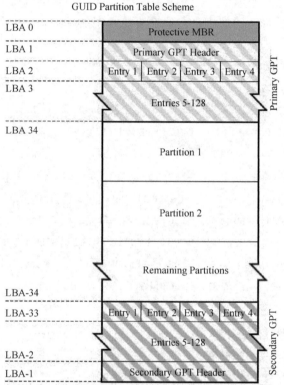

图 10-3　GPT 分区格式的组成（图片来源：维基百科）

Tips：CHS 寻址和 LBA 寻址。

- CHS（Cylinder-Head-Sector）寻址：早期对硬盘驱动器的每一个物理数据块进行编址的一种方法。
- LBA（Logical Block Address）寻址：逻辑块地址寻址用于替代老旧的柱面—磁头—扇区寻址，从 0 开始编号来定位块，第一区块 LBA=0，第二区块 LBA=1，以此类推，CHS 寻址和 LBA 寻址可以通过公式相互换算。

GPT 分区表的内容需要通过如下命令获得：

sudo dd if=/dev/sda of=gpt bs=512 count=34　　　#仅针对 UEFI 和 GPT 分区

若要查看得更加深入，可以使用如下命令查看真实 GPT 分区表的内容：

sudo hexdump -C gpt

文件内容如下：

```
...
000001b0  cd 10 ac 3c 00 75 f4 c3  00 00 00 00 00 00 00 00  |...<.u..........|
000001c0  02 00 ee ff ff ff 01 00  00 00 ff ff ff 0e 00 00  |................|
000001d0  00 00 00 00 00 00 00 00  00 00 00 00 00 00 00 00  |................|
*
000001f0  00 00 00 00 00 00 00 00  00 00 00 00 00 00 55 aa  |..............U.|
00000200  45 46 49 20 50 41 52 54  00 00 01 00 5c 00 00 00  |EFI PART....\...|
00000210  f1 e1 eb b3 00 00 00 00  01 00 00 00 00 00 00 00  |................|
00000220  ff ff ff 0e 00 00 00 00  22 00 00 00 00 00 00 00  |........".......|
00000230  de ff ff 0e 00 00 00 00  9d d9 67 c6 43 f3 3a 4b  |..........g.C.:K|
00000240  83 c2 bf 86 dd fe fa 00  02 00 00 00 00 00 00 00  |................|
00000250  80 00 00 00 80 00 00 00  bf 6c f6 44 00 00 00 00  |.........l.D....|
00000260  00 00 00 00 00 00 00 00  00 00 00 00 00 00 00 00  |................|
*
...
```

通过实际操作对两种格式进行对比和分析，并参照 GPT 的结构图，可以清楚地看出 GPT 的第一个部分为 512B。其实就是 MBR 的一个完整备份，这是 GPT 分区格式为了兼容 MBR 分区格式而特别保留的区域，剩下的部分才是 GPT 的主分区表和备份分区表。

最后总结起来就是存在新旧两种启动固件和磁盘分区表格式，新旧两种固件即 BIOS 和 UEFI，而两种磁盘分区表格式则是 MBR 和 GPT。BIOS 总是与 MBR 分区格式一同工作，而 UEFI 则与 GPT 分区格式为伴，二者从底层到实现存在很大的差异。如果使用 UEFI 的新特性，如大硬盘（>2TB），建议采用 UEFI 和 GPT 分区，无论是 BIOS+MBR 应用方案还是 UEFI+GPT 应用方案，Ubuntu Server 都能很好地支持，但请务必谋定而后动，因为磁盘分区表的格式一旦成形无法改变，二者之间无法进行无损切换。

10.1.3 加电自检

在传统 BIOS 环境中，计算机加电启动后，会在 BIOS 的指引下对关键的硬件设备，如 CPU、磁盘和内存等进行检测和初始化，而其他相对比较独立的硬件设备，如独立显卡或声卡，则调用相应设备的 BIOS 来完成自检及初始化。如果所有的设备都没有问题，计算机就会根据 BIOS 启动设定，找到启动设备，如光驱、硬盘、U 盘或网卡等，根据启动顺序一一尝试启动。如果系统硬件出现故障，计算机会以声音（PC 较为常见）或指示灯（服务器较为常见）的形式发出警告，可以在排除故障后再尝试启动系统。

在 UEFI 的规范中依然存在加电自检这个流程，且自检更为严格，只不过 UEFI 需要通过与操作系统的沟通来实现硬件配置和检测。

需要强调的是，PC Server 的启动固件比普通 PC 更加复杂，固件检查硬件的方法更加严格和严谨，耗时也更多。除此之外，各品牌服务器的 BIOS 大多进行了一定的增强或扩展，甚至直接采用一个子系统来管理服务器的启动。如笔者熟悉的 HP 服务器系列，大多在 BIOS 中集成了 iLO，购买授权激活后，可以使用额外的远程功能，完成相应的配置就可以使用了，无论身在何处，都可以远程管理服务器，从启动到系统操作，和在服务器上操作一样，其界面如图 10-4 所示。

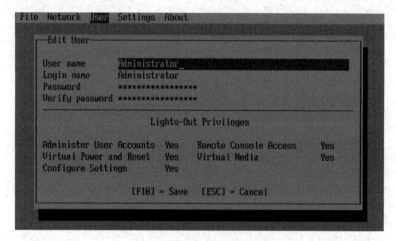

图 10-4　HP 服务器的 BIOS 界面

其他服务器厂商也有类似的技术，如 DELL 的 DRAC 技术、IBM 的 RSA 技术等。

Tips：BIOS 和 CMOS。

想必大家已经对上文提到的 BIOS 十分清楚了，但什么是 CMOS 呢？CMOS 是一种存储芯片，在计算机关机后它由主板上的电池来提供维持存储数据所需的电力，经常会在主板上看到一个纽扣电池，该电池就是为 CMOS 供电的。很久以前，BIOS 使用 CMOS 来保存计算机用户所设置的参数，标准的写法应该是 BIOS/CMOS，但在实际应用中，经常使用 BIOS 或 CMOS 来代替全称，如"BIOS 设置"或"CMOS 设置"。不过随着技术的发展，BIOS 将逐步被 UEFI 取代，通过启动固件这个术语来代替 BIOS 或 UEFI 可能更为贴切。

概括来说，在传统的 BIOS 和 MBR 环境下，Linux 启动时最初那几秒首先是从 BIOS 地址 0xFFFF0 处开始引导，紧接着是硬件的 POST，即加电自检，如检测计算机的主板、显卡、CPU、内存和硬盘等设备。通常按下 PC 电源键后就能看到 POST 的检测信息，如果检测没有问题，将根据 BIOS 所设定的启动设备及启动顺序引导操作系统，BIOS 读取硬盘 MBR（主引导记录，即硬盘的 0 磁头、0 磁柱、1 扇区），定位到活动分区，加载并执行 Boot Loader 程序 GRUB 2。

而在较新的 UEFI 和 GPT 分区环境下，UEFI 固件（UEFI Firmware）被加载，EFI Boot Loader 通过搜索 ESP 隐藏分区，直接从经过认证的 Linux 引导程序启动，引导系统 Kernel 并加载各种模块，后续步骤大致和在 BIOS 模式下相同。需要特别强调的是，计算机上所有操作系统的引导程序都保存在 ESP 隐含分区，此隐含分区采用 FAT 分区格式，这就是笔者在第 2 章中强调绝不能删除 ESP 隐含分区的原因，Linux 启动后将 ESP 分区自动加载到/boot/efi 目录，新旧两种启动方式的差异如图 10-5 所示。

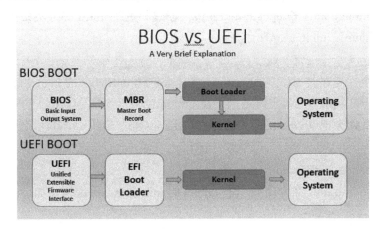

图 10-5　新旧两种启动方式的差异

从图 10-5 中的对比可知，目前两种启动方式的差别远没有想象中那么大，只是 UEFI 分担了部分 Linux Boot Loader 的功能而已。

10.2　Linux 引导程序

无论是传统的 BIOS 环境，还是较新的 UEFI 环境，都离不开引导程序（Boot Loader）。尽管 UEFI 本身具有部分引导程序的功能，但也只能加快启动，减少中间环节，而不能完全替代引导程序。

Linux 引导程序的主要功能是引导内核直到等待用户登录，GRUB Legacy 之所以能够找到系统的内核，是因为安装程序将内核的路径写入到 GRUB 的主配置文件 /boot/grub.conf 中，GRUB 引导 Linux 内核后，Linux 内核文件被调入到内存中。Linux 中的内核文件通常位于/boot 目录下，内核文件名一般为"vmlinuz-版本号"，可能还会有服务器版或桌面版的名称，这个文件其实是一个压缩文件，因此，内核是被自解压后载入内存的。一旦加载成功，就可以利用内核的功能对系统的硬件进行检测和初始化，包括识别声卡、显卡和网卡等。

在内核检测及初始化硬件的过程中，很多程序都需要在一个可用的文件系统中才能完成，但是内核在加载后，系统只是以只读的方式将根目录进行了挂载。因此，为了确保内核工作能够顺利完成，绝大多数 Linux 操作系统会在加载内核的同时加载一个 initrd 的压缩镜像文件。initrd 实际上可以在系统引导过程中创建一个临时性的根文件系统，主要包含必要的程序和驱动，使用它就可以挂载实际的根文件系统，并在最后将这个初始 RAM 盘文件系统卸载，从而使内核的工作能够顺利完成。

Tips：在 Ubuntu 中创建和更新 initrd 文件。

既然 initrd 如此重要，那么在 Ubuntu 中，如何管理它呢？这就需要创建和管理 initrd 的工具，名为 mkinitramfs 和 update-initramfs，创建和更新 initrd 的方法如下：

（1）创建 initrd：mkinitramfs 命令。

```
sudo mkinitramfs -o /boot/my_initrd.img 4.15.0-20-generic
```

其中，命令行尾部的 4.15.0-20-generic 是需要创建 initramfs 的 kernel 版本号，之所以要提供当前 kernel 的版本号，主要是为了在 initramfs 中添加指定 kernel 的驱动模块，要知道，mkinitramfs 将会把 /lib/modules/4.15.0-20-generic/ 目录下的一些启动用到的模块添加到 initramfs 中。

（2）更新 initrd：update-initramfs 命令。

可用 update-initramfs 命令更新当前 kernel 的 initramfs，关键操作如下：

```
sudo update-initramfs -u
update-initramfs: Generating /boot/initrd.img-4.15.0-23-generic
```

Linux 从诞生到现在，发行版的引导程序更换了好几个。最早的引导程序是 LILO（LInux LOader），后来由于 GRUB 支持更大容量的磁盘，功能也更加强大且使用便捷。因此，被绝大多数 Linux 版本所采用，到了 2010 年，GRUB 2 又逐渐替代了 GRUB Legacy（GRUB 1），成为多数 Linux 的默认引导程序。下面将介绍 GRUB Legacy 和 GRUB 2 引导程序，帮助大家尽快上手使用。

10.2.1　GRUB Legacy Boot Loader

GRUB（Grand Unified Bootloader）是一个功能强大的系统启动引导程序（Boot Loader），它不但能够引导各种操作系统，而且提供了交互式的界面（GRUB shell），这样就保证了即使 GRUB 配置错误，也可以通过进入 GRUB 命令行，手工指定内核及相关文件的具体位置来实现顺利开机。GRUB 程序还能支持多种文件系统，如 Windows 和 UNIX 的文件系统等，使一台主机安装多个操作系统成为可能。

经典的 GRUB 配置文件为 /boot/grub/menu.lst，如图 10-6 所示为去掉注释后的 menu.lst 文件内容。

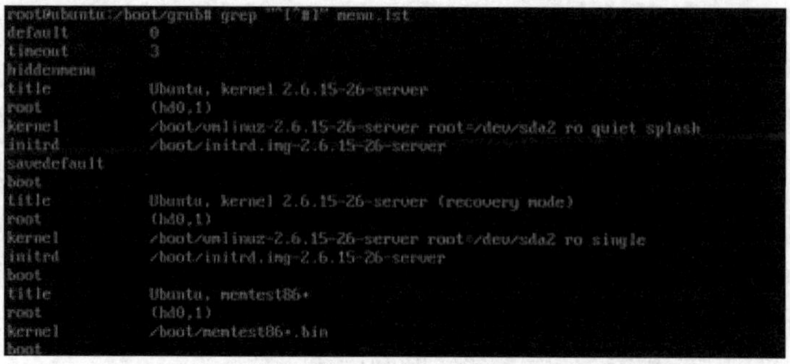

图 10-6　去掉注释后的 menu.lst 文件内容

- default 0：此选项是在默认情况下指定 GRUB 将启动哪个操作系统，如果安装了多个操作系统，GRUB 能够指定默认启动哪个操作系统。如果是 0，则默认启动第一个操作系统；如果是 1，则默认启动第二个，以此类推。
- timeout 3：此选项表示如果在规定的时间内（单位是秒）用户没有进行任何操作，那么将启动 default 指定的操作系统。如果是正数，则此等待时间规定为秒数；如果是 0，则立刻进入指定操作系统；如果是负数，则进入 GRUB 程序界面，一直等待用户选择进入指定的操作系统。
- hiddenmenu：表示隐藏 GRUB 的启动菜单，在 Ubuntu 系统中，默认情况下 GRUB 的程序界面是隐藏的，如果想显示的话，需要按 "Esc" 键。
- title Ubuntu，kernel 2.6.15-26-server：表示出现在 GRUB 程序界面中的字符串，这里可以使用任意字符串，不过在一般情况下，都使用引导的操作系统的名称。
- root（hd0,1）：这是 GRUB 中分区的表示方法，在 GRUB 1 中，（hd0,1）中的 0 表示第一块物理磁盘，1 表示此硬盘上的第二个分区。
- kernel：kernel 及其后面的部分指定的是内核文件路径及文件名称。
- initrd：这部分就是 initrd 文件的路径和文件名。
- chainloader+1：如果存在 Windows 操作系统，可能会有此选项，因为 Ubuntu 采用链式引导器引导其他操作系统。

通过 GRUB 的配置文件，可在编辑器中直接编辑，对操作系统的启动进行配置和管理，如直接指定其内核文件所在位置、设置默认启动选项等。此外，还可以手动进入 GRUB 的 Shell 命令行，当出现 GRUB 引导界面时，按 "E" 键，会出现 GRUB 的 Shell，直接键入 GRUB 的命令即可启动系统。

10.2.2 全新的 GRUB 2 引导程序

从 Ubuntu Server 10.04 开始采用较新的 GRUB 2。GRUB 2 是 GRUB Legacy 的下一个版本，支持容量更大的磁盘、UEFI 技术和 GPT 分区格式，虽说只是一个版本的演进，但 GRUB 2 和 GRUB Legacy 之间还是有很大的差异的，下面就来深入比较二者的异同，以快速掌握这一强大的启动工具。

1. 配置文件名称的异同

GRUB Legacy 和 GRUB 2 的根目录，都在/boot 分区下。/boot 通常是启动分区，即包含 GRUB 和内核等启动文件。GRUB Legacy 的配置文件为/boot/grub/menu.lst，而 GRUB 2 的配置文件为/boot/grub/grub.cfg（还是可以在 grub 目录下看到 menu.lst），除了名称不同，GRUB 2 配置文件的内容也比经典 GRUB 复杂很多，以前清晰易懂的几行配置也变成了一二百行的配置文件。

2. 配置文件中的配置选项的异同

相对于经典 GRUB，GRUB 2 配置文件的配置选项在保留多数经典 GRUB 配置选项的同时，还添加了大量的全新配置条目，配置文件也明显复杂了不少。下面就以 Ubuntu Server 18.04 默认的 grub.cfg 配置文件中的默认配置为例来介绍 GRUB 2 中的全新配置选项：

```
sudo vim /boot/grub/grub.cfg
```

文件内容如下：

```
...
    menuentry 'Ubuntu, with Linux 4.15.0-23-generic (recovery mode)' --class ubuntu --class gnu-linux --class gnu --class os $menuentry_id_option 'gnulinux-4.15.0-23-generic-recovery- e1022026-49ac-11e8-91ee-000c2951351e' {
                recordfail
                load_video
                insmod gzio
                if [ x$grub_platform = xxen ]; then insmod xzio; insmod lzopio; fi
                insmod part_gpt
                insmod ext2
                set root='hd0,gpt2'
                if [ x$feature_platform_search_hint = xy ]; then
                    search --no-floppy --fs-uuid --set=root --hint-bios=hd0,gpt2 --hint- efi=hd0,gpt2 --hint-baremetal=ahci0,gpt2  e0318cae-49ac-11e8-91ee-000c2951351e
                else
                    search --no-floppy --fs-uuid --set=root e0318cae-49ac-11e8-91ee- 000c2951351e
                fi
                echo    'Loading Linux 4.15.0-23-generic ...'
                linux   /vmlinuz-4.15.0-23-generic root=UUID=e1022026-49ac-11e8-91ee-000c2951351e ro recovery nomodeset
                echo    'Loading initial ramdisk ...'
                initrd  /initrd.img-4.15.0-23-generic
    }
...
```

上述配置和 GRUB Legacy 的联系如下：

- menu entry 功能和 GRUB Legacy 配置文件中的 title 完全一样，用来标识启动菜单中的一个启动选项，只是配置复杂了不少。
- root 功能和 GRUB Legacy 配置文件中的 root 类似，表示 Linux 系统的启动分区，而不是文件系统中的 root 目录，GRUB 2 中 root 最大的变化是其前面要加 set，即

set root(…)。
- Linux 配置参数的功能与 GRUB Legacy 配置文件中的 kernel 参数几乎完全一样。
- Initrd 和 GRUB Legacy 配置文件中的 initrd 几乎完全相同。
- echo 参数和 Linux 命令行的 echo 命令差不多，用来打印字符串。
- insmod 参数类似于 Linux 系统中的 inmod 命令，用来插入内核模块，很明显这里要插入 msdos、ext2 及 part_gpt 等文件系统或分区类型内核模块。

需要特别注意的是，在 GRUB Legacy 中，硬盘的分区是从 0 开始计数的，而在 GRUB 2 中，硬盘的分区则是从 1 开始计数的。

3. 修改配置文件的方法差异

要修改经典 GRUB 中的配置，只需要使用编辑器直接修改其配置文件即可，但在 GRUB 2 中，由于配置文件比较复杂，且更加严谨和安全，所以，不推荐直接修改，而是通过修改/etc/default/grub 文件，运行 update-grub 或 grub-mkconfig 命令，自动生成新的配置文件。

```
sudo vim /etc/default/grub
```

文件内容如下：

```
# If you change this file, run 'update-grub' afterwards to update
# /boot/grub/grub.cfg.
# For full documentation of the options in this file, see:
# info -f grub -n 'Simple configuration'
GRUB_DEFAULT=0
#GRUB_HIDDEN_TIMEOUT=0
GRUB_HIDDEN_TIMEOUT_QUIET=true
GRUB_TIMEOUT=10
GRUB_DISTRIBUTOR=`lsb_release -i -s 2> /dev/null || echo Debian`
GRUB_CMDLINE_LINUX_DEFAULT="maybe-ubiquity"
GRUB_CMDLINE_LINUX=""
# Uncomment to enable BadRAM filtering, modify to suit your needs
# This works with Linux (no patch required) and with any kernel that obtains
# the memory map information from GRUB (GNU Mach, kernel of FreeBSD ...)
#GRUB_BADRAM="0x01234567,0xfefefefe,0x89abcdef,0xefefefef"
# Uncomment to disable graphical terminal (grub-pc only)
#GRUB_TERMINAL=console
# The resolution used on graphical terminal
# note that you can use only modes which your graphic card supports via VBE
# you can see them in real GRUB with the command `vbeinfo'
```

```
#GRUB_GFXMODE=640x480
# Uncomment if you don't want GRUB to pass "root=UUID=xxx" parameter to Linux
#GRUB_DISABLE_LINUX_UUID=true
# Uncomment to disable generation of recovery mode menu entries
#GRUB_DISABLE_RECOVERY="true"
#Uncomment to get a beep at grub start
#GRUB_INIT_TUNE="480 440 1"
```

下面就深入介绍上述文件中的配置项目。

- ◆ GRUB_DEFAULT=0　　　　　　　　　#设定默认启动选项，默认为0，表示启动菜单中的默认启动选项为第一个选项

- ◆ GRUB_HIDDEN_TIMEOUT=0　　　　　#指定 GRUB 2 启动菜单默认隐藏时间，0 表示不显示 GRUB 启动菜单，此项默认配置被注释掉了，表示显示 GRUB 启动菜单

- ◆ GRUB_HIDDEN_TIMEOUT_QUIET=true　#启动时不显示启动菜单倒计时，直接以 GRUB_DEFAULT 所指定的系统启动

- ◆ GRUB_TIMEOUT=2　　　　　　　　　#指定启动菜单操作时间，默认为 2 秒，即启动菜单将显示两秒（倒计时形式），其间如果没有选择操作，则直接启动 GRUB_DEFAULT 所指定的系统，如果设置为-1，将取消倒计时

- ◆ GRUB_DISTRIBUTOR=`lsb_release -i -s 2> /dev/null || echo Debian`
  #通过命令"lsb_release -i -s 2> /dev/null || echo Debian"获取 Linux 发行版名称，默认显示 Ubuntu

- ◆ GRUB_CMDLINE_LINUX=""　　　　　#添加指定的启动参数，默认为空，此配置类似于 GRUB 1 中在 kernel 行中添加额外的启动参数

- ◆ GRUB_CMDLINE_LINUX_DEFAULT="maybe-ubiquity"
  #功能和 GRUB_CMDLINE_LINUX=""类似，默认为 "maybe-ubiquity"

以下选项默认为注释状态，即不启用：

◆ GRUB_TERMINAL=console	#取消注释以禁用图形界面
◆ GRUB_GFXMODE=640x480	#指定分辨率设定，默认注释此选项表示采用默认值
◆ GRUB_DISABLE_LINUX_UUID=true	#取消注释以阻止 GRUB 将参数"root=UUID=xxx" 传递给 Linux
◆ GRUB_DISABLE_LINUX_RECOVERY="true"	#取消启动菜单中的"Recovery Mode"选项
◆ GRUB_INIT_TUNE="480 440 1"	#GRUB 菜单出现时发出鸣音提醒

修改 GRUB 2 的参数，切记不要直接修改 GRUB 2 的主配置文件/boot/grub/grub.cfg，而要通过编辑/etc/default/grub 文件进行修改，之后运行如下命令生成新的配置文件。

sudo update-grub	#更新 GRUB 配置文件

或：

sudo grub-mkconfig -o /boot/grub/grub.cfg	#grub-mkconfig 可以在屏幕上生成 grub.conf，如果要指定文件名，需通过-o 参数才行

需要特别注意的是，GRUB 2 是通过/etc/default/grub 的设置生成/boot/grub/grub.cfg 的，使用习惯和 GRUB Legacy 有很大的差异，虽然比 GRUB Legacy 烦琐一点，但胜在更加稳妥和安全。

Tips：update-grub2 和 update-grub 的区别是什么？

update-grub2 其实就是 update-grub 的一个链接，可以通过如下命令证明：

```
cd /usr/sbin
ll update-grub*
-rwxr-xr-x 1 root root 64 Mar   4 07:11 update-grub*
lrwxrwxrwx 1 root root 11 Apr 27 07:47 update-grub2 -> update-grub*
...
```

4. GRUB 定制实例

1）令 GRUB 启动更加美观

在 GRUB Legacy 时代，Linux 发行版的 GRUB 大多都有精美的启动菜单背景图片。但自 GRUB 2.0 之后，GRUB 启动菜单的背景图片都消失了，不是 GRUB 取消了这个功能，而是系统为了安全而取消了背景设置，下面就来恢复 Ubuntu 18.04 的 GRUB 背景图片。

安装启动菜单背景画面，运行如下命令：

sudo aptitude update	#更新软件仓库索引
sudo aptitude install -y grub2-splashimages	#安装后的 GRUB 启动菜单背景图片都保存在/usr/share/images/grub 目录下

然后编辑配置，具体操作如下：

sudo vim /etc/default/grub	#编辑 GRUB 配置文件模板

在文件末尾添加如下配置：

GRUB_BACKGROUND=/usr/share/images/grub/Moraine_Lake_17092005.tga
#TGA 是由 TrueVision 公司于 20 世纪 80 年代初开发的一种图片格式，GRUB 2 采用这种图片格式作为背景图片格式，这里选择图片 Moraine_Lake_17092005.tga，该图片是 GRUB 启动菜单的背景图片之一，用户也可以自行选择背景图片

保存退出后，执行如下命令重新生成 GRUB 2 配置文件：

sudo update-grub	#更新 GRUB 配置文件

重启后即可看到 GRUB 2 精美的启动图片。

2）便于进入 GRUB 高级菜单

通常服务器不需要 GRUB 背景，不过服务器可通过设置 GRUB 配置显示 Ubuntu Server 全部的启动菜单及显示时间，进而通过启动菜单进入 Ubuntu 的高级模式，对服务器进行相关维护，具体方法如下。

注释掉 /etc/default/grub 文件中的如下两行：

#GRUB_HIDDEN_TIMEOUT=0
#GRUB_HIDDEN_TIMEOUT_QUIET=true

并设置如下选项的值：

GRUB_TIMEOUT=-1	#-1 秒表示必须手动选择 GRUB 启动菜单

保存退出后，执行如下命令重新生成 GRUB 2 配置文件：

sudo update-grub	#更新 GRUB 配置文件

10.3 关键的 1 号进程

GRUB 系统引导成功后，首先运行的就是关键的 1 号进程，其之所以关键，是由于 Linux 的 1 号进程是之后所有进程的父进程。Linux 发展到现在，经历了两个主要的 1 号进程时代，此进程十分重要，下面将对其全部进行深入的学习。

10.3.1 经典启动方式 Sysvinit

Boot Loader 成功加载内核后，经典的 Sysvinit 启动方式将会执行一个名为 init 的程序。init 进程是内核启动的第一个进程，其进程号 PID 为 1，是所有其他进程的祖先，负责生成其他所有用户进程，如图 10-7 所示。

图 10-7　查看 init 进程号

Tips：什么是 System V init。

System V init 经常缩写为 Sysvinit，System V 是一个经典的 UNIX 版本，其经典的 init 系统，一直被 Linux 模仿和使用。Sysvinit 负责系统的初始化和安全关闭（保证数据的一致性），通常是通过大量脚本实现的，系统启动后，还可以对进程进行管理和控制，如获得系统登录信息、杀死无效进程等。

init 程序会读取其配置文件/etc/inittab，这个文件也是 init 程序的配置文件，它定义了系统的启动级别、打开的字符终端数，并规定了在相应的级别启动服务所读取的目录，此文件部分内容如图 10-8 所示。

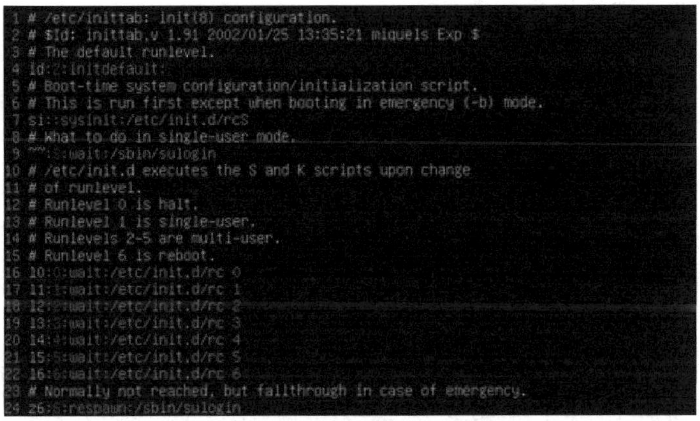

图 10-8　/etc/inittab 文件部分内容

运行级别指的是 Linux 在启动后具有不同设置的环境。在这些不同的环境中，启动了不同的系统服务，Ubuntu 系统中主要定义了 7 种运行级别，分别如下。

◆ 级别 0：表示系统关闭所有的程序后关机。
◆ 级别 1：表示单用户模式。
◆ 级别 2~5：Ubuntu 与其他 Linux 版本不同的是，系统没有具体规定 2~5 这几个级别，通常可以根据自己的需要进行定制，它们都属于多用户模式，即多个用户可以同时登录，这个级别也是在默认情况下 Ubuntu 启动的级别。
◆ 级别 6：表示系统重新启动。

使用命令 telinit 可以完成从当前的运行级别改变到其他运行级别的过程：

sudo telinit 运行级别

telinit 命令实际上是/sbin/init 命令的一个软链接，同样可以使用 init 命令进行运行级别的切换。如果对/etc/inittab 文件进行了修改，也可以使用"telinit q"命令来使 init 进程重新读取文件的设定。

如果想要查看当前的运行级别，可以使用命令 runlevel：

sudo runlevel	
S 2	#前一项表示上一个运行级别，后一项表示当前运行级别，其中 S 表示单用户模式

下面对/etc/inittab 文件里的内容进行说明。

/etc/inittab 文件比较复杂，其格式如下：

id：执行的级别：需要采取的动作：所执行的命令

- id：只是一个简单标志符，代表本行的主要工作，没有什么特别的含义，可以为任意字符。
- 执行的级别：表示后面的动作是在哪个级别运行的，可以为一个级别，也可以为多个级别，多个级别之间不用任何符号隔开。
- 需要采取的动作：这部分主要说明了后面程序执行的方式。

主要包括下面几个常用命令选项。

defaultinit：指定默认的运行级别。

sysinit：指定运行的第一个脚本。

wait：表示此行执行的动作必须完成后才能执行下面的命令。

ctrlaltdel：表示 Ctrl+Alt+Del 三键是否可以重启系统。

respawn：表示如果在相应的级别结束后面的命令的话，则会重新执行后面的命令。

在/etc/inittab 文件中有一行是# si::sysinit:/etc/init.d/rcS，这行配置主要是指定 init 进程执行系统初始化的脚本，查看 rcS 脚本会发现里面指定执行/etc/init.d/rc 脚本，这个脚本能够设定 PATH、掩码等的环境变量，并且它能够接收到运行级别并将其作为参数，来启动相应目录中的各种脚本。不同启动级别的脚本所在目录如图 10-9 所示。

图 10-9　不同启动级别的脚本所在目录

不同运行级别的脚本被分别放在 rcn.d 目录中，其中 n 代表对应的运行级别。这些目录中的文件都是链接，所有的脚本都存放在/etc/init.d 目录中。这些链接文件的名字都是以 S(K)+数字+服务名的方式组成的。如果以 S 开头，则代表将在此级别启动此服务，即 start 的意思；如果以 K 开头，则代表在此级别不运行此服务，即 kill 的意思，后面的数字代表每个服务启动的先后顺序。当使用 telinit 或 init 命令切换运行级别时，系统就将根据 S 或 K 来启动或者停止相应级别的服务。

启动相应的服务后，系统会运行/etc/rc.local 脚本，这个脚本可以根据用户自定义的需要，在系统启动时将运行的一些脚本文件写入其中，使其在系统启动过程中同时运行这些脚本。

最后系统将相应的模块调入后，就开始执行/bin/login 程序等待用户登录。

10.3.2 Sysvinit 的替代者 Systemd

从 Ubuntu Server 16.04 开始，Sysvinit 被替换为 Systemd。Systemd 项目的最终目的就是取代 UNIX/Linux 系统长期使用的 init 启动系统，简言之，Systemd 就是下一代的 init 守护进程。众所周知，init 是 UNIX/Linux 操作系统的 1 号进程，是所有其他进程的父进程，其配置文件保存在/etc/inittab 中，所以，用户应当首先通过这个文件自行定义系统的启动级别和服务。

init 负责系统的启动和各种服务的加载，Linux 系统启动时会根据/etc/inittab 中定义的默认启动级别读取相应启动级别的启动脚本，由于启动脚本数量较多而且存在许多重复，所以，系统将所有启动脚本保存在/etc/init.d/目录下，然后根据各启动级别所定义的启动脚本，直接链接到/etc/init.d/目录下的脚本，每个运行级别对应一个目录。其实这个目录所保存的不过是一大堆链接文件，当然，每个目录所链接的文件不尽相同，传统 init 的 runlevel 目录结构和 rc0.d 目录下的脚本如图 10-10 和图 10-11 所示。

图 10-10　传统 init 的 runlevel 目录结构

Linux 系统启动后就会根据默认运行级别链接到各运行级别所对应的目录，逐一启动其中的脚本链接。每个运行级别目录中的启动脚本都以 S 或 K 开头，S 表示 start，即系统启动时启动该项服务，K 表示 kill，即系统启动时不启动该项服务。待默认运行级别所有启动脚本全部成功启动，Linux 就会显示登录界面、文字界面或图形界面。

图 10-11　rc0.d 目录下的脚本

Ubuntu 很早就开始尝试用 Upstart 来替代 init，但最后还是转到了 Systemd，为什么这么多 Linux 发行版本如此急切地抛弃老旧的 init 呢？其实 init 最主要的问题就是包含大量启动脚本的 runlevel 目录，每一个启动级别对应一个目录，就造成系统启动过程复杂、冗长，在启动过程中要执行大量脚本，而且还会启动很多只是可能会用到的服务，导致系统启动速度缓慢且效率低下，浪费大量的系统资源。认真查看图 10-12 所示的 CentOS 5 启动画面就知道 init 启动过程是多么复杂和缓慢了。

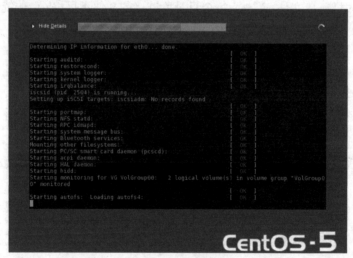

图 10-12　CentOS 5 冗长的启动过程

Systemd 会胜出成为 init 的接班人有很多原因。首先，Systemd 的设计核心思想是"高度兼容 init，按需启动，并行启动（无冲突）和定制进程运行环境"，这一切都是为了保证 Linux 系统在进程启动的过程中能更高效地引导和加载服务。这样，Systemd 既保持了对传统 init 的高度兼容，又采用了尽量少的进程和脚本，以并行的方式运行，提高了启动效率，节约了系统资源。其次，对于启动时不必要的服务，则采用按需启动的管理方式，只有在某个服务被请求时才启动，而该服务结束就关闭它，直到下次需要时再次启动它，节省了大量的系统资源。最后，Systemd 提供了强大的系统资源监控能力，并且提供了丰富的监控工具，可以轻松地了解系统服务或进程所消耗的资源，如图 10-13 所示为 Ubuntu Server 采用的 Systemd 监控系统，可以看出其具有强大的系统监控能力。

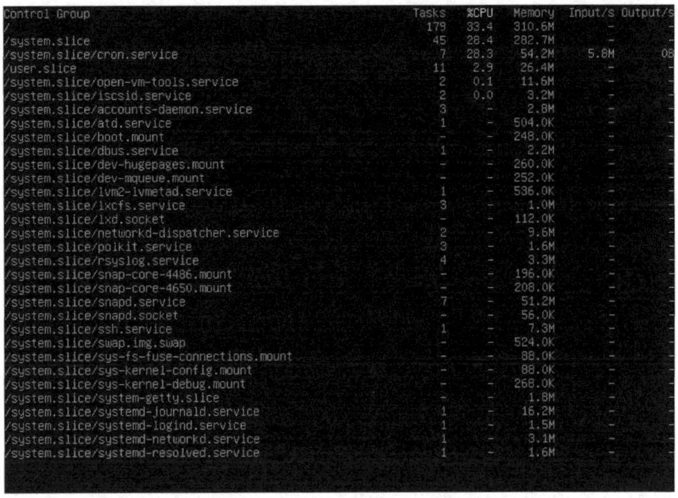

图 10-13 Systemd 监控系统

说了这么多 Systemd 的优点，下面介绍其缺点。其主要缺点就是违反了 UNIX KISS 哲学，把一件相对简单的事情搞复杂了，系统启动速度的确会提高，但在硬件高度成熟的现在，谁会在乎那一点点的提速呢？反而是 Systemd 的引入带给系统的安全风险后患无穷。

10.3.3 Systemd 系统服务管理

与传统的 init 通过 Shell 脚本启动服务不同，Systemd 通过相应网络服务管理配置文件来代替传统的脚本来管理各种网络服务。Systemd 的服务管理配置文件的格式相对固定，由[Unit]、[Service]和[Install]3 部分组成。[Unit]部分主要是对该网络服务的描述及介绍；[Service]部分是对该网络服务进行管理的命令行；[Install]定义了该网络服务的 Target，或者说是定义了运行级别（runlevel）。

Systemd 最核心的概念就是单元（Unit），并且定义了很多类型的 Unit，最为常见的是 service 和 socket 类型，多数网络服务是 service 类型，如 sshd.service，后缀名为 service，常常为了简单而将其省略。需要注意的是，不同于启动脚本，此文件无须执行权限，该后缀也常常被省略，对文件没有任何影响。比较常见的后缀名还有 socket，这种网络服务类似于 xinetd，只有在客户端连接时才启动，如 acpid.socket，其他不是很常用的 target 请参见 Tips。

Tips：Unit 种类知多少。
- ◆ Automount：扩展名为 automount，文件系统的自动挂载点。
- ◆ Device：扩展名为 device，用于定义内核识别的设备。
- ◆ Mount：扩展名为 mount，定义文件系统挂载点。

- Path：扩展名为 path，用于定义文件系统中的一个文件或目录。
- Snapshot：扩展名为 snapshot，管理系统快照。
- Swap：扩展名为 swap，用于标识 swap 设备。

还有一个比较重要的 Unit 类别是 Target，用于实现类似于 init 运行级别的功能，Systemd 有如下几个 Target：sysinit.target、basic.target、multi-user.target、graphical.target 和 default.target。multi-user.target 和 graphical.target 就是传统 init 的运行级别 3 和 5，这里只不过换了个名称而已；sysinit.target 和 basic.target 是 Linux 启动的初级模式，保证文件系统的正常和完整启用；basic.target 在系统启动后自动进入基础模式，有了 sysinit.target 和 basic.target 作为铺垫，下一个阶段就可以进入文本模式 multi-user.target 或图形模式 graphical.target 了；而 default.target 是一个符号链接，指向默认的启动级别，要么是 multi-user.target，要么是 graphical.target，运行如下命令来查看 target 到底有些什么内容：

```
sudo vim /lib/systemd/system/sysinit.target              #首先查看 sysinit.target
```

文件内容如下：

```
#  This file is part of systemd.
#
#  systemd is free software; you can redistribute it and/or modify it
#  under the terms of the GNU Lesser General Public License as published by
#  the Free Software Foundation; either version 2.1 of the License, or
#  (at your option) any later version.

[Unit]
Description=System Initialization
Documentation=man:systemd.special(7)
Conflicts=emergency.service emergency.target
Wants=local-fs.target swap.target
After=local-fs.target swap.target emergency.service emergency.target
```

之后运行如下命令查看 basic.target，关键操作如下：

```
sudo vim /lib/systemd/system/basic.target              #之后查看 basic.target
```

文件内容如下：

```
...
#  This file is part of systemd.
#
#  systemd is free software; you can redistribute it and/or modify it
#  under the terms of the GNU Lesser General Public License as published by
#  the Free Software Foundation; either version 2.1 of the License, or
#  (at your option) any later version.

[Unit]
```

```
Description=Basic System
Documentation=man:systemd.special(7)
Requires=sysinit.target                              #此 target 依赖于 sysinit.target
Wants=sockets.target timers.target paths.target slices.target
After=sysinit.target sockets.target paths.target slices.target tmp.mount
# We support /var, /tmp, /var/tmp, being on NFS, but we don't pull in
# remote-fs.target by default, hence pull them in explicitly here. Note that we
# require /var and /var/tmp, but only add a Wants= type dependency on /tmp, as
# we support that unit being masked, and this should not be considered an error.
RequiresMountsFor=/var /var/tmp
Wants=tmp.mount
```

然后运行如下命令查看 multi-user.target，关键操作如下：

```
sudo vim /lib/systemd/system/multi-user.target      #再查看 multi-user.target
```

文件内容如下：

```
#  This file is part of systemd.
#
#  systemd is free software; you can redistribute it and/or modify it
#  under the terms of the GNU Lesser General Public License as published by
#  the Free Software Foundation; either version 2.1 of the License, or
#  (at your option) any later version.
[Unit]
Description=Multi-User System
Documentation=man:systemd.special(7)
Requires=basic.target                                #此 target 依赖于 basic.target
Conflicts=rescue.service rescue.target
After=basic.target rescue.service rescue.target
AllowIsolate=yes
```

从上述文件中可以看出三者的依存关系，basic.target 依赖于 sysinit.target，而 multi-user.target 则依赖于 basic.target，最后看看 default.target 的内容：

```
sudo vim /lib/systemd/system/default.target          #查看 default.target
```

文件内容如下：

```
#  This file is part of systemd.
#
#  systemd is free software; you can redistribute it and/or modify it
#  under the terms of the GNU Lesser General Public License as published by
#  the Free Software Foundation; either version 2.1 of the License, or
```

```
#   (at your option) any later version.
[Unit]
Description=Graphical Interface
Documentation=man:systemd.special(7)
Requires=multi-user.target
Wants=display-manager.service
Conflicts=rescue.service rescue.target
After=multi-user.target rescue.service rescue.target display-manager.service
AllowIsolate=yes
```

再运行如下命令查看 graphical.target，关键操作如下：

```
sudo vim /lib/systemd/system/graphical.target        #查看 graphical.target
```

文件内容如下：

```
#   This file is part of systemd.
#
#   systemd is free software; you can redistribute it and/or modify it
#   under the terms of the GNU Lesser General Public License as published by
#   the Free Software Foundation; either version 2.1 of the License, or
#   (at your option) any later version.
[Unit]
Description=Graphical Interface
Documentation=man:systemd.special(7)
Requires=multi-user.target
Wants=display-manager.service
Conflicts=rescue.service rescue.target
After=multi-user.target rescue.service rescue.target display-manager.service
AllowIsolate=yes
```

可以看出，default.target 和 graphical.target 定义的内容完全一致，说明 default.target 仅为一个符号连接。上述几个文件的[Unit]条目说明如下。

- Description：对该 Unit 的介绍和说明。
- Documentation：该 target 手册位置，可用 man 7 systemd.special 命令查看。
- Requires：所依赖的 target。
- Wants：如果该 target 运行了，Wants 所列的 target 也将会被启动，如果指定的 target 不存在或处于停止状态，也不影响当前 target。
- Conflicts：与该 target 冲突的 target。
- After：执行该 target 之前需要运行的 target。
- AllowIsolate：该 target 是否可以在 systemctl isolate 命令后执行，类似 init 的 runlevel

之间的切换。

Systemd 默认配置文件目录有如下两个。

◆ /lib/systemd/：所有的 Unit 配置文件。

◆ /etc/systemd/：保存着 Linux 系统启动时用到的 Unit 配置文件，通常为/lib/systemd/目录下相关文件的符号链接。

至于如何创建所需的 Systemd 的相关文件，将在后面的章节介绍，如第 17 章中的编译安装 Redis，就需要从零开始创建 Systemd 的管理文件并添加到系统中，让 Redis 使用起来更加便捷，感兴趣的朋友可以跳到第 17 章先睹为快。

10.3.4　Systemd 带来的操作变化

1. 网络服务管理的变化

Ubuntu Server 中还存在/sbin/init 文件，只不过 init 已经变成了一个指向/lib/systemd/systemd 的链接文件，变化最大的是服务管理的操作，为了说明问题，下面以 RHEL 系统中常用的 service 命令和 sshd 服务为例来看看它们的运行结果，可以看到运行几乎没有问题，只是运行时会得到如下提示：

sudo service sshd restart	#在 RHEL 系统中为此结果，而 Ubuntu server 则正常
Redirecting to /bin/systemctl restart　sshd.service	

提示都指向了一个命令——systemctl，下面就采用新的 Systemd 命令来实现服务管理。

2. 查看/添加/删除/启用/禁用 Unit 或网络服务守护进程

1）添加/删除 Unit

将要添加的 new.service 复制到/lib/systemd/system/下，然后使用 systemctl 的 load 命令导入，具体操作如下：

sudo systemctl load new.service	#添加一个新服务，相当于 chkconfig --add new

删除一个 Unit 没有相应的命令，但方法也很简单，只需停止要删除的 Unit，然后删除相应的*.service 文件即可。

2）显示所有 Unit 启用状态

sudo systemctl --type=service list-unit-files	#查看所有 Unit 的启用状态

如果要查看某一个 target 所有启动的 Unit，可以使用如下命令：

sudo ls -lF /etc/systemd/system/multi-user.target.wants/	#查看文本界面的所有启动 Unit，适用于 Ubuntu Server

或

sudo ls -lF /etc/systemd/system/graphical.target.wants/	#查看图形界面的所有启动 Unit，适用于 Ubuntu 标准版本

3）查看系统各 Unit 的状态

```
sudo systemctl                                        #查看已经运行的对象
sudo systemctl --all                                  #查看没有启动的对象
sudo systemctl list-units --type=service              #查看系统某个服务状态
sudo systemctl list-units|grep service                #查看系统中所有的服务
sudo systemctl list-units|grep service|grep running   #查看系统中所有运行的服务
```

4）查看/启动/停止/重启服务/重载配置文件

执行如下命令实现查看/启动/停止/重启服务及重载配置文件操作：

```
sudo systemctl status ssh.service
sudo systemctl start ssh.service
sudo systemctl stop ssh.service
sudo systemctl restart ssh.service
sudo systemctl reload ssh.service
```

在上述操作中，习惯将后缀 service 省略，可简写为：

```
sudo systemctl status ssh
sudo systemctl start ssh
sudo systemctl stop ssh
sudo systemctl restart ssh
sudo systemctl reload ssh
```

在其他 systemctl 命令中，也习惯将后缀 service 省略。

5）启用/停止服务随系统自动运行

启用/停止服务随系统自动运行，可以使用如下命令实现：

```
sudo systemctl enable ssh         #启用服务随系统自动运行
sudo systemctl disable ssh        #停止服务随系统自动运行
```

启用或停用后，可以使用如下命令查看：

```
sudo systemctl status ssh
...
Loaded: loaded (/lib/systemd/system/ssh.service; enabled; vendor ...
                                                  #关键信息就在第二行中，
                                                   enabled 表示已经启用服务
                                                   随系统自动运行
...
```

或

```
...
Loaded: loaded (/lib/systemd/system/ssh.service; disabled; vendor ...
                                                  #disabled 表示已经停止服务
```

随系统自动运行

...
无论是启用还是停止服务随系统自动运行,其实质就是在/etc/systemd/system/的目录中建立一个软链接,链接到/lib/systemd/system/目录下对应服务的配置文件,而禁用则是删除此软链接。

3. 随心所欲定义启动

在传统 Sysvinit 体系中,启动默认被定义为从 0 到 6 共 7 个启动级别(runlevel),选择一个运行级别就会运行/etc/。而在 Systemd 的管理体系中,先前的运行级别(runlevel)概念被新的运行目标(target)所取代,如传统的运行级别 3(runlevel3)就对应新的多用户目标(multi-user.target),运行级别 5(runlevel5)就相当于 graphical.target。此外,这两个常用的运行级别也有两个易于理解的别名——runlevel3.target 和 runlevel5.target,它们分别是指向 multi-user.target 和 graphical.target 的符号链接。在实现上,与服务管理一样,默认的 target 也是通过软链接来实现的,通过修改软链接的链接对象可以达到修改运行级别的目的,具体操作如下。

在传统 init 体系中,使用"who -r"命令或 runlevel 命令查看系统当前的运行级别,幸运的是它们在 Systemd 下都可以使用。需要注意的是,Systemd 没有 runlevel 的概念,只有 target 的概念,可以简单地将它们对应起来,它们在本质上是不同的概念,命令变化比较如下。

1)改变运行级别

默认启动从图形界面到文本界面(传统的说法是从"运行级别 5"切换到"运行级别 3"):

```
sudo systemctl isolate multi-user.target
```

或

```
sudo systemctl isolate runlevel3.target
```

默认启动从文本界面到图形界面(传统的说法是从"运行级别 3"切换到"运行级别 5"):

```
sudo systemctl isolate graphical.target
```

或

```
sudo systemctl isolate runlevel5.target
```

2)改变默认运行级别

在传统 init 体系中,修改系统运行级别的方法是编辑 init 的配置文件/etc/inittab,直接修改运行级别即可。而 Systemd 则使用链接来指向默认的运行级别,具体方法如下。

将设定为默认的 target 链接到/lib/systemd/system/default.target 文件。

默认启动运行文本界面:

```
sudo ln -sf /lib/systemd/system/multi-user.target /lib/systemd/system/default.target
                                                    #使用相对路径更简单
```

默认启动运行图形界面:

```
sudo ln -sf /lib/systemd/system/graphical.target /lib/systemd/system/default.target
```

需要特别注意的是，Systemd 不使用/etc/inittab 文件，尽管系统中存在这个文件。

4. Systemd 丰富的辅助工具

Systemd 提供了丰富的辅助工具，具体工具如下:

```
systemd-analyze    systemd-delta    systemd-machine-id-setup  systemd-run
systemd-tty-ask-password-agent
systemd-ask-password    systemd-detect-virt    systemd-mount    systemd-socket-activate
systemd-umount
systemd-cat        systemd-escape        systemd-notify        systemd-stdio-bridge
systemd-cgls       systemd-hwdb          systemd-path          systemd-sysusers
systemd-cgtop      systemd-inhibit       systemd-resolve       systemd-tmpfiles
systemd-loginctl   systemd-stdio-bridge
```

下面就介绍几个常用的 Systemd 工具。

1) systemd-analyze

启动分析工具 systemd-analyze，关键操作如下:

```
sudo systemd-analyze
Startup finished in 5.715s (kernel) + 11.493s (userspace) = 17.208s
graphical.target reached after 9.721s in userspace
```

该工具十分有用，它可以记录整个启动过程所消耗的时间，上述结果表示内核启动耗时 5.715 秒，而用户空间耗时 11.493 秒，总共耗时 17.208 秒。

2) systemd-cgtop

系统服务监控工具 systemd-cgtop，关键操作如下:

```
sudo systemd-cgtop
```

显示结果如下:

Control Group	Tasks	%CPU	Memory	Input/s	Output/s
/	-	3.0	198.5M	-	-
/user.slice	7	2.9	89.8M	-	-
/system.slice	38	0.2	87.5M	-	-
/system.slice/open-vm-tools.service	1	0.1	13.0M	-	-
...					

3) systemd-cgls

系统控制结构监控工具 systemd-cgls，关键操作如下:

```
sudo systemd-cgls
```

显示结果如下：

```
Control group /:
-.slice
├─user.slice
│ └─user-1000.slice
│   ├─user@1000.service
│   │ └─init.scope
│   │   ├─1047 /lib/systemd/systemd --user
│   │   └─1052 (sd-pam)
│   └─session-1.scope
│     ├─1038 sshd: henry [priv]
│     ├─1175 sshd: henry@pts/0
│     ├─1176 -bash
│     ├─1326 sudo systemd-cgls
│     ├─1327 systemd-cgls
│     └─1328 systemd-cgls
├─init.scope
│ └─1 /sbin/init maybe-ubiquity
......
```

树形列出正在运行的进程，掌握了这些，管理网络服务应该就没有问题了。

10.4 Linux 正常启动之后的系统

Ubuntu Server 成功启动后，各种程序及服务在内存中又是什么状态呢？回答这个问题之前，先要知道 Linux 系统程序所采用的二进制格式不是 Windows 的 EXE，而是 ELF（Executable and Linking Format）可执行链接格式。一般而言，Linux 系统启动后，在服务器存储中沉睡的重要程序就在服务器的内存及处理器中"满血复活"了，而此时，其名称也由程序变为了进程。首先需要知道的是，Linux 采用虚拟存储器技术、32 位处理器环境，寻址空间为 2^{32}，即 4GB，每个进程都认为其有 4GB 内存空间可用（不一定真有那么多物理内存可用）。一旦 Linux 启动成功，无论是 GRUB 还是 GRUB2，也无论 1 号进程是 init 还是 Systemd，Linux 启动后内存大致可以分为内核空间和用户空间两大部分，内核空间就是 Linux 内核及驱动程序所运行的内存空间，而用户空间则是用来运行各种应用程序的内存空间，Linux 内核空间和用户空间示意图如图 10-14 所示。

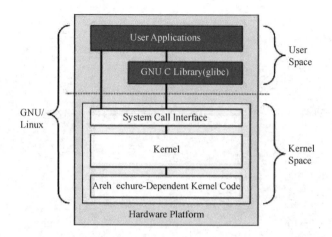

图 10-14　Linux 内核空间和用户空间示意图（图片来源：IBM Developerworks 网站）

对于 32 位操作系统而言，4GB 虚拟内存空间通常是按如下方式划分的：将 0～3GB 划分为用户空间，将 3～4GB 划分为内核空间，用户进程只能访问 0～3GB 的内存空间，而内核则可以访问所有物理内存。64 位 Linux 内核地址空间分配也是用户进程可以访问部分内存，而内核则可以访问所有物理内存，只是由于其寻址空间要远远大于 32 位，所以，其具体到内存空间的分配是不同于 32 位的，但分配思路类似。

更进一步，与计算机硬件关联，处于内核空间的进程通常运行在处理器的 Ring 0 级，而处于应用空间的进程则运行在处理器的 Ring 3 级，如图 10-15 所示。

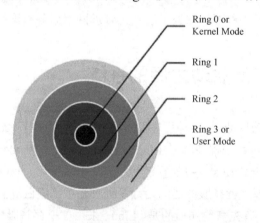

图 10-15　处理器运行级别（图片来源：https://regmedia.co.uk/）

笔者认为处理器 Ring 级别的设计是 X86 处理器设计的一个败笔，由于只考虑了当时的应用环境而缺乏一定的扩展性和前瞻性，强行将 CPU 的状态分为 Ring 0 到 Ring 3 四个级别，并根据级别来划分处理器的权限，还好 RISC 处理器架构没有这种设计。

最近爆出 Intel 处理器其实还有 Ring 3 级别，这个级别是用来运行 Linux 的"前辈"——Minix 系统的，据说几乎所有 2008 年以后的 Intel 处理器都存在这个运行级别。

介绍到这里，对一个操作系统的使用者来说应该已经足够用了，从系统引导

GRUB/GRUB2 到 1 号进程 init/systemd，再到系统运行后应用在内存中的状态，这条线几乎贯穿了服务器运行的整个生命周期，如果需要了解更多更深的内容，请读者自行阅读相关的官方文档。

10.5 本章小结

Linux 系统的启动过程相对来说比较难掌握，故本章根据 Linux 启动过程，首先对 Linux 启动过程进行了分类，分别从 BIOS 和 UEFI 新旧两种环境深入介绍了 Linux 系统最初的启动过程；其次学习了新旧两种 Ubuntu 系统的启动引导器 GRUB Legacy 和 GRUB2，帮助大家掌握它们的用法及差异；再次学习了关键的 1 号进程的新旧两种实现，即 init 和 Systemd 这两种技术及相关操作；最后介绍了 Linux 启动之后内存的两大空间——内核空间和用户空间，希望大家能跟随本章内容全面掌握 Ubuntu 及 Linux 的大致启动过程，以及启动过程中所用到的各种工具，对 Linux 启动有一个基本认识，并对 Linux 运行后的系统内存空间有一定的了解。

第 11 章

升级编译 Linux 内核和模块进程及网络管理

掌握了第 10 章的 Linux 启动过程及相关工具之后,本章将深入介绍启动的核心——Linux 内核及内核模块、进程和作业管理,但不需要像开发者那样深入和细致地了解。此外,本章还将拓展到系统与外界最重要的联系——网络及其配置。升级内核对于 Ubuntu 工作站而言不是十分重要,但对于服务器而言就很重要了,因为涉及服务器系统的安全。下面就帮助大家掌握如何安全地升级内核,以及如何启用革命性的 Livepatch 服务,彻底解决更新内核后重启系统这一难题,并且顺藤摸瓜,帮助大家掌握 Linux 内核的编译及定制方法,教会大家如何管理 Linux 内核模块、进程和作业,掌握 Ubuntu 18.04 全新的网络配置工具和方法。

11.1 升级及编译 Ubuntu 内核

Linux 最大的好处就是自由软件,自由之一就是开放源码,开放的源码有什么用?这可能是很多学者感到困惑的地方。开放源码最便利的就是定制,Linux 内核的定制最为关键,定制内核在 Linux 早期经常被用到,内核默认没有支持的硬件,可以通过重新编译内核得以启用,但内核没有启用的功能,可以通过重新编译内核开启。这在当年是司空见惯的事情,后来 Linux 越来越易用,编译内核的机会就越来越少了。本节就为大家深入介绍在 Ubuntu 中如何升级内核、裁剪和编译内核。

11.1.1 从官方 Mainline 升级内核——Mainline 和 Livepatch Services

每一次内核的升级都会带来很多新特性和新功能,如果当前内核不稳定或需要新内核的某些特性或功能，就需要对当前系统进行升级。首选是 Ubuntu 官方的 Mainline 内核升级包，它是由 Canonical 内核团队构建，专门为 Ubuntu 定制的内核 DEB 包，可以便于用户进行升级或部署。

64 位系统环境 Ubuntu Server 18.04，从 Mainline 升级内核的关键操作如下。

系统更新操作如下：

```
sudo aptitude update
sudo aptitude upgrade -y
```

成功升级并安装所有软件包后重启服务器：

```
sudo reboot
```

重启后运行如下命令再次检查当前内核版本：

```
uname -r
```

确保没有系统更新并牢记当前内核版本后，即可着手升级内核。

执行如下命令下载升级所需要的 DEB 内核安装包：

```
cd /tmp/
wget https://kernel.ubuntu.com/~kernel-ppa/mainline/v5.0/linux-headers-5.0.0-050000_5.0.0-050000.201903032031_all.deb        #下载官方内核安装包
wget https://kernel.ubuntu.com/~kernel-ppa/mainline/v5.0/linux-headers-5.0.0-050000-generic_5.0.0-050000.201903032031_amd64.deb
wget https://kernel.ubuntu.com/~kernel-ppa/mainline/v5.0/linux-image-unsigned-5.0.0-050000-generic_5.0.0-050000.201903032031_amd64.deb
wget https://kernel.ubuntu.com/~kernel-ppa/mainline/v5.0/linux-modules-5.0.0-050000-generic_5.0.0-050000.201903032031_amd64.deb
sudo dpkg -i *.deb        #使用 dpkg 命令安装所下载的安装包
```

看到最后的 done 之后说明内核升级成功，然后运行如下命令再次重启服务器：

```
sudo reboot        #重启系统
```

重启系统，在 GRUB 启动菜单中选择"Advanced options for Ubuntu"选项，可以看到新内核的启动条目，老内核的启动条目也没有删除，以备不时之需。在系统启动过程中可能会做一些必要的检测，成功登录后可以运行如下命令检测内核版本：

```
uname -r
5.0.0-050000-generic
```

从结果可知，内核已经成功升级为 5.0 版本了，如果是 32 位系统或其他处理器架构，可以选择下载 32 位及相应架构的内核升级包进行安装，目前不推荐服务器继续使用 32 位系统，除非是老旧硬件。此外，如果升级内核后系统无法启动，还可以在 GRUB 中选择原先内核的启动条目引导系统。

除了 Ubuntu 母公司 Canonical 官方的 Mainline 内核软件包可以进行升级，与内核相关的重要服务非 Livepatch Services 莫属。2016 年 10 月 20 日，Canonical 发布了"Livepatch

Services"实时内核补丁升级服务,该服务可以令 Linux Kernel 更新后无须重启服务器,类似红帽的 kpatch、SUSE 的 kGraft 和 Oracle 的 Ksplice,可以应用于任意 Ubuntu 14.04 LTS(Linux Kernel 4.4)及之后的版本。使用这项服务之后,虽然不能彻底和重启说再见,但的确可以有效减少服务器的重启次数,提高服务器的可用性。

不仅是服务器,这项服务对于桌面用户来说依然有效且完全免费,选择"软件和更新"窗口中的"更新"选项卡,单击"登录到 Ubuntu One"按钮(如果没有 Ubuntu One 账号可注册),根据提示进行登录之后,即可选择"使用 Canonical Livepatch 提高重启间的安全性"复选框,为工作站启用 Livepatch 服务如图 11-1 所示。

图 11-1 为工作站启用 Livepatch 服务

至于服务器,只有命令行工具需要安装,关键操作如下:

sudo aptitude update	
sudo aptitude upgrade -y	#安装前最好升级系统
sudo snap install canonical-livepatch	#安装 Livepatch 服务

成功安装后,可以运行如下命令查看其状态:

sudo canonical-livepatch status	#查看 Livepatch 服务状态,还可以添加 --verbose 参数以获得更为详尽的信息

如果没有启用,则可使用如下命令启用 Livepatch:

sudo canonical-livepatch enable [TOKEN]

TOKEN 可以从 Canonical 官方站点注册获得。

在之后的页面中选择"Ubuntu user(免费)"或"Canonical customer(付费)"选项后,单击下面的"Get your Livepatch token"按钮,即可获得 TOKEN。TOKEN 是由一串数字构成的可以激活 Livepatch 服务的 Key,切记要保存好,注册获得的 TOKEN 如

图 11-2 所示。

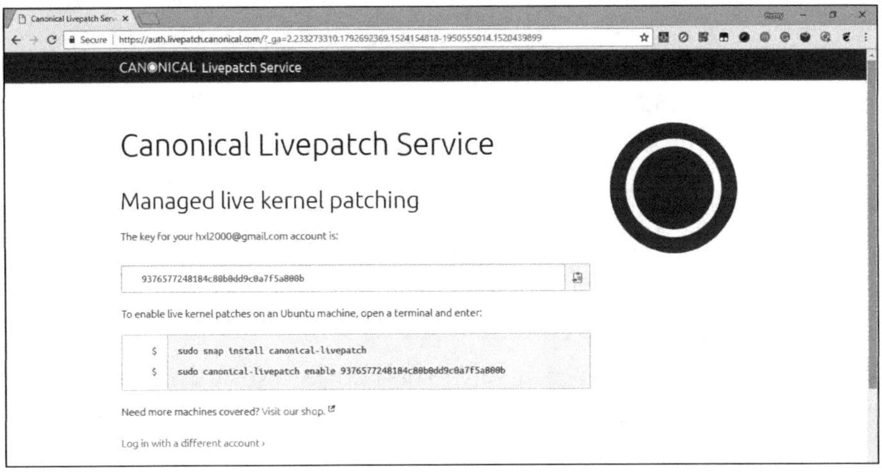

图 11-2　注册获得的 TOKEN

需要提醒大家的是，Livepatch Services 需要 Ubuntu One 的账号，且每个账号可以免费注册 3 台计算机，如果超出了 3 台，则需要购买高级服务支持。

11.1.2　从内核源码编译内核

现在 Linux 已经很少需要动手编译内核了，现在编译内核主要用于定制或学习，下面就来介绍对于编译内核来说必知必会的内容。

1. 构建编译内核环境

在 Ubuntu 中安装所有的编译工具可以使用如下命令：

```
sudo aptitude update
sudo aptitude install -y build-essential git fakeroot kernel-package libssl-dev libssl-dev ncurses-dev xz-utils
```

需要注意的是，这里采用的是 64 位 X86 架构，如果内核要安装到不同体系结构的目标系统中，还需要构建交叉编译（Cross-compiling）环境，如 ARM 架构或 PowerPC 架构等。

2. 下载最新内核源代码

首先要获得一份完整的内核源代码，可以从 Linux 内核的官方网站 www.kernel.org 下载 Linux 内核完整源代码，也就是常说的 F 版（Full Source），这里选择目前较新的内核 4.15.6，关键操作如下：

```
cd
mkdir src
cd ~/src
```

```
wget https://cdn.kernel.org/pub/linux/kernel/v4.x/linux-4.15.6.tar.xz
                                       #最好是和 Ubuntu 18.04 默认内核版本同一系列的内核版本
```

需要注意的是，如果是第一次编译 Linux 内核，一定要将老内核备份，以备不时之需。将下载的源码包 linux-4.15.6.tar.xz（约 99MB）复制到任意一个目录下，在这里笔者把它复制到家目录的~/src/中，然后进入~/src 目录，并使用如下命令解压压缩包：

```
tar Jxvf linux-4.15.6.tar.xz
```

解压压缩包需要很长时间，解压后就会得到一个 linux-4.15.6 目录，该目录就保存着 Linux 内核的源代码。压缩包之所以这么大，主要是因为其中包含了大量的驱动程序，驱动撑大了 Linux 源代码，然后进入该目录。

需要注意的是，许多书籍都说一定要把内核解压缩到/usr/src 中，这纯属以讹传讹，根本没必要这么做，编译内核的时候不一定非要在/usr/src 中进行，只要权限允许，在哪里都可以。由于编译过程中有大量的中间文件产生，故需要预留足够的空间才能顺利完成内核的编译，预留空间最好大于 30GB 甚至更多。

3. 内核编译配置工具

在成功获得 Kernel 源代码后，编译内核前还需要进行必要的配置，Linux 提供了多种内核配置工具，最古老的是 make config，终端中以文本方式列出了所有的编译选项，可用性较低，目前基本不会用到，现在比较常用的有如下 3 个内核配置工具。

- ◆ make menuconfig：文本菜单界面内核配置工具，简单的文本菜单界面，配置高效方便。
- ◆ make xconfig：图形界面内核配置工具，直观便捷，建议初学者使用。
- ◆ make oldconfig：使用当前内核的设置作为配置标准，重新编译新内核，如果只是为了学习升级内核的话，这是一个不错的选择。

无论选择文本菜单界面内核配置工具，还是图形界面内核配置工具，都需要安装相应的依赖库。文本菜单界面内核配置工具 menuconfig 是比较主流的配置工具，它需要 ncurse 库的支持，安装方法如下：

```
sudo aptitude update
sudo aptitude install -y libncurses5 libncurses5-dev    #很多时候，上述内核编译环境不需要安装，
                                                     不过为了稳妥起见，建议还是运行一下此命令
```

图形界面内核配置工具 xconfig 基于 X11，依赖 Qt 库及相关头文件，安装方法如下：

```
sudo aptitude update
sudo aptitude install -y libqt3-headers libqt3-mt-dev
```

4. 配置和编译 Linux 内核

初学者总认为编译、裁剪和安装内核是一件很高深且有很大风险的事情，稍有不慎便

会让系统瘫痪。其实，在 Linux 中，内核是独立于 Linux 其他部分的，完全可以有很多版本的内核共存于一个系统，只要其中有一个是稳定可用的，就不会让系统在安装、升级或配置内核失败时出现太多麻烦。

通常，安装 Ubuntu 时安装的是一个标准的内核，从 Ubuntu 使用者的角度来说有很多好处，但从学习研究的角度来说，这不利于深入学习和研究 Linux。下面就来介绍 Linux 内核通用的配置、编译和安装过程，定制出最适合自己计算机的内核。

最简便的编译内核方法，就是使用当前内核设置标准来编译最新版本的内核，具体操作如下：

```
cd ~/src/linux-4.15.6
sudo make oldconfig                              #由于新内核版本都有大量新特性添加，
                                                  即便使用了当前内核的配置文件，仍
                                                  然需要回答大量问题
sudo make-kpkg clean                             #清理编译环境
sudo fakeroot make-kpkg -j 4 --initrd kernel-image kernel-headers
                                                 #编译内核，-j 后面的数字是处理器内核
                                                  数量，可根据实际情况设置
```

接下来便是漫长的编译过程，时间的长短主要取决于计算机的性能。第一次编译内核推荐用这个方法，该方法操作简单、成功率高，内核编译熟练后，就不会觉得编译内核有多高深了。

新内核又多了很多老内核没有的新特性，在进行"make oldconfig"配置时也会询问如何处理。一般来说，每次内核更新最多的就是硬件驱动，如果拿不准，可以编译为模块[M]或采用默认选项，而新特性会有"(new)"标记。由于每个新版本的新特性太多，除非十分了解这些特性，一般还是推荐大家不要当"小白鼠"，当然采用默认选项也是一个不错的选择，直接按"Enter"键即可采用默认选项，之后生成.config 文件，此文件类似于源代码编译的 Makefile，编译过程如图 11-3 所示。

成功编译后，运行如下命令安装编译好的内核：

```
cd ~/src/                                        #返回到上一层目录，应该可以看到 linux-
                                                  image 和 linux-headers 开头的两个 DEB 文件
sudo dpkg -i *.deb                               #安装新内核
```

最好再升级一下 GRUB 并重启系统：

```
sudo update-grub
sudo reboot
```

选择新内核，启动系统后进入终端，运行如下命令验证版本升级：

```
uname -r
```

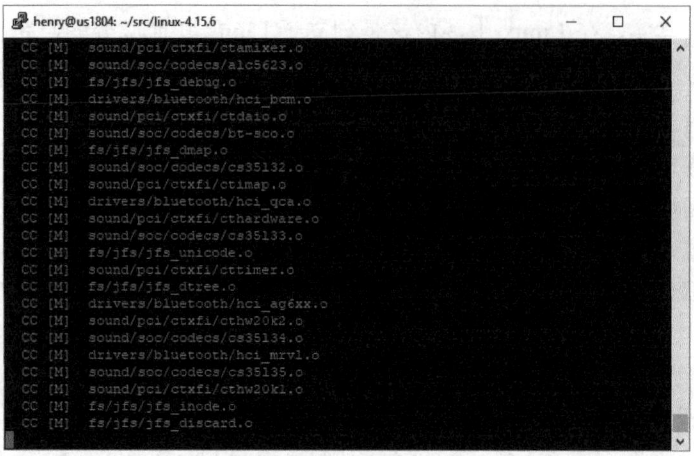

图 11-3　编译过程

从整个 Linux 内核的编译过程可以看到，Linux 的内核其实和应用程序没什么不同，也是一种开源软件，只不过内核的全部特性十分复杂，不是一朝一夕可以速成的。

11.2　管理内核模块

内核模块是 Linux 内核向外部提供的一个插口，其全称为动态可加载内核模块（Loadable Kernel Module，LKM），简称为模块。

Linux 内核之所以提供模块机制，是因为它本身是一个单内核（Monolithic Kernel）。单内核的最大优点是效率高，因为所有的内容都集成在一起，但其缺点是可扩展性和可维护性相对较差，模块机制就是为了弥补这一缺陷而设置的。

Linux 的解决方法就是"Kernel+Modules"，模块（Modules）是可以按需要随时装入和卸下的。这样做可以使内核的大小和通信量都达到最小。将模块从内核中独立出来，主要优点如下：

- 将来要修改内核时，不必全部重新编译，可以节省不少时间。
- 若需要安装新的模块，不必重新编译内核，只要插入（通过 insmode 指令）对应的模块即可。
- 减少内核对系统资源的占用，内核可以集中精力做最基本的事情，把一些扩展功能都交由模块来实现。

Linux Kernel 2.4.x 时代，模块的扩展名为.o，而到了 Linux Kernel 2.6.x 之后的时代，模块的扩展名为.ko。可以在虚拟终端中使用 lsmod 命令查看已经加载的模块，如图 11-4 所示。

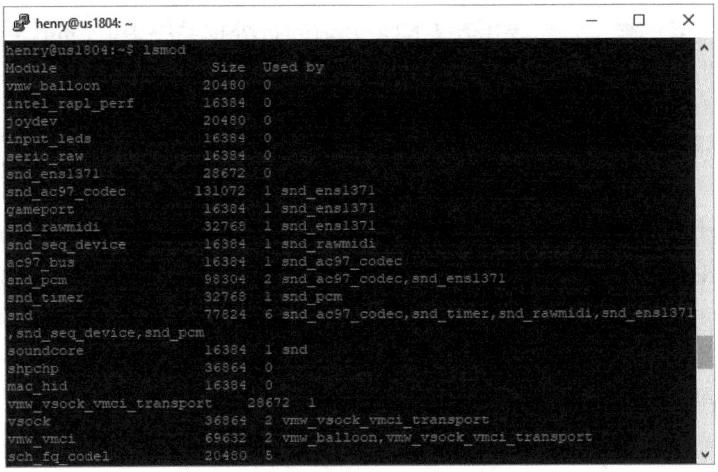

图 11-4　查看已加载模块

常用于模块管理的命令主要有如下几个：
- depmod：解决模块的依赖关系，通常和 insmod 一同使用。
- insmod：插入模块到系统，需要注意的是，insmod 不能解决模块间的依赖关系。
- rmmod：删除模块。
- lsmod：显示模块的详细信息。
- modinfo：关于模块的详细信息。
- modprobe：内核模块名称，modprobe 也可以插入模块，并自动解决模块的依赖关系。

需要特别说明的是，和软件包类似，Linux 内核模块之间也存在依赖关系，modprobe 命令默认到 /lib/modules/kernel_version/kernel 目录下寻找插入模块及其所依赖的模块，一次性将模块及所依赖模块全部加载到内核。而 insmod 命令常常需要配合 depmod 命令手动插入模块，并将其所依赖的模块插入到内核。需要特别注意的是，在 modprobe 命令后接内核模块名称，而不用加相应的路径信息。

11.3　进程和作业管理

上一章深入介绍了 Linux 启动的全过程，掌握了 1 号进程 init 及 Systemd，并且交代了 Linux 的两个重要空间——内核空间和用户空间，但还没有涉及这些部分的主体——进程及作业，它们就运行在这两个空间中，下面将深入介绍程序、进程和作业。

在 Ubuntu Server 中，程序是指 ELF 格式的二进制可执行文件。通常程序被静态地保存在磁盘上，除非系统调用，否则一直处于沉睡或休眠状态，不会占用系统处理器和内存资源。而作业则是用户向计算机提交任务的任务实体，一个正在执行的进程可以称为一个作业，作业也可以包含一个或多个进程，尤其在使用管道和重定向命令时。需要强调的是，作业是一个很古老的概念，主要用在 UNIX 之前的批处理系统中，Linux 中作业的含义已经发生改变。

11.3.1　程序和进程

进程是程序的一个运行实例，其消耗系统资源并可以与 Linux 内核进行交互，目前多数操作系统都能"同时"运行多个进程，也就是大家常说的多任务并行执行，这其实只是人类的错觉，一颗物理处理器在同一时刻只能运行一个进程，只有多颗物理处理器才能在真正意义上实现多任务。操作系统欺骗了人类，让人类以为操作系统能并行做几件事情，这其实是通过在极短时间内在进程间切换来实现的，这个时间极短（时间片），如 3 微秒前执行的是 6 号进程，3 微秒后切换到 10 号进程，假设系统刚启动，用户空间只有 6 号和 10 号进程，处理器将在两个进程间不断切换，通过处理器硬件的中断机制保存和恢复进程切换前的状态（上下文切换）。以此类推，从宏观来看，给人类的感觉就是处理器同时执行两个进程，并将完成两个事情，示意如下：

```
-----            #6 号进程实际运行时间
-----            #10 号进程实际运行时间
---------        #人类的感觉是一直在运行
```

此外，Linux 进程调度也是一件复杂的事情，是通过调度器（Scheduler/Dispatcher）来实现的，进程何时运行，由进程的优先级 niceness 决定。niceness 的取值范围是 -20～19，-20 表示最高的调度优先级，19 表示最低优先级，多数进程默认的 niceness 为 0，可以通过 nice/renice 命令改变进程的 niceness，从而影响调度器的调度。

11.3.2　作业管理

在 Linux 中，一个正在执行的进程被称为一个作业(Job)，大部分进程都能被放入后台，每个 Shell 都会维护一个作业表(Job Table)，后台中的每个作业都在作业表中对应一个 Job 项，可以在命令尾部添加"&"令其在后台运行，尽管现在用到的不多，但仍值得掌握。

- ◆ jobs。
- ◆ fg。
- ◆ bg。
- ◆ nohup。

11.3.3　进程管理

- ◆ fuser。可以查看文件或目录所属进程的 pid，由此可以知道该文件或目录被哪个进程使用。例如，umount 的时候，提示 the device busy 可以判断出哪个进程在使用。而 lsof 则反过来，它是通过进程来查看进程打开了哪些文件，但要注意的是，一切皆文件,包括普通文件、目录、链接文件、块设备、字符设备、套接字文件、管道文件,所以,lsof 导出的结果可能会非常多。
- ◆ kill 命令用来手动发送信号。
- ◆ killall。
- ◆ pkill。
- ◆ ps。
- ◆ pstree。
- ◆ top。
- ◆ htop。

以上命令的详细介绍请参考附录 A 中的相应命令。

11.4 网络配置和管理

网络配置和管理是服务器的重点,这里将从网络参考模型、与服务器相关的企业常用网络设备及企业高频配置这几个方面深入介绍企业应用的核心,帮助大家快速掌握 Ubuntu Server 的网络配置和管理。

11.4.1 网络参考模型

对于企业最常用的有线网络而言,通常有两个网络参考模型,一个是 ISO(国际标准化组织)的 OSI,另一个是 DoD(美国国防部)的 TCP/IP。前者是国际化标准组织的网络模型,虽说其学术价值大于实用价值,但几乎在所有网络中都能看到它的影子,同时也是其他网络模型的基础。而 DoD 虽然名字比较陌生,但想必大家对它的另一部分 TCP/IP 耳熟能详,TCP/IP 统治着世界网络。

1. ISO 的 OSI 网络参考模型

1) OSI 参考模型的提出

在网络技术发展的早期,世界各大型计算机厂商分别推出了非通用网络体系结构,只适用于自家网络产品。由于它们没有遵循通用的标准,导致使用这些标准组建的不同结构的网络无法实现互联,这阻碍了网络的进一步发展,也给用户带来了诸多不便。为了协调和统一混乱的网络体系结构,国际标准化组织(ISO)和国际电话电报咨询委员会(CCITT)提出"开放系统互联参考模型",以结束杂乱无章的网络标准,实现全世界统一的网络体系并使其能够互联互通。

国际标准化组织于 1974 年发布了著名的 ISO/IEC 7498 标准,也就是开放系统互连参考模型(Open System Interconnect Reference Model,OSI/RM)。该模型定义了不同计算机互联的标准,成为设计和描述计算机网络通信的基本框架。OSI 框架进一步详细规定了每一层的功能，以实现开放系统环境中的互联性、互操作性与应用的可移植性。使 OSI 模型成为真正"开放"的异构网络系统互连参考模型，即只要遵循 OSI 标准，任何网络系统都可以轻松实现互联。CCITT 的建议书 X.400 也定义了一些相似的内容。有了国际统一的网络体系结构标准，计算机网络就结束了厂商各自为政的混乱局面，进入了标准化时代。

2）OSI 参考模型的结构

OSI 参考模型是一种层次结构，它将整个网络的功能划分为 7 层，从低层到高层分别为物理层、数据链路层、网络层、传输层、会话层、表示层和应用层，ISO 的 OSI 7 层模型如图 11-5 所示。

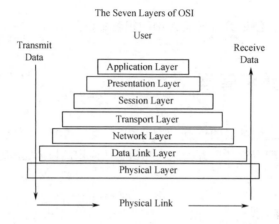

图 11-5　ISO 的 OSI 7 层模型（图片来源：https://www.jackcola.org/）

2. DoD 的 TCP/IP 网络参考模型

由于 Internet 在全世界范围内流行和高速发展，使得 TCP/IP 协议得到了广泛应用，虽然 TCP/IP 不是 ISO 标准，但由于其简单可靠而被广泛应用，成为一种网络"事实上的标准"。TCP/IP 协议具有以下特点：

- ◆ 开放的协议标准，任何厂商和个人都可以直接使用，而不用征得谁的许可。
- ◆ 独立于特定的网络硬件，可以运行在局域网、广域网等多种网络环境下。
- ◆ 标准化的高层协议栈，可以提供多种可靠的网络服务。
- ◆ 使用统一的网络地址分配方案，使得整个 TCP/IP 设备在网络中具有唯一的地址。
- ◆ 从 IPv4 升级为 IPv6 不用全部推倒重来。

需要说明的是，典型的 TCP/IP 为 4 层结构，也有很多书称其为 5 层结构，令很多朋友困惑不已，但这两种表述都是对的。5 层结构就是将 TCP/IP 的网络接口层拆分为数据链路层和物理层，本书以目前最流行的 4 层结构为标准。

TCP/IP 协议和 OSI 参考模型类似，也采用分层体系结构。协议的分层使得各层的任务和目的十分明确，且便于软件的开发及通信控制。标准的 TCP/IP 协议可以分为 4 层，由下至上分别是网络接口层、网际层、传输层和应用层，如果将网络接口层分为数据链路层和物理层的话就是 5 层，如图 11-6 所示。

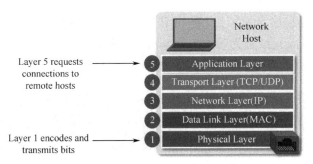

图 11-6　TCP/IP 协议分层结构（图片来源：https://microchip.wikidot.com/）

除了网络接口层，TCP/IP 的各层都和 OSI 相对应，且功能大同小异，下文仅介绍网络接口层，其他各层就不赘述了。

3. 网络接口层

TCP/IP 模型的最低层是网络接口层，它包括能使用 TCP/IP 与物理网络进行通信的协议，对应着 OSI 模型的物理层和数据链路层。其功能是接收和发送 IP 数据包，负责与网络中的传输媒介打交道。TCP/IP 标准并没有定义具体的网络接口协议，目的是能够适应各类型的网络，如以太网、令牌环网、帧中继、ATM 等。这也说明了 TCP/IP 协议可以运行在各种网络之上。这里再次强调，如果将该层一分为二，那么 TCP/IP 就是 5 层结构，OSI 和 TCP/IP 模型比较图如图 11-7 所示。

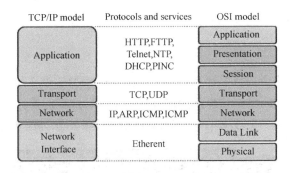

图 11-7　OSI 和 TCP/IP 模型比较图

11.4.2　企业常用网络设备

企业生产环境的常用网络设备包括：路由器、交换机、防火墙、VPN 及服务器等。至于流行的无线网络，由于速度和安全性问题，通常不会在企业核心的 IT 设施中使用。这些设备在出厂时都有默认配置，在网络环境中需要根据企业的实际需求定制和配置。

1. 网卡（Network Interface Controller，NIC）

对于 PC 服务器（PC Server）而言，最常接触到的可能非网卡和交换机莫属了，一般的服务器都有 4~6 块物理网卡，通常是速率为千兆（1000Mbps）的以太网卡，更好的选择是万兆以太网卡，这些网卡通常会两两组成 Bonding（更多网卡组成也是可以的，只是一般是两块一个 Bonding），或称为 NIC Teaming，这样就可以实现网卡的高可用或负载均衡，毕竟企业需要稳定和高可用。服务器网卡如图 11-8 所示。

图 11-8　服务器网卡

2. 交换机（Switch）

交换机用来提供数据包的交换。交换就是将数据发送或转发到正确的端口的数据链路层设备，工作在 OSI 模型的第 2 层（L2）。交换机的主要功能是根据 CAM 表（MAC 地址表）记录端口与 MAC 的对应关系，将数据帧发送到相应的网络端口。交换机的另外一个常用功能是创建 VLAN，将一个二层网络划分为若干个 VLAN，安全且便于管理。Linux 服务的网卡既可以直接接入交换机端口，也可以在相应软件的配合下接入某个 VLAN。可以将交换机想象成是邮局的邮件分拣中心，大量邮件在这里分类、转发和发送。

3. 路由器（Router）

路由器就是提供路由选择的计算机，工作在 OSI 模型的第 3 层（L3），即网络层。路由是指通过相互连接的网络把信息从源地点移动到目标地点的操作。一般来说，在路由过程中，信息至少会经过一个或多个中间节点。如图 11-9 所示为路由器外形图。

图 11-9　路由器外形图（图片来源：CISCO 官方网站）

路由器是一种负责路径选择的系统，在网络中从多条路径中寻找通信量最少的一条网络路径提供给用户通信。它使用寻径协议来获得网络信息，采用基于"寻径矩阵"的寻径算法和准则来选择最优路径。

4. 防火墙

生成环境一般都采用硬件防火墙或 UTM（统一威胁管理）设备来保障企业网络的安全。

5. VPN

多数企业是采用硬件 VPN 对机房的服务器进行远程管理的,至于是传统的 IPSec VPN 还是较新的 SSL VPN,则需要根据企业的实际情况来选择。

至此,从服务器的网卡开始到交换机和路由器,并辅以防火墙和 VPN,就构成了企业的核心网络。本书主要关注企业级 Linux 系统,相关网络设备点到为止。

11.4.3 企业环境网络配置

Ubuntu Server 18.04 的网络配置有了很大的变化,配置静态地址时采用 netplan 的 *.yaml 配置文件替代了原先熟悉的 interfaces 网卡配置文件,不仅是静态地址配置,Boning 等配置也变得更为简单明了,下面就来介绍服务器的网卡配置。

1. IPv4 网络配置

首先介绍最为常用的 IPv4 的各种配置,尤其是全新的静态 IP 的配置和 netplan 的使用。

Systemd 新网卡命名机制。Ubuntu Server 16.04 之前系统的默认网卡被命名为 eth0/1/X 等,其最大的缺点就是网卡名称既不固定也不确定,这给使用者带来了很大的麻烦,尤其是服务器增减网卡后,原有的网卡名称就可能会变化。当然也存在解决方法,如配置相关文件令名称固定,但这无疑增加了工作量,现在采用 Systemd 命名机制可以保证网卡名字自动生成并且是固定的,虽然名称复杂了一点,但是换来了确定和稳定。此外,不建议大家修改启动参数恢复原来传统的命名方式。

配置主机名。使用如下命令配置 Ubuntu Server 的主机名:

```
sudo hostnamectl set-hostname us1804.example.com
```

如果所设置的主机名需要静态解析,可以使用如下命令实现:

```
sudo vim /etc/hosts
192.168.1.11    us1804.example.com
```

1)经典配置及管理网卡的方法

查看当前的 IP 配置,关键操作如下:

```
ifconfig -a
```

(1)设置 IP 地址。最简单的设置方法就是使用 ifconfig 命令来配置 IP 地址:

```
sudo ifconfig ens33 192.168.1.11/24
```

(2)DHCP 自动获得 IP 地址。如果需要通过 DHCP 获得 IP 地址,可以使用如下命令:

```
sudo dhclient ens33
```

(3)启用或禁用网卡。运行如下命令启用或禁用网卡:

```
sudo ifconfig ens33 up/down
```

（4）设置默认网关。设置网关的命令如下：

```
sudo route add default gateway 192.168.1.1
```

（5）显示当前路由表。可用如下命令显示当前路由表：

```
route
```

（6）配置域名解析。可用如下命令编辑 resolv.conf DNS 服务器列表：

```
sudo vim /etc/resolv.conf
nameserver 8.8.8.8
nameserver 8.8.4.4
```

需要注意的是，Ubuntu Server 18.04 使用 systemd-resolve 自动管理 resolv.conf 文件，如果需要手动修改，可先关闭此服务。

2）较新的配置和管理网卡工具

Ubuntu Server 18.04 还提供了 ip 命令，同样可以实现上述配置，而且其功能比 ifconfig 更为强大和全面，具体实现方法如下。

（1）显示网络配置信息：

```
ip addr
```

或

```
ip link show
```

（2）设置/删除 IP 地址。还可以通过 ip 命令设置/删除 IP 地址，关键操作如下：

```
sudo ip addr add 192.168.1.11/24 dev ens33
```

（3）启用或禁用网卡。还可以通过 ip 命令启用或禁用网卡，关键操作如下：

```
sudo ip link set ens33 up/down
```

（4）配置默认网关。还可以通过 ip 命令设置默认网关，添加默认网关的具体操作如下：

```
sudo ip route add default via  192.168.1.1   dev ens33
```

（5）删除默认网关的操作如下：

```
sudo ip route del 192.168.1.1/24 dev ens33
```

（6）显示当前路由表。除了 route 命令，还可以使用 ip 命令来显示当前路由表：

```
ip route list
```

（7）此外，ip 命令还可以开启或关闭网卡的混杂模式，这在虚拟化或云计算中十分有用，具体实现方法如下：

```
sudo ip link set ens33 promisc on          #开启混杂模式
sudo ip link set ens33 promisc off         #关闭混杂模式
```

（8）配置 DNS 域名解析。方法和 ifconfig 类似，此处不再赘述。

当然，作为后起之秀的 ip 命令还有很多 ifconfig 命令所没有的功能和用法，更多信息请参考其 manpage。

（9）Netstat 命令和 ss 命令。Netstat 命令是一个常用的检测端口与服务工具，在 CentOS 7 和 Ubuntu Server 18.04 中也出现了替代品，即 ss 命令。ss 命令可以实现 Netstat 的多数功能，具体操作下：

```
ss
NetidState    Recv-Q Send-Q    Local Address:Port              Peer Address:Port
u_strESTAB    0      0         * 14012                         * 15884
u_strESTAB    0      0         /run/systemd/journal/stdout 15884   * 14012
...
```

查看进程、网络服务及端口信息可使用如下命令：

```
ss -p
```

获得正在侦听的端口，命令如下：

```
ss -l
```

获得当前所有端口，命令如下：

```
ss -a
```

在 Ubuntu Server 18.04 中，ip 和 ss 命令成为 ifconfig、route、arp 和 netstat 命令的替代品，为了便于大家掌握，归纳的对应关系如下：

```
ip addr/link = ifconfig
ip route = route
ip neighbour list = arp -n
netstat = ss
```

3）Ubuntu 18.04 最新网卡配置工具

Ubuntu 18.04 在配置静态 IP 地址前，需要先认识这个名为 Netplan 的新工具。Netplan 从/etc/netplan/*.yaml 读取网络接口的配置信息，这些信息统一采用 YAML 格式保存，YAML（YAML Ain't Markup Language）是专业的配置文件语言，并以一种比 XML 更为高效的方式完成 XML 的任务，也比 JSON 格式方便了很多，十分精简和优雅。用户要用好 Netplan 需要对 YAML 语言格式的语法有所了解。

此外，Netplan 可以管理和控制 NetworkManager 和 systemd-networkd 等多种网络配置守护进程，Netplan 的架构如图 11-10 所示。

了解了 Netplan 的架构及其所使用的 YAML 格式，下面就来通过 Netplan 配置静态 IP 地址。

（1）配置单网卡固定 IP 地址。使用编辑器创建一个名为 00-interfaces-init.yaml 的网卡配置文件，关键操作如下：

```
sudo vim /etc/netplan/00-interfaces-init.yaml     #服务器静态地址的配置
```

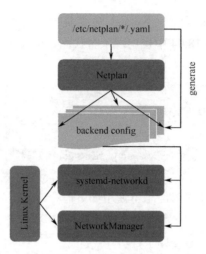

图 11-10 Netplan 的架构（图片来源：Ubuntu 官方网站）

然后添加如下内容的 YAML 格式的配置，关键配置如下：

```
network:                                    #配置网卡
  version: 2                                #版本信息，需要注意，值前要有空格，下同
  renderer: networkd                        #所用守护进程为 systemd-networkd
  ethernets:                                #以太网卡
    ens34:                                  #网卡名称为 ens34
      dhcp4: no                             #非 DHCP 获得 IP（IPv4），true 表示可用
      dhcp6: no                             #非 DHCP 获得 IP（IPv6），true 表示可用
      addresses: [192.168.1.11/24]          #配置静态 IP 地址
      gateway4: 192.168.1.1                 #配置默认网关（IPv4）
      nameservers:
        addresses: [8.8.8.8, 8.8.4.4]       #设置 DNS 服务器地址为 Google 的 DNS 地
                                             址，大家可以根据实际情况灵活更换
```

然后运行如下命令重启网络服务：

```
sudo netplan apply                          #令配置马上生效，如果出现问题，很可能
                                             是由没有空格或中西文标点混用造成的
```

（2）单网卡配置多个 IP 地址充当多块网卡。

企业服务器中常为一块网卡配置多个 IP 地址，使用 Netplan 的配置方法如下：

```
sudo vim /etc/netplan/00-interfaces-init.yaml
```

添加如下 YAML 格式的配置：

```
network:
  version: 2
  renderer: networkd
  ethernets:
```

```
    ens34:
        dhcp4: no
        dhcp6: no
        addresses: [192.168.1.200/24]          #添加第一个 IP 地址
            addresses: [192.168.1.201/24]      #添加第二个 IP 地址
            addresses: [192.168.1.202/24]      #添加第三个 IP 地址
        gateway4: 192.168.1.1
        nameservers:
            addresses: [8.8.8.8, 8.8.4.4]
```

需要注意的是，YAML 格式的配置文件中缩进很重要，如果缩进不对就会报错，运行如下命令重启网络服务：

```
sudo netplan apply                            #令配置马上生效
```

最后运行如下命令检测 IP 地址是否添加成功：

```
ip addr
```

显示结果如下：

```
...
        valid_lft forever preferred_lft forever
    inet 192.168.1.200/24 brd 192.168.1.255 scope global secondary ens34
        valid_lft forever preferred_lft forever
    inet 192.168.1.201/24 brd 192.168.1.255 scope global secondary ens34
        valid_lft forever preferred_lft forever
    inet 192.168.1.202/24 brd 192.168.1.255 scope global secondary ens34
        valid_lft forever preferred_lft forever
...
```

需要注意的是，此处只能使用 ip addr 命令来检查，ifconfig 命令显示不出所配置的 IP 地址。

如果要清除上述设置，只需要将配置文件/etc/netplan/00-interfaces-init.yaml 中的第二个和第三个 IP 配置清除，然后执行 Netplan 命令应用即可。

（3）多网块卡 Bonding 为一块网卡。由于服务器网卡较多，故企业通常将两块网卡 Bonding 为一块网卡使用，以前的配置方法较为复杂，包括加载 Bonding 模块和配置网卡等，现在用 Netplan 则较为简单，只需要编辑一个配置文件即可实现。所谓 Bonding，其实就是企业服务器中将两块网卡充当一块使用，实现了负载均衡和高可用，也就是常说的为多块网卡配置一个 IP 地址。

先使用 Netplan 将充当 Bonding 的两块网卡的静态 IP 地址配置好，方法如下：

```
sudo vim /etc/netplan/00-interfaces-init.yaml
```

添加如下 YAML 格式的配置：

```
network:
  version: 2
  renderer: networkd
  ethernets:
    ens33:
      dhcp4: no
      dhcp6: no
      addresses: [192.168.1.200/24]
      gateway4: 192.168.1.1
      nameservers:
        addresses: [8.8.8.8, 8.8.4.4]
    ens34:
      dhcp4: no
      dhcp6: no
      addresses: [192.168.1.201/24]
      gateway4: 192.168.1.1
      nameservers:
        addresses: [8.8.8.8, 8.8.4.4]
```

然后创建 bonding0 的 YAML 配置文件，关键操作如下：

```
sudo vim /etc/netplan/01-bonding.yaml
```

添加如下 YAML 格式的配置：

```
network:                                    #固定格式
  version: 2
  bonds:                                    #配置为 Bonding
    bond0:                                  #Bonding 名称为 bond0
      interfaces: [ens33, ens34]            #bond0 网卡成员，由 ens33 和 ens34 构成，
                                            这些网卡需要事先定义好
      addresses: [192.168.1.181/24]         #bond0 的 IP 地址
      gateway4: 192.168.1.1
      parameters:
        mode: active-backup                 #bond0 的模式，可定义多种格式的 Bonding，
                                            根据需求灵活定义
      nameservers:
        addresses: [8.8.8.8,8.8.4.4]        #bond0 的 DNS 地址
```

运行如下命令重启网络服务：

```
sudo netplan apply                          #令配置马上生效
```

Bonding 配置生效后，即可使用 ifconfig 或 ip 命令进行查看，可以看出一个 Bonding 就和一块网卡一样，有一个 IP 地址和 MAC 地址。

```
ip a
```
显示结果如下：

```
...
6: bond0: <BROADCAST,MULTICAST,MASTER,UP,LOWER_UP> mtu 1500 qdisc noqueue state UP group default qlen 1000
    link/ether 96:d0:3a:56:9e:2a brd ff:ff:ff:ff:ff:ff
    inet 192.168.1.181/24 brd 192.168.1.255 scope global bond0
       valid_lft forever preferred_lft forever
    inet6 fd00:1cab:c069:6812:94d0:3aff:fe56:9e2a/64 scope global dynamic mngtmpaddr noprefixroute
       valid_lft 535426sec preferred_lft 401569sec
    inet6 fe80::94d0:3aff:fe56:9e2a/64 scope link
       valid_lft forever preferred_lft forever
```

2. IPv6 网络配置

IPv6 技术的优势在于无论安全性还是技术性，都比 IPv4 进步良多。虽然 IPv6 十年前就已投入使用，但到目前为止，应用范围依然有限，全面应用还有待时日。由于默认安装的 Ubuntu Server 就启用了 IPv6，对于一些只使用 IPv4 的环境，可以通过以下两种方式关闭 IPv6：

◆ 在 GRUB 配置禁用 IPv6 需要重启。

◆ 使用 sysctl 设置禁用 IPv6 不需要重启。

首先检查系统是否启用了 IPv6：

```
ifconfig -a | grep inet6
```
如果启用了 IPv6，会看到如下信息：

```
        inet6 addr: fe80::20c:29ff:fef4:4c4e/64 Scope:Link
        inet6 addr: fe80::20c:29ff:fef4:4c4e/64 Scope:Link
        inet6 addr: ::1/128 Scope:Host
```

1）通过 GRUB 配置关闭 IPv6

编辑/etc/default/grub，在 GRUB_CMDLINE_LINUX 行添加 ipv6.disable=1 参数，关键操作如下：

```
sudo vim /etc/default/grub
...
GRUB_DEFAULT=0
GRUB_HIDDEN_TIMEOUT_QUIET=true
GRUB_TIMEOUT=2
```

```
GRUB_DISTRIBUTOR=`lsb_release -i -s 2> /dev/null || echo Debian`
GRUB_CMDLINE_LINUX_DEFAULT="maybe-ubiquity"
GRUB_CMDLINE_LINUX="ipv6.disable=1"          #添加 ipv6.disable=1 配置关闭 IPv6
...
```

运行如下命令重新生成 GRUB 配置文件：

```
sudo update-grub                              #更新 GRUB 配置文件
```

然后重启系统即可生效。

2）使用 sysctl 设置关闭 IPv6

通过 sysctl 关闭 IPv6，首先需要编辑/etc/sysctl.conf 文件，关键操作如下：

```
sudo vim /etc/sysctl.conf
```

添加如下配置：

```
#disable ipv6
net.ipv6.conf.all.disable_ipv6 = 1
net.ipv6.conf.default.disable_ipv6 = 1
net.ipv6.conf.lo.disable_ipv6 = 1
net.ipv6.conf.ens33.disable_ipv6 = 1          #网卡名称要根据实际情况修改
```

保存退出后运行如下命令生效：

```
sudo sysctl -p
```

最后运行如下命令检测配置是否生效：

```
cat /proc/sys/net/ipv6/conf/all/disable_ipv6
1                                             #显示 1 表示已经屏蔽 IPv6，0 表示启
                                              用 IPv6
```

上述两种方法都可以禁用 IPv6，总体而言，第二种方法可以立即生效且不用重启，大家可以根据自己的需求选用。

11.5 本章小结

本章介绍了升级和编译 Linux 内核的方法，无须重启即可更新内核的 Livepatch 技术，以及内核模块管理、进程和作业管理及服务器网络配置，使大家能够循序渐进地理解和触碰 Linux 的底层，捋清并掌握服务器较为底层的知识和相关操作。

第12章

驾驭三大基础网络服务

DHCP（Dynamic Host Configuration Protocol，动态主机设置协议）、DNS（Domain Name System，域名系统）和 NTP（Network Time Protocol，网络时间协议）是网络服务的三大基石，因为网络中所有的主机都需要获取 IP 地址、解析域名及准确的时间，本章介绍这 3 种基本网络服务的部署、配置和维护。

12.1 自动分配主机信息的 DHCP 服务

DHCP 服务是 ISC（互联网系统协会）开发和维护的 DHCP 服务软件，该服务实现了 RFC2131（IPv4）和 RFC4193（IPv6）标准，可以在内网，即在三类私有保留网段网络环境自动分配 IP 地址服务。因为 IPv4 IP 地址枯竭，所以才会在三大网段中保留一些 IP 地址，供企业及个人使用。这些保留的 IP 地址遵循 RFC1918 Address Allocation for Private Internets 标准，而号称可以为地球上每颗沙子都分配一个网络地址的 IPv6 则没有此问题，如此多的网络地址，根本无须设置保留 IP 网段和地址及自动分配。需要牢记的是，DHCP 服务的端口号为 68，DHCP 客户端的端口号为 67，使用了防火墙的用户需要开启相应的端口。需要注意的是，为了方便大家学习，本书在介绍网络服务时都不涉及防火墙的问题。

DHCP 服务：

```
+---------+      +---------+
| Client  +-----+ DHCP    +
| Port:67 |      | Port:68 |
+---------+      +---------+
```

Tips：RFC1918 标准保留的网段及地址。

| 10.0.0.0 | - | 10.255.255.255 | (10/8 prefix) |
| 172.16.0.0 | - | 172.31.255.255 | (172.16/12 prefix) |

192.168.0.0   -   192.168.255.255 (192.168/16 prefix)

大家常把 DHCP 说成是自动分配 IP 地址，这个说法其实不是很准确，实际分配的不仅仅是 IP 地址，还有相关的必要信息，如子网掩码、网关、DNS 服务器地址等信息。标准中说的是 Host Configuration，即主机网络的配置信息，保证客户端计算机收到这些信息后即可接入网络。

需要注意的是，虽然一个网络中可以有多个 DHCP 服务，但尽量不要这么操作，因为如果一个局域网中同时存在多个 DHCP 服务器，当该网络中 DHCP 客户端发出 DHCP 请求时，总是最先收到 DHCP 请求的那台 DHCP 服务器响应并提供相应服务，这些 DHCP 服务器的配置可能各不相同，因此很容易造成所分配的主机网络配置信息混乱，造成不必要的麻烦，甚至导致网络瘫痪。

12.1.1 部署 DHCP 服务

运行如下命令安装 DHCP 服务：

```
sudo aptitude update
sudo aptitude install -y isc-dhcp-server
```

成功部署后还需要注意一个重要的问题，通常企业服务器上的网卡比较多，有可能会令稳定的 DHCP 服务崩溃，最好在部署和配置 DHCP 服务器之前就规划和设置好，然后在/etc/default 目录下的 isc-dhcp-server 文件中指定一块网卡，关键配置如下：

```
sudo vim /etc/default/isc-dhcp-server
```

在 INTERFACES 配置选项中指定一块网卡，配置结果如下：

```
INTERFACESv4="ens37"                    #网卡名称可以根据服务器的实际情况指定
```

这样就将 DHCP 绑定到了网卡 ens33 上。

12.1.2 配置 DHCP 服务

使用一个命令就可以安装好 DHCP 服务，但在使用前需要进行配置，具体方法是：使用文本编辑器打开 DHCP 服务的主配置文件/etc/dhcp/dhcpd.conf。该配置文件分为全局配置和局部配置两大部分，如果全局配置与局部配置发生冲突，则局部配置的优先级较高，且局部配置总是夹在一对中括号之间。配置如下选项：

```
sudo vim /etc/dhcp/dhcpd.conf
```

在编辑器中搜索关键字 domain name，将双引号中的名称修改为自己的域名，并在其下的 option domain-name-servers 配置项中输入 DNS 服务器的地址或域名，这里采用默认的域名 example.org。DNS 服务器采用 Google 提供的域名服务器 8.8.8.8 和 8.8.4.4，可根据自己的情况定义，修改如下：

```
option domain-name "example.org";
option domain-name-servers 8.8.8.8,8.8.4.4;
```

需要注意的是,所有配置都必须以英文分号结尾,否则将会报错。

将光标定位到如下配置行:

```
#authoritative;                          #如果只是学习或测试,则无须配置此行
```

将其前面的"#"号删除,修改后如下:

```
authoritative;
```

最后,配置自动分配给主机的网络配置信息,如所述网段、子网掩码、默认网关、可分配 IP 地址范围等,关键配置信息如下:

```
subnet 172.16.0.0 netmask 255.255.255.0 {      #定义作用域,指定自动分配的网段信息,
                                                包括网段地址和子网掩码,要和 DHCP
                                                服务所绑定的网卡保持在同一网段
        option routers 172.16.0.1;             #指定自动分配的网关信息
        option subnet-mask 255.255.255.0;      #指定自动分配的子网掩码信息
        option broadcast-address 172.16.0.255; #指定自动分配的广播信息
        range   172.16.0.100 172.16.0.254;     #指定自动分配的 IP 地址范围,也称为
                                                自动分配 IP 地址池
}
```

如果需要保留某个 IP 地址给某台主机,可以添加如下配置:

```
host web-server {
        hardware ethernet 00:0C:29:05:A7:CB;   #保留 IP 地址主机的 MAC 地址
        fixed-address 172.16.0.168;            #保留 IP 地址为 172.16.0.168
}
```

至此,一个最基本的 DHCP 服务就配置好了,保存退出主配置文件后,重启 DHCP 服务即可使用。

Tips:dhcpd.conf 其他常用参数。

- ddns-update-style:该参数总在配置文件的第一行,用来指定所支持的 DNS 动态更新类型,通常采用默认参数 none 即可。
- ignore client-updates:忽略客户端更新。
- default-lease-time:客户端 IP 默认租约时间,默认值为 600 秒。
- max-lesase-time:客户端 IP 租约时间的最大值,默认值为 7200 秒。
- host 主机名:为指定 MAC 地址的主机保留 IP 地址(此地址不应出现在自动分配 IP 地址范围)。

关于 DHCP 的更多配置参数,请参阅该项目官方文档,官方文档地址:https://www.isc.org/dhcp-manual-pages/。

12.1.3 管理 DHCP 服务

运行如下命令启动、停止、重启、查看和启用/禁用自动启动 DHCP 服务：

sudo systemctl start isc-dhcp-server	#启动 DHCP 服务
sudo systemctl stop isc-dhcp-server	#停止 DHCP 服务
sudo systemctl restart isc-dhcp-server	#重启 DHCP 服务
sudo systemctl status isc-dhcp-server	#查看 DHCP 服务的当前状态

如果需要 DHCP 服务随系统一同自动启动，还需要运行如下命令：

sudo systemctl enable isc-dhcp-server	#启用 DHCP 服务自动启用

如果需要关闭自动启动功能，可以运行如下命令：

sudo systemctl disable isc-dhcp-server	#禁用 DHCP 服务自动启用

网络中的 DHCP 客户端只需要在操作系统中将网卡设置为自动获取 IP 地址及 DNS 服务器地址，即可享用 DHCP 服务器带来的便利。更多 DHCP 服务的配置，请参阅 DHCP 的官方网站。

12.2 域名解析服务 DNS

目前互联网上主流的 DNS 域名解析服务是 BIND，与 DHCP 服务一样，也是由 ISC（互联网系统协会）开发和维护的，该服务实现了 RFC1035 标准，可将域名解析为 IPv4 的 IP 地址，以及将 IP 地址解析为域名。前者通常被称为域名解析或正向解析，后者一般被称为反向解析，不过比较遗憾的是，国内的电信运营商大多不支持 IP 地址到域名的反向解析，这样一来配置 BIND 服务就不用配置反向解析了，配置过程也就简单了不少。DNS 服务端默认采用 UDP 协议的 53 端口，当 DNS 查询超过 512B 时，则使用 TCP 协议 53 端口发送，这是因为 UDP 报文的最大长度只有 512B，超过 512B 的报文只能使用 TCP 协议。

在配置和使用 BIND 之前，首先需要掌握域名和域名解析过程。为什么互联网需要域名呢？这是因为目前互联网广泛使用的是 IPv4 IP 地址，其采用点分十进制来表示，数字和数字之间用英文句点来分隔，如 216.197.242.244 就是一个典型的 IP 地址，这么一长串数字对于人类而言难以记忆和使用，所以就有了域名。域名就是给枯燥乏味的一串数字起的一个好记的名字。

此外，域名还有另一个名称是 URL（Uniform Resource Location，统一资源定位名称），即可通过域名访问某个网络服务。为了在网络中实现定位功能，域名的命名根据层级名称组合而成。域名总是从根域（域名最右侧的英文句点表示，通常省略）开始，从右向左，按照根域—顶级域名—二级域名（可能存在更多层级，本文只到最常用的二级域名为止）—主机名的顺序，逐步缩小范围，直到最右侧的主机名称，如大家熟悉的

news.sina.com.cn.就是一个很典型的域名，可以简单地将域名理解为互联网中定位网络服务主机的一条路径。

至于域名解析也不难理解，DNS 服务的本质就是一个分布式域名查询系统，互联网中的客户端发起域名查询到 DNS 服务器端所维护的分布式域名数据库，并最终得到相应的结果的过程就是域名解析。互联网中这个巨大的分布式数据库是由所有授权的 DNS 服务器所维护的，通常这些 DNS 服务器不仅要保存自己所维护的域名及相应 IP 数据，还要缓存所查询过的域名数据，随时准备响应来自客户端的域名解析请求，无论是正向解析还是逆向解析。不仅如此，互联网中的 DNS 服务器和域名服务器之间还不停地相互学习，同步和缓存其他 DNS 服务器的域名及 IP 地址数据，保持本地的数据尽可能新和全。

当客户端需要域名解析服务时，就向客户端所指定的 DNS 服务器发起服务请求，域名服务器在收到请求后，首先查询自己所维护的域名及域名缓存，如果有客户端所查询的域名，就直接将相应的 IP 地址结果返回给客户端，如果没有所需要的信息，就通过互联网查询，向互联网上的其他 DNS 服务器发出查询请求。整个查询过程就是从根域开始查起，根据 BIND 所提供的根域服务器列表，将查询请求首先转发给位于美国的根域服务器，然后从根域服务器获得顶级域服务器的相关信息，再将请求发给顶级域服务器，并从顶级域服务器获得二级域服务器的信息，从二级域服务器获得具体主机的 IP 地址，犹如一场 4×100 米接力赛，只不过不是一棒一棒地传递，而是一层一层地查询，逐步缩小查询范围，最终获得准确的结果，收到结果的域名服务器首先将查询结果缓存到本机，然后发给发出请求的客户端，这就是互联网中域名查询的整个过程。

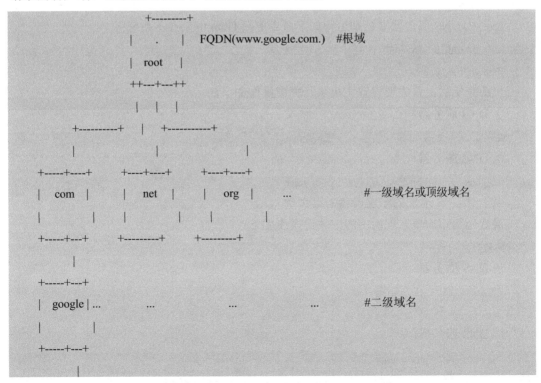

```
+-----+---+
|  www  |...      ...          ...         ...     #主机名
|       |
+---------+
```

目前互联网的基础设施和服务已经相当完善，所以，在多数情况下，部署 DNS 服务器主要是为企业内网提供域名解析服务，故通常其负载不高，但对可用性的要求较高，可以采用主从架构来提高 BIND DNS 服务器的可用性，下面就开始部署和配置高可用主从架构 DNS 服务器。

12.2.1　部署高可用主从架构 DNS 服务器

主从架构 DNS 服务器规划如下。

1）主 DNS 服务器（Primary DNS Server）

主机名：pri.example.lan

IP 地址：192.168.1.200/24，由于集群服务器较多，故 IP 地址从 200 开始，没有采用 12 作为默认地址

2）从 DNS 服务器（Secondary DNS Server）

主机名：sec.example.lan

IP 地址：192.168.1.201/24

准备步骤如下。

在主从 DNS 服务器端分别运行如下命令更新 Ubuntu Server 系统：

```
sudo aptitude update
sudo aptitude upgrade
```

更新完毕后，首先要设置主机名，关键操作如下。

主 DNS 服务器：

```
sudo hostnamectl set-hostname pri.example.lan
```

从 DNS 服务器：

```
sudo hostnamectl set-hostname sec.example.lan
```

至于静态 IP 地址的配置请参考第 3 章。

最后分别添加静态解析内容，关键操作如下：

```
sudo vim /etc/hosts
```

主 DNS 服务器：

```
192.168.1.200    pri.example.lan
192.168.1.201    sec.example.lan
```

从 DNS 服务器：

```
192.168.1.200    pri.example.lan
192.168.1.201    sec.example.lan
```

运行如下命令部署主 DNS 服务器：

sudo aptitude update

sudo aptitude install -y bind9 bind9utils bind9-doc

12.2.2 配置高可用主从架构 DNS 服务器

首先要为主 DNS 服务器添加 DNS 缓存功能，关键配置操作如下：

sudo vim /etc/bind/named.conf.options

取消 options 配置部分 forward 开始的 3 行，并将 0.0.0.0 修改为 Google 的 DNS 服务器地址 8.8.8.8，最终结果如下：

```
forwarders {
    8.8.8.8;                          #DNS 服务器地址可根据实际情况灵活定义，
                                       通常安全、稳定、可靠的 DNS 服务器地址
                                       都是可以的
};
```

这 3 行配置的意思是，如果遇到主 DNS 服务器不知道的域名，首先查访 Google 的 DNS 服务器，而不是从根域开始查起，能够节省大量时间，高效返回查询结果。保存退出后，运行如下命令重启 DNS 服务器：

sudo systemctl restart bind9

使用 dig 命令检测上述配置是否成功，关键操作如下：

dig -x 127.0.0.1

结果如下：

```
; <<>> DiG 9.11.3--1ubuntu1.1-Ubuntu <<>> -x 127.0.0.1
;; global options: +cmd
;; Got answer:                          #下面是主 DNS 服务器得到的结果
;; ->>HEADER<<- opcode: QUERY, status: NOERROR, id: 35494
;; flags: qr rd ra; QUERY: 1, ANSWER: 1, AUTHORITY: 0, ADDITIONAL: 1
;; OPT PSEUDOSECTION:
; EDNS: version: 0, flags:; udp: 512
;; QUESTION SECTION:
;1.0.0.127.in-addr.arpa.          IN      PTR

;; ANSWER SECTION:
1.0.0.127.in-addr.arpa. 0      IN      PTR     localhost.

;; Query time: 40 msec
;; SERVER: 8.8.8.8#53(8.8.8.8)           #可以看到 Google 的 DNS 服务器提供了查
                                          询结果
;; WHEN: Sun Jul 08 23:01:47 UTC 2018
```

```
;; MSG SIZE  rcvd: 74
```

成功后就可以开始配置主 DNS 服务器了,大致过程是定义区域数据库文件名称,然后创建定义文件,将主 DNS 服务器所维护的域名及 IP 数据保存到这些文件。运行如下命令定义区域数据库名称,这些区域数据库保存的就是主 DNS 服务器所维护的域名数据。

```
sudo vim /etc/bind/named.conf
```

可以看到该文件默认的 3 行文本为:

```
include "/etc/bind/named.conf.options";          #BIND 主配置文件
include "/etc/bind/named.conf.local";            #定义本地区域数据库文件
include "/etc/bind/named.conf.default-zones";    #根域服务器地址数据
```

从/etc/bind/named.conf.default-zones 文件中即可看到 BIND 默认的根域服务器的地址都保存在/etc/bind/db.root 文件中,可以运行如下命令查看所有根域服务器地址:

```
cat /etc/bind/db.root
```

文件内容如下:

```
;       This file holds the information on root name servers needed to
;       initialize cache of Internet domain name servers
;       (e.g. reference this file in the "cache  .  <file>"
;       configuration file of BIND domain name servers).
;
;       This file is made available by InterNIC
;       under anonymous FTP as
;           file                /domain/named.cache
;           on server           FTP.INTERNIC.NET
;       -OR-                    RS.INTERNIC.NET
;
;       last update:    February 17, 2016
;       related version of root zone:     2016021701
;
; formerly NS.INTERNIC.NET
;
.                        3600000      NS    A.ROOT-SERVERS.NET.
A.ROOT-SERVERS.NET.      3600000      A     198.41.0.4
A.ROOT-SERVERS.NET.      3600000      AAAA  2001:503:ba3e::2:30
;
; FORMERLY NS1.ISI.EDU
;
.                        3600000      NS    B.ROOT-SERVERS.NET.
```

```
B.ROOT-SERVERS.NET.         3600000      A        192.228.79.201
B.ROOT-SERVERS.NET.         3600000      AAAA     2001:500:84::b
;
; FORMERLY C.PSI.NET
;
.                           3600000      NS       C.ROOT-SERVERS.NET.
C.ROOT-SERVERS.NET.         3600000      A        192.33.4.12
C.ROOT-SERVERS.NET.         3600000      AAAA     2001:500:2::c
;
; FORMERLY TERP.UMD.EDU
;
.                           3600000      NS       D.ROOT-SERVERS.NET.
D.ROOT-SERVERS.NET.         3600000      A        199.7.91.13
D.ROOT-SERVERS.NET.         3600000      AAAA     2001:500:2d::d
;
; FORMERLY NS.NASA.GOV
;
.                           3600000      NS       E.ROOT-SERVERS.NET.
E.ROOT-SERVERS.NET.         3600000      A        192.203.230.10
;
; FORMERLY NS.ISC.ORG
;
.                           3600000      NS       F.ROOT-SERVERS.NET.
F.ROOT-SERVERS.NET.         3600000      A        192.5.5.241
F.ROOT-SERVERS.NET.         3600000      AAAA     2001:500:2f::f
;
; FORMERLY NS.NIC.DDN.MIL
;
.                           3600000      NS       G.ROOT-SERVERS.NET.
G.ROOT-SERVERS.NET.         3600000      A        192.112.36.4
;
; FORMERLY AOS.ARL.ARMY.MIL
;
.                           3600000      NS       H.ROOT-SERVERS.NET.
H.ROOT-SERVERS.NET.         3600000      A        198.97.190.53
H.ROOT-SERVERS.NET.         3600000      AAAA     2001:500:1::53
```

```
;
; FORMERLY NIC.NORDU.NET
;
.                        3600000      NS      I.ROOT-SERVERS.NET.
I.ROOT-SERVERS.NET.      3600000      A       192.36.148.17
I.ROOT-SERVERS.NET.      3600000      AAAA    2001:7fe::53
;
; OPERATED BY VERISIGN, INC.
;
.                        3600000      NS      J.ROOT-SERVERS.NET.
J.ROOT-SERVERS.NET.      3600000      A       192.58.128.30
J.ROOT-SERVERS.NET.      3600000      AAAA    2001:503:c27::2:30
;
; OPERATED BY RIPE NCC
;
.                        3600000      NS      K.ROOT-SERVERS.NET.
K.ROOT-SERVERS.NET.      3600000      A       193.0.14.129
K.ROOT-SERVERS.NET.      3600000      AAAA    2001:7fd::1
;
; OPERATED BY ICANN
;
.                        3600000      NS      L.ROOT-SERVERS.NET.
L.ROOT-SERVERS.NET.      3600000      A       199.7.83.42
L.ROOT-SERVERS.NET.      3600000      AAAA    2001:500:3::42
;
; OPERATED BY WIDE
;
.                        3600000      NS      M.ROOT-SERVERS.NET.
M.ROOT-SERVERS.NET.      3600000      A       202.12.27.33
M.ROOT-SERVERS.NET.      3600000      AAAA    2001:dc3::35
; End of file
```

上述信息就是所有根域服务器的地址，可见默认的这 3 个文件还是十分重要的，如果没有这 3 行，一定要将其手动输入。

开始定义本地区域数据库文件名称，关键操作如下：

```
sudo vim /etc/bind/named.conf.local
```

添加如下定义内容：

```
zone "example.lan" {                        #定义正向解析的区域名称为 example.lan
        type master;                        #DNS 服务器类型
        file "/etc/bind/for.example.lan";   #定义区域数据库文件名称和路径
        allow-transfer { 192.168.1.201; };  #主从结构,一定要为从 DNS 服务器启用转发
        also-notify { 192.168.1.201; };
};
zone "1.168.192.in-addr.arpa" {             #定义反向解析区域名称为 1.168.192.in-
                                             addr.arpa,名字比较长,就是网络名称的
                                             逆序+固定名称 in-addr.arpa 后缀
        type master;                        #DNS 服务器类型
        file "/etc/bind/rev.example.lan";   #定义区域数据库文件名称和路径
        allow-transfer { 192.168.1.201; };  #主从结构,一定要为从 DNS 服务器启用转发
        also-notify { 192.168.1.201; };
};                                          #一定要注意括号后的分号,缺失将导致报错
```

上面定义的 for.example.lan 区域数据库文件保存的是正向解析的域名及 IP 数据,而 rev.example.lan 则保存了逆向解析的域名及 IP 数据,国内通常不用配置逆向解析,这里列出只是为了逻辑完整。需要注意的是,每行末尾都是以分号结束的,这个比较常见,而括号中的配置也要以分号结束,这是 BIND 的配置语法就是这么要求的,牢记即可。

定义好了区域数据库文件名后,因为目前这些区域文件并不存在,需要手工创建区域数据库文件,并在其中保存此 DNS 服务器所维护的域名及相应 IP 信息,这些文件实质就是 BIND 的文本数据库,关键配置如下:

```
sudo vim /etc/bind/for.example.lan
```

定义内容如下:

```
$TTL 86400
@       IN   SOA         pri.example.lan. root.example.lan. (
                2011071001      ;Serial
                3600            ;Refresh
                1800            ;Retry
                604800          ;Expire
                86400           ;Minimum TTL
)
@       IN   NS          pri.example.lan.
@       IN   NS          sec.example.lan.
@       IN   A           192.168.1.200
@       IN   A           192.168.1.201
pri     IN   A           192.168.1.200
```

```
sec         IN  A          192.168.1.201
```

文件中 A 表示 A 记录，即 IPv4 正向解析记录，如果是 IPv6 格式，应该是 AAAA，然后定义反向解析所需要的反向解析文件，关键操作如下：

sudo vim /etc/bind/rev.example.lan

文件内容如下：

```
$TTL 86400
    @       IN  SOA        pri.example.lan. root.example.lan. (
            2011071002     ;Serial
            3600           ;Refresh
            1800           ;Retry
            604800         ;Expire
            86400          ;Minimum TTL
)
    @       IN  NS         pri.example.lan.
    @       IN  NS         sec.example.lan.
    @       IN  PTR        example.lan.
    pri     IN  A          192.168.1.200
    sec     IN  A          192.168.1.201
    200     IN  PTR        pri.example.lan.
    201     IN  PTR        sec.example.lan.
```

全部配置完毕后保存退出，运行如下命令设置/etc/bind 目录权限及归属：

sudo chmod -R 755 /etc/bind

sudo chown -R bind:bind /etc/bind

最后使用如下命令检测 BIND 各配置文件是否有语法错误，并重启 DNS 服务器：

sudo named-checkconf /etc/bind/named.conf   #检测 BIND 主配置文件是否
                                                                有语法错误

sudo named-checkconf /etc/bind/named.conf.local   #检测 BIND 区域定义文件是
                                                                否有语法错误

sudo named-checkzone example.lan /etc/bind/for.example.lan   #检测 BIND 正向域名数据库
                                                                文件是否有语法错误

zone example.lan/IN: loaded serial 2011071001
OK

sudo named-checkzone example.lan /etc/bind/rev.example.lan   #检测 BIND 反向域名数据库
                                                                文件是否有语法错误

zone example.lan/IN: loaded serial 2011071002
OK

通过 named-checkconf 和 named-checkzone 两个工具即可轻松检测出 BIND 配置文件的语法问题，如果前两个命令没有任何报错，后两个命令获得了如上结果，则说明配置文件语法没有问题。对于重要参数错误，如 DNS 的 IP 地址的错误就无能为力了，确认配置文件无误后，即可运行如下命令重启并启用 DNS 服务：

sudo systemctl restart bind9   #重启主 DNS 服务器

需要 DNS 服务随系统一同自动启动，还需要运行如下命令：

sudo systemctl enable bind9   #DNS 服务随系统自动启动

如果需要关闭自动启动功能，可以运行如下命令：

sudo systemctl disable bind9   #停用 DNS 服务随系统自动启动

安装和配置都没有问题，下面测试一下，先将服务器的 DNS 设置为 192.168.1.200，具体操作如下：

sudo vim /etc/resolv.conf

修改为如下内容，需要注意的是，一定要修改此文件：

nameserver 192.168.1.200

Tips：为什么/etc/resolv.conf 文件总是改不了？

由于 Ubuntu 18.04 启用了 systemd-resolved 服务，所以，/etc/resolv.conf 由该服务自动管理，导致对该文件的手动修改总是失败，可以采用如下方法解决：

sudo systemctl disable systemd-resolved.service   #禁用 systemd-resolved 服务
sudo service systemd-resolved stop   #停用 systemd-resolved 服务

这样就可以手动修改/etc/resolv.conf 文件了，需要注意的是，不要随便停用该服务，保存退出后运行如下命令开始测试：

dig pri.example.lan

结果如下：

; <<>> DiG 9.11.3-1ubuntu1.1-Ubuntu <<>> pri.example.lan
;; global options: +cmd
;; Got answer:
;; ->>HEADER<<- opcode: QUERY, status: NOERROR, id: 37892
;; flags: qr aa rd ra; QUERY: 1, ANSWER: 1, AUTHORITY: 2, ADDITIONAL: 2

;; OPT PSEUDOSECTION:
; EDNS: version: 0, flags:; udp: 4096
; COOKIE: e0f3f05923de5831f9d79bac5b42a9ca54b77907e2b48864 (good)
;; QUESTION SECTION:
;pri.example.lan.   IN   A

;; ANSWER SECTION:
pri.example.lan.   86400   IN   A   192.168.1.200

;; AUTHORITY SECTION:

```
example.lan.                86400    IN    NS    sec.example.lan.
example.lan.                86400    IN    NS    pri.example.lan.
;; ADDITIONAL SECTION:
sec.example.lan.            86400    IN    A     192.168.1.201

;; Query time: 0 msec
;; SERVER: 192.168.1.200#53(192.168.1.200)
;; WHEN: Mon Jul 09 00:18:18 UTC 2018
;; MSG SIZE  rcvd: 136
```

如果可以看到如上信息，则说明主 DNS 服务器已经正常工作了，需要注意的是，大家获得的信息可能与上述信息有出入，如 id 和 rcvd 信息等，该情况实属正常。

Tips：牢记 BIND 高频配置记录。

- A 记录：记录 IPv4 地址与域名对应关系。
- AAAA 记录：记录 IPv6 地址与域名对应关系。
- PTR 记录：存储反向解析信息，顺序与 A 记录正好相反。
- NS 记录：保存域名服务器信息，需要 A 记录。
- CNAME 记录：可以保存主机的多个别名。
- MX 记录：存储电子邮件服务器的 IP 和主机信息。

主 DNS 服务器部署和配置好后，即可开始安装和配置从 DNS 服务器，提高 DNS 服务器的可用性，部署方法和主 DNS 服务器完全相同，配置方法也大同小异。不同的是对区域文件的定义及域名数据库文件，因为是安装和配置从 DNS 服务器，所以，类型要定义为 slave，且由于需要从主 DNS 服务器同步域名数据那里同步过来，所以无须创建区域数据库文件，关键配置如下：

```
sudo vim /etc/bind/named.conf
```

与主 DNS 服务器一样，应该可以看到如下 3 行默认配置，如果没有则需要键入：

```
include "/etc/bind/named.conf.options";
include "/etc/bind/named.conf.local";
include "/etc/bind/named.conf.default-zones";
```

然后开始编辑区域定义文件，关键操作如下：

```
sudo vim /etc/bind/named.conf.local
```

内容如下：

```
zone "example.lan" {
        type slave;
        file "/var/cache/bind/for.example.lan";
        masters { 192.168.1.200; };
};
```

```
zone "1.168.192.in-addr.arpa" {
        type slave;
        file "/var/cache/bind/rev.example.lan";
        masters { 192.168.1.200; };
};
```

与主 DNS 服务器类似，同样需要指定 BIND 文件夹权限和属主，关键操作如下：

sudo chmod -R 755 /etc/bind

sudo chown -R bind:bind /etc/bind

最后运行如下命令重启 BIND 服务，并测试从 DNS 服务器工作状态是否正常：

sudo systemctl restart bind9

修改/etc/resolv.conf 文件后运行如下命令测试配置：

dig sec.example.lan

结果如下：

; <<>> DiG 9.11.3-1ubuntu1.1-Ubuntu <<>> sec.example.lan

;; global options: +cmd

;; Got answer:

;; ->>HEADER<<- opcode: QUERY, status: NOERROR, id: 25371

;; flags: qr aa rd ra; QUERY: 1, ANSWER: 1, AUTHORITY: 2, ADDITIONAL: 2

;; OPT PSEUDOSECTION:

; EDNS: version: 0, flags:; udp: 4096

; COOKIE: 37ca0ba3bd2de5973d3ada8f5b42aba4a14aa952c3446520 (good)

;; QUESTION SECTION:

;sec.example.lan.   IN   A

;; ANSWER SECTION:

sec.example.lan.   86400   IN   A   192.168.1.201

;; AUTHORITY SECTION:

example.lan.   86400   IN   NS   pri.example.lan.

example.lan.   86400   IN   NS   sec.example.lan.

;; ADDITIONAL SECTION:

pri.example.lan.   86400   IN   A   192.168.1.200

;; Query time: 0 msec

;; SERVER: 192.168.1.200#53(192.168.1.200)

;; WHEN: Mon Jul 09 00:26:12 UTC 2018

;; MSG SIZE rcvd: 136

还可以使用如下命令来测试：

```
nslookup example.lan
```
结果如下：

```
Server:         192.168.1.200
Address:        192.168.1.200#53

Name:   example.lan
Address: 192.168.1.201
Name:   example.lan
Address: 192.168.1.200
```

如果得到上述结果，则说明 DNS 服务器工作正常，配置成功。实际应用中会发现部署和配置一台高可用的 DNS 服务器不是一件特别复杂的事情，但让配置好的 DNS 服务器在互联网中有一定的"权威"，被其他权威 DNS 服务器所信赖并能够同步及缓存域名信息却不是一件容易的事情，因为这需要在域名注册商那里付费注册并获得授权，将自己的 DNS 服务器发布到互联网上才行。

此外，掌握基础的 DNS 配置之后，稍加配置即可通过 DNS 服务实现最为基本的负载均衡，虽然 DNS 的本职工作是域名查询，但它的"特异功能"是实现负载均衡。DNS 是最早的负载均衡技术，实现简单，成本极低，实现方法就是在 DNS 中为多个地址配置同一个名字，因而查询这个名字的客户机将得到其中一个地址，从而使不同的客户访问不同的服务器，以达到负载均衡的目的，关键配置如下：

```
...
web1.example.com.       86400   IN      A       192.168.1.180
web1.example.com.       86400   IN      A       192.168.1.181
web1.example.com.       86400   IN      A       192.168.1.182
...
```

DNS 负载均衡的缺点是 DNS 本身的设计不能区分服务器的差异，也不能反映服务器的当前运行状态。此外，还受限于 DNS 本身缓慢的数据同步，一旦某台 DNS 服务器出现故障，即便及时修改了 DNS 设置，还是要等待足够的时间才能生效，而在此期间，将不能正常访问保存了故障服务器地址的客户端。

12.2.3 管理 DNS 服务

运行如下命令启动、停止、重启、查看和启用/禁用自动启动 DNS 服务：

```
sudo systemctl start bind9          #启动 DNS 服务
sudo systemctl stop bind9           #停止 DNS 服务
sudo systemctl restart bind9        #重启 DNS 服务
sudo systemctl status bind9         #查看 DNS 服务
```

如果需要 DNS 服务随系统一同自动启动，还需要运行如下命令：

```
sudo systemctl enable bind9         #启用 DNS 服务自动启用
```

如果需要关闭自动启动功能，可以运行如下命令：

sudo systemctl disable bind9   #禁用 DNS 服务自动启用

上述主从 DNS 服务器配置着眼于局域网，是因为企业内部网络 DNS 应用较多，应用于互联网也是没有问题的，只是要更加注意系统安全和网络安全，如为 BIND 创建 Chroot Enviroment（其实就是 mkdir 的一个/chroot/named 目录），将 DNS 服务关在"监牢"中，这样即使 DNS 服务被黑客攻破，损失也仅限于"监牢"目录，而不会对 Ubuntu Server 系统造成更大的损害。Chroot 的配置方法和普通配置大同小异，只不过保存 BIND 配置文件的路径更加复杂，此处不再赘述，更多关于 BIND 的配置请参阅 BIND 官方网站：https://www.isc.org/downloads/bind/。

如果对 DNS 服务器安全要求较高，还可以通过部署 DNSSEC（主要功能是签名和验证）来提升 DNS 服务器的安全性，以减少其受到网络攻击的概率。

Tips：可以通过 BIND 实现智能 DNS。

智能 DNS 其实就是在客户端将解析请求发给 DNS 服务器时，先判断客户端的 IP 地址，然后与 DNS 所存储的 IP 表进行匹配，如确定客户端的 ISP 是联通还是电信，之后返回相应的 IP 地址。目前，实现智能 DNS 的方式有硬件方式和软件方式两种，硬件方式可以购买相关智能 DNS 硬件产品，如 F5 Networks 的 BIG-IP GTM，其功能强大但价格昂贵。软件实现则是通过 BIND 的 ACL、view 和 Zone 来实现的，由于智能 DNS 已经超出了本书范围，感兴趣的朋友可以参考 BIND 官方知识库或文档自行配置，根据官方知识库所给出的范例配置起来并不复杂。

12.3 部署 NTP 网络时间服务

无论是移动设备、PC/Laptop 还是服务器，网络时间都是标配，因为几乎所有的应用和网络服务都严重依赖于精确的时间。精确的时间对于各种应用及网络服务来说实在太重要了，就拿企业常用的目录服务来说，如果没有精确的时间，目录服务将无法工作，因为 LDAP 采用 kerbors 协议进行认证，而 kerbors 认证的一个前提条件就是客户端和服务端之间的时间相差不能超过一定时间，如果超出了协议所规定的范围就无法工作。集群和高可用环境，因为时间不同步或不准确，而导致的故障和事故层出不穷。精确且一致的时间从哪里来呢？目前比较流行的是客户端通过互联网从 NTP 服务器获得精确和一致的时间。

DHCP 服务：

NTP 服务的最新版本为 NTPv4，实现了 RFC 5905 标准，服务端口号为 UDP 123，而

NTP 服务器则可以通过同步获得精确的世界协调时（Universal Time Coordinated，UTC），且误差一般可以控制在 1 毫秒到几十毫秒（取决于具体网络条件）。对于绝大多数企业而言，这样的精度足够用了，下面介绍 NTP 时间服务的安装和配置。

12.3.1 安装 NTP 时间服务

运行如下命令部署 NTP 时间服务：

```
sudo aptitude -y install ntp
```

12.3.2 配置 NTP 服务

通过编辑器 Vim 配置 NTP 服务，具体配置如下：

```
sudo vim /etc/ntp.conf
```

定位到 Specify one or more NTP servers 部分，如果要使用 Ubuntu Server 预置的 NTP 服务器，可以直接配置下一步允许同步时间的网段和相应掩码，如果要替换为国内比较快的 NTP 服务器，关键配置如下。

使用"#"号将如下内容注释掉：

```
# pool 0.ubuntu.pool.ntp.org iburst
# pool 1.ubuntu.pool.ntp.org iburst
# pool 2.ubuntu.pool.ntp.org iburst
# pool 3.ubuntu.pool.ntp.org iburst
# pool ntp.ubuntu.com
```

使用国内 NTP 服务器地址替代 Ubuntu Server 默认地址，国内 NTP 参考服务器地址如下：

```
server cn.pool.ntp.org    iburst
server 0.cn.pool.ntp.org iburst        #可以替换为其他更可靠或更快的时间服务器地址
server 1.cn.pool.ntp.org iburst
server 2.cn.pool.ntp.org iburst
server 3.cn.pool.ntp.org iburst
```

接下来就是限制客户端访问的配置了。可以对 NTP 客户端的访问加以限制，具体方法是：将光标定位到 Needed for adding pool entries，设置允许同步时间的网段和相应掩码，参考配置如下：

```
restrict 192.168.1.0 mask 255.255.255.0 nomodify notrap
```

其中，nomodify 表示禁止客户端修改 NTP 服务器的时间参数，但允许客户端使用 NTP 服务器校时。

最后在 NTP 主配置文件末尾添加如下配置，指定 NTP 服务日志文件名称和路径，便于排错：

```
logfile /var/log/ntp.log
```

NTP 配置完成后，使用如下命令重启 NTP 服务，令配置尽快生效：

```
sudo systemctl restart ntp
```

最后测试 NTP 服务器能否正常工作，运行如下命令：

```
sudo watch ntpq -p                           #watch 命令可以每隔一段时间（默认为 2 秒）
                                             自动更新 ntpq 命令的结果
```

结果如下：

```
Every 2.0s: ntpq -p              sec.example.lan: Mon Jul   9 02:17:56 2018
     remote          refid      st t when poll reach   delay    offset   jitter
================================================================================
+85.199.214.101    .GPS.         1 u   29   64    1   569.004   92.338   85.910
*ntp.wdc1.us.lea  130.133.1.10   2 u   55   64    1   543.489   59.817   14.762
+correo.poashost  128.227.205.3  2 u   57   64    1   558.823   -5.106   14.933
 static-5-103-13  .STEP.        16 u    -   64    0     0.000    0.000    0.000
 85.199.214.100   .STEP.        16 u    -   64    0     0.000    0.000    0.000
```

12.3.3 管理 NTP 服务

运行如下命令，启动、停止、重启、查看和启用/禁用自动启动 NTP 服务：

```
sudo systemctl start ntp                     #启动 NTP 服务
sudo systemctl stop ntp                      #停止 NTP 服务
sudo systemctl restart ntp                   #重启 NTP 服务
sudo systemctl status ntp                    #查看 NTP 服务的当前状态
```

如果需要 DNS 服务随系统一同自动启动，还需要运行如下命令：

```
sudo systemctl enable ntp                    #启用 NTP 服务自动启用
```

如果需要关闭自动启动功能，可以运行如下命令：

```
sudo systemctl disable ntp                   #禁用 NTP 服务自动启用
```

12.3.4 Chrony 实现时间服务

Chrony 和 NTP 类似，是 NTP 协议的实现，既可以作为时间服务器服务端，也可以作为客户端，配置简单，性能优异。运行如下命令部署 Chrony 时间服务：

```
sudo aptitude -y install chrony
```

需要注意的是，如果安装了 NTP 服务，安装 Chrony 服务时将会自动屏蔽 NTP 服务，安装前应规划好到底使用哪种时间服务。

运行如下命令开始配置 Chrony 服务：

```
sudo vim /etc/chrony/chrony.conf
```

在编辑器中定位到如下行：

```
server pool ntp.ubuntu.com         iburst maxsources 4
```
同样可以使用国内时间服务器地址列表替代默认配置，关键操作如下：
```
server 0.cn.pool.ntp.org iburst        #此服务器的 IP 为 85.199.214.100
server 1.cn.pool.ntp.org iburst        #可以替换为其他更可靠或更快的时间服务器地址
server 2.cn.pool.ntp.org iburst
```
添加如下配置进行访问控制：
```
allow 192.168.1.0/24                   #允许来自 192.168.1.0 网段的访问
```
确认无误后保存退出，重启 Chrony 时间服务：
```
sudo systemctl restart chrony          #Chrony 的其他管理命令与此命令类似，可灵活运用
```
重启后运行如下命令查看服务状态：
```
chronyc sources
```
结果如下：

```
210 Number of sources = 3
MS Name/IP address            Stratum Poll Reach LastRx Last sample
===============================================================================
^* 85.199.214.100                1    6    177    26    -4971us[+8653us] +/-  285ms
                                       #这就是所设置的 0.cn.pool.ntp.org 的 IP 了，说明成功
^+ 120.25.115.19                 2    6    77     90    +20ms[  +34ms] +/-  272ms
^+ ntp.wdc1.us.leaseweb.net      2    6    277    24    -30ms[  -30ms] +/-  517ms
```

Tips：Chrony 命令。
```
chronyc activity -v                    #检测哪些 NTP 服务器在线
chronyc sources -v                     #获得 NTP 服务器的状态
chronyc sourcestats -v                 #获得 NTP 服务器同步状态
chronyc tracking                       #获得 NTP 的详细信息
```
上述是一些经常用到的工具，可以帮助大家获得 Chrony 和 NTP 服务器的信息。

12.3.5　NTP 客户端时间同步配置

NTP 客户端使用如下命令安装 ntpdate 网络时间同步工具：
```
sudo aptitude install ntpdate -y       #如果要在 NTP 服务器端运行 ntpdate 命令，需要先
                                        停止 NTP 服务
sudo ntpdate 192.168.1.12
27 May 15:07:24 ntpdate[4842]: adjust time server 192.168.1.12 offset -0.058239 sec
```
编辑 Linux 的计划任务 crond 的配置文件：
```
sudo crontab -e
```
添加如下内容：

```
0 0 * * * root /usr/sbin/ntpdate 192.168.1.12; /sbin/hwclock --systohc
                            #NTP 服务器的地址为 192.168.1.12，此处的命令要使用绝对路径
```

如果有必要还可以运行如下命令重启 crond 服务：

```
sudo systemctl restart cron
```

经过上述设置，NTP 客户端将每天 0 点 0 分自动通过网络同步校准时间，并立即将系统时间同步为硬件时间（BIOS 时间），从而保证时间的同步和精确。

Tips：时间管理的新工具。

对于 Ubuntu Server，Systemd 还提供了一个 timedatectl 的时间管理工具，可以获得关于时间的详细信息，具体操作如下：

```
sudo timedatectl status
```

结果如下：

```
      Local time: Mon 2018-07-09 01:01:07 UTC
  Universal time: Mon 2018-07-09 01:01:07 UTC
                  #UTC 时间
        RTC time: Mon 2018-07-09 01:01:07
       Time zone: Etc/UTC (UTC, +0000)
                  #时区信息
System clock synchronized: yes
systemd-timesyncd.service active: yes
              RTC in local TZ: no
```

至于客户端的配置，方法不尽相同，由于篇幅限制，此处就不赘述了。

12.4　本章小结

本章深入介绍了网络三大基石服务——DHCP、DNS 和 NTP 服务的部署及配置，涉及 DNS 服务开源实现 BIND 及其主从高可用服务的实现、DHCP 服务的开源实现 ISC DHCP、NTP 服务的两种实现及客户端的配置。对于多数企业而言，本章所实现的网络三大基本服务应该可以满足需求。不过需要注意的是，虽然 Ubuntu 服务器可以实现这些功能，但诸如 DHCP 或 NTP 服务还是通过路由器实现更为稳妥。

第 13 章

征服 Web 服务双雄

离开了浏览器和 Web 服务,世界将会怎样?互联网时代,几乎离不开浏览器和 Web 应用(Web Services)。Web 应用的日益丰富极大地提升了互联网的价值,使得互联网与大众的生活越来越紧密,"互联网+"也成为不可逆转的趋势。

Web 应用就是以 Web 服务为基础提供的各种应用,其架构为 B/S 架构,即浏览器/服务器架构。由于客户端基于浏览器而非操作系统,故称为 Web Services,并且浏览器无处不在,跨越各种硬件平台和操作系统,所以与传统基于某种操作系统平台客户端的 C/S 架构的应用相比,Web Services 具有更广阔的应用空间,而且不用担心被某一平台所绑架,如熟悉的 Windows 平台应用程序,离开了 Windows 操作系统,在 Linux 环境中就无法直接使用,而 Web Services 则没有此问题,一个 Web 服务可以为各种主流操作系统的 PC、智能手机、平板提供服务,只要有浏览器就能使用。

Web 服务器提供了关键的 Web 服务,使得丰富的 Web Services 得以实现。在 Web 时代,选择一款优秀的 Web 服务器至关重要,目前最流行的开源 Web 服务器非 Apache 和 Nginx 莫属,而绝大多数网站都采用 Web 服务器配以 PHP、Python 和 Java 等服务端语言开发的 Web 程序,通过浏览器为无数用户提供服务。

13.1 Web 服务

Web 服务器调查公司 Netcrafe（http://www.netcraft.co.uk/）的统计数据显示,截至 2019 年 3 月,Apache 和 Nginx 这两大著名开源 Web Server 在活跃网站中的占有率分别为 27.61% 和 25.68%,这两种开源 Web 服务器几乎占据了 Web 服务器的半壁江山,如图 13-1 所示。

Web 服务:

W3Techs 的统计数据显示，截至 2019 年 3 月 1 日，Apache 的使用率为 43.9%，而 Nginx 则为 41.6%，分别排名第一和第二。成长最快的 Web 服务器被 Nginx 包揽，足见其发展速度之快、发展潜力之大，具体排名如图 13-1 和图 13-2 所示。

Developer	February 2019	Percent	March 2019	Percent	Change
Apache	386,522,266	26.16%	403,603,745	27.61%	1.45
Microsoft	419,972,039	28.42%	381,017,776	26.06%	-2.36
Nginx	374,544,606	25.34%	375,431,606	25.68%	0.33
Google	23,912,250	1.62%	24,809,682	1.70%	0.08

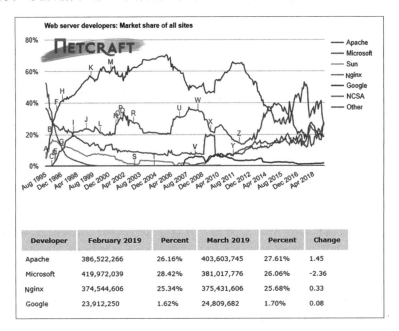

图 13-1　Apache 和 Nginx 的占有率排名（一）

Web Servers

Most popular web servers

© W3Techs.com	usage	change since 1 March 2019
1. Apache	43.8%	-0.3%
2. Nginx	41.6%	+0.4%
3. Microsoft-IIS	8.7%	-0.1%
4. LiteSpeed	4.1%	+0.1%
5. Google Servers	0.9%	

percentages of sites

Fastest growing web servers since 1 March 2019

© W3Techs.com	sites
1. Nginx	1,129
2. LiteSpeed	209
3. Node.js	60

daily number of additional sites in the top 10 million

Find more details in the web server surveys

图 13-2　Apache 和 Nginx 的占有率排名（二）

Apache Web 服务器其实是 a patchy（一个修修补补的）Web 服务器的谐音，它的历史源远流长，在 Illinois 大学 Urbana-Champaign 国家高级计算程序中心诞生，并在开源运动的推动下不断完善。Apache 的 Logo 如图 13-3 所示。

图 13-3　Apache 的 Logo（图片来源：Apache 官方网站）

Apache 的优点是高度成熟的代码和稳定性，这也是许多著名机构采用它的重要原因。例如，维基百科采用 Ubuntu 系统配合 Apache 服务器为世界各地的用户提供高可靠的服务，虽然其较高的系统开销一直被很多用户所诟病，但对于大型企业或机构来说，高度可靠才是第一位的。此外，Apache 完善的模块化设计，使其整体的架构十分开放，不仅可以方便地动态加载和卸载各种功能模块，还可以开发各种定制的功能模块，借助这些功能模块，Apache 可以无限地扩展其功能。

Nginx 是 Web 服务器的后起之秀，于 2004 年发布第 1 版，其设计目的是实现一个小巧、高效和稳定的反向代理和 Web 服务器，具有专业的反向代理功能（Apache 也支持反向代理），支持基于七层（网络 OSI 的七层是应用层）的负载均衡，尤其适合高并发、高负载的应用环境，还支持电子邮件代理功能。Nginx 也采用了模块化设计，与 Apache 不同的是，目前 Nginx 只支持静态方式加载模块，节省资源且高效，再加上一专多能，Nginx 从推出以来备受用户追捧，迅速流行起来，成为与 Apache 齐名的开源 Web 服务器。Nginx 的 Logo 如图 13-4 所示。

![Nginx Logo]

图 13-4　Nginx 的 Logo（图片来源：Nginx 官方网站）

简言之，Nginx 是一个轻量级、高性能、多进程的 Web 服务器，专为高并发而生，典型的"一低两高"（低资源消耗，高负载和高并发）。此外，Nginx 的两个突出功能是反向代理和负载均衡，这些也是实现大型网站动/静分离的主要技术。值得一提的是两个 Nginx 衍生开源项目——OpenResty 和 Tengine，前者又被称为 ngx_openresty，其通过 LUA 扩展 Nginx 并汇集了各种优秀的 Nginx 模块，令 Nginx 使用起来更加便捷和高效，而后者则是由阿里（Alibaba）开发和维护的 Nginx 分支项目，对一些应用场景的功能进行了加强。

OpenResty 项目的 Logo 如图 13-5 所示。

图 13-5　OpenResty 项目的 Logo（图片来源：OpenResty 官网）

Tengine 项目的 Logo 如图 13-6 所示。

图 13-6　Tengine 项目的 Logo（图片来源：Tengine 官网）

可以根据自己的需求和应用场景灵活选择 Nginx 版本。需要注意的是，Nginx 可以说是一专多能，除了可以提供 Web 服务，还可以实现缓存服务、代理服务、负载均衡服务、动静分离及邮件服务。本章主要侧重其高频应用 Web 服务、反向代理服务、动静分离和负载均衡服务。Nginx 其他功能的实现也不复杂，如果需要可以参考其官方文档配置。

13.2　部署和配置 Apache Web 服务器

13.2.1　部署 Apache 服务器

运行如下命令即可部署 Apache Web 服务器：

```
sudo aptitude update
sudo aptitude install -y apache2
```

安装成功后就可以测试所安装的 Apache Web 服务器了。运行如下命令启动 Apache：

```
sudo systemctl status apache2
● apache2.service - The Apache HTTP Server
   Loaded: loaded (/lib/systemd/system/apache2.service; enabled; vendor preset:
   Drop-In: /lib/systemd/system/apache2.service.d
            └─apache2-systemd.conf
   Active: active (running) since Fri 2018-07-06 23:38:24 UTC; 9s ago
 Main PID: 2388 (apache2)
    Tasks: 55 (limit: 2293)
   CGroup: /system.slice/apache2.service
           ├─2388 /usr/sbin/apache2 -k start
           ├─2390 /usr/sbin/apache2 -k start
           └─2391 /usr/sbin/apache2 -k start

Jul 06 23:38:22 us1804 systemd[1]: Starting The Apache HTTP Server...
Jul 06 23:38:24 us1804 apachectl[2365]: AH00558: apache2: Could not reliably det
Jul 06 23:38:24 us1804 systemd[1]: Started The Apache HTTP Server
```

出现上述内容，则说明 Apache 服务正常运行。如果要进行进一步的测试，可以运行浏览器，输入服务器的 IP 地址 http://192.168.1.14，在默认情况下会出现如图 13-7 所示的测试页面。

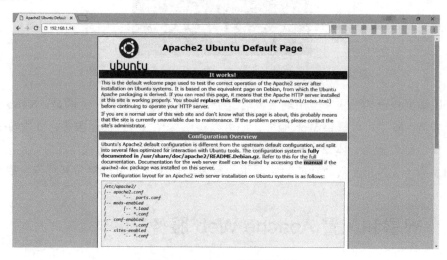

图 13-7　Apache 的测试页面

在浏览器中看到图 13-7 所示的测试页面内容则表示安装运行成功。成功安装后，即可使用 Apache 构建 Ubuntu 本地软件仓库，将 Ubuntu 官方软件仓库镜像到本地，大致需要 60GB～80GB 的磁盘空间，关键方法如下。

1. 服务器端

从 Ubuntu 官方软件仓库安装软件包的速度比较慢，如果有条件，不妨利用刚安装好的 Apache 来镜像一个本地软件仓库，注意服务器要有足够的磁盘空间及网络带宽，关键操作如下：

sudo aptitude install -y apt-mirror

sudo ln -s /var/spool/apt-mirror/mirror/archive.ubuntu.com/ubuntu/ /var/www/html/ubuntu

使用如下命令配置为自动定时同步：

sudo vim /etc/cron.d/apt-mirror

并添加如下配置：

0 0 * * *　　apt-mirror　　　　/usr/bin/apt-mirror > /var/spool/apt-mirror/var/cron.log
　　　　　　　　　　　　　　　　　　　　#每晚 0 时 0 分自动更新 Apt 镜像

建议每天晚上在服务器负载及带宽比较空闲的时候进行同步更新。同步成功后，即在本地使用 Apache 构建一个 Ubuntu 软件仓库，并每晚自动同步，可以通过浏览器访问，看到类似官方软件仓库的目录和软件包。

2. 客户端

在客户端运行如下命令编辑软件仓库列表文件：

sudo vim /etc/apt/sources.list

添加如下内容：

```
deb http://192.168.1.14/ubuntu bionic main restricted universe multiverse
                              #IP 地址可根据实际情况修改,此列表文件仅供参考,
                              请根据实际情况修改
deb http://192.168.1.14/ubuntu bionic-updates main restricted universe multiverse
deb http://192.168.1.14/ubuntu bionic-security main restricted universe multiverse
```

最后运行如下命令升级软件仓库索引：

```
sudo aptitude update
```

安装软件时可以明显感觉出，镜像到本地软件仓库的速度要比官方软件仓库快很多。

13.2.2　深入 Apache 配置目录

Ubuntu 下的 Apache 配置文件全部保存在/etc/apache2 目录下，该目录的结构和 RHEL/CentOS 系统下的 Apache 大不一样，其目录结构如下：

```
drwxr-xr-x  8 root root  4096 Jul  6 23:38 ./
drwxr-xr-x 93 root root  4096 Jul  6 23:44 ../
-rw-r--r--  1 root root  7224 Jun  7 21:10 apache2.conf
drwxr-xr-x  2 root root  4096 Jul  6 23:38 conf-available/
drwxr-xr-x  2 root root  4096 Jul  6 23:38 conf-enabled/
-rw-r--r--  1 root root  1782 Jun  7 21:10 envvars
-rw-r--r--  1 root root 31063 Jun  7 21:10 magic
drwxr-xr-x  2 root root 12288 Jul  6 23:38 mods-available/
drwxr-xr-x  2 root root  4096 Jul  6 23:38 mods-enabled/
-rw-r--r--  1 root root   320 Jun  7 21:10 ports.conf
drwxr-xr-x  2 root root  4096 Jul  6 23:38 sites-available/
drwxr-xr-x  2 root root  4096 Jul  6 23:38 sites-enabled/
```

该目录下的第一个文件是 apache2.conf，即 Ubuntu 下 Apache 的主配置文件，与 RHEL/CentOS 下 Apache 的主配置文件 httpd.conf 功能类似，而且该文件还引用了很多该目录下的相关文件，具体引用文件如下：

```
IncludeOptional mods-enabled/*.load      #包含动态模块的加载
IncludeOptional mods-enabled/*.conf      #包含动态模块的配置
Include ports.conf                       #包含 Apache 监听端口配置
IncludeOptional conf-enabled/*.conf      #包含 Apache 生效配置
IncludeOptional sites-enabled/*.conf     #包含生效虚拟主机配置
```

需要注意的是，引用就相当于将所引用的文件内容放置到该文件中。

conf-available 目录包含 Apache 的全局配置文件，但默认不会生效，而 conf-enabled 目录所包含的文件其实是指向 conf-available 目录下相应文件的符号链接，链接哪个文件

哪个文件生效。

结果如下：

```
drwxr-xr-x 2 root root 4096 Jul    6 23:38 ./
drwxr-xr-x 8 root root 4096 Jul    7 00:37 ../
lrwxrwxrwx 1 root root      30 Jul  6 23:38 charset.conf -> ../conf-available/charset.conf
lrwxrwxrwx 1 root root      44 Jul  6 23:38 localized-error-pages.conf -> ../conf-available/localized-error-pages.conf
lrwxrwxrwx 1 root root      46 Jul  6 23:38 other-vhosts-access-log.conf -> ../conf-available/other-vhosts-access-log.conf
lrwxrwxrwx 1 root root      31 Jul  6 23:38 security.conf -> ../conf-available/security.conf
lrwxrwxrwx 1 root root      36 Jul  6 23:38 serve-cgi-bin.conf -> ../conf-available/serve-cgi-bin.conf
```

可以看到 conf-enabled 目录下都是链接文件，表示这些配置全局生效，此外，还有好多类似的目录，如*-available 和*-enabled，使用方法也类似。

envvars 文件包含 Apache 环境变量的设置，除必要外一般无需修改。magic 文件包含 mod_mime_magic 模块的数据，通常无需修改。mods-avaliable 目录包含可用模块的配置及加载文件，而 mods-enabled 目录包含的文件其实是指向 mods-avaliable 目录下相应文件的符号链接，如果要加载某项模块的功能，只要把 mods-avaliable 中的对应的模块配置文件在该目录下建立一个符号链接，重启 Apache 服务即可生效。ports.conf 文件指定 Apache 监听的 TCP 端口，默认是 80 端口。

sites-avaliable 目录是对虚拟主机进行配置，如果存在多个虚拟主机，可以分别在几个文件中进行配置。启用哪些虚拟主机，就把那些对应在 sites-avaliable 目录下的配置文件在该目录下建立符号链接，重启 Apache 令服务生效。

13.2.3 配置 Apache Web 服务

CentOS/RHEL 系统下的 Apache 配置如下：首先配置 Apache 默认的 Web 主机，配置了 Apache 默认的 Web 主机就可以提供 Web 服务，如果需要多部 Web 主机在这个 Apache 服务器中运行，则需要配置虚拟主机。Ubuntu 系统继承了 Debian 系统的 Apache 配置习惯，配置 Apache 其实就是配置 Apache 的主配置文件 apache2.conf 和默认虚拟主机文件。虚拟主机配置文件为 sites-enabled 目录下的 000-default.conf，Apache 主配置文件内容如下：

```
sudo vim /etc/apache2/apache2.conf
```

文件内容如下：

```
Mutex file:${APACHE_LOCK_DIR} default
PidFile ${APACHE_PID_FILE}              #定义保存第一个 Apache 进程编号的文件位置
Timeout 300                             #定义 Apache 服务器超时时间
KeepAlive On                            #设置 Apache 进程对每个请求的链接是否
```

	保持长链接
MaxKeepAliveRequests 100	#定义每个链接最多能处理的请求个数
KeepAliveTimeout 5	#设置链接的保持时间，超过时间就关闭链接
User ${APACHE_RUN_USER}	#默认用户为 www-data
Group ${APACHE_RUN_GROUP}	#默认用户组为 www-data
HostnameLookups Off	#域名查询，默认关闭，降低处理每个请求的开销
ErrorLog ${APACHE_LOG_DIR}/error.log	#定义错误日志的名称
LogLevel warn	#定义日志记录级别，默认配置为 warn，即出现此级别日志就记录到错误日志
IncludeOptional mods-enabled/*.load	#包含 mods-enabled 目录所有的*.load 文件
IncludeOptional mods-enabled/*.conf	#包含 mods-enabled 目录所有的*.conf 文件
Include ports.conf	#包含 ports.conf 文件

```
<Directory />                              #设置网站根目录的访问权限
        Options FollowSymLinks             #允许使用符号链接
        AllowOverride None                 #不允许覆盖当前设置，也就是不处理.htaccess
                                            文件或者禁止.htaccess 文件
        Require all denied                 #拒绝所有请求，Apche 2.4 定义方式
</Directory>
<Directory /usr/share>
        AllowOverride None
        Require all granted                #允许所有请求，Apche 2.4 定义方式
</Directory>
<Directory /var/www/>
        Options Indexes FollowSymLinks     #允许没有 DirectIndex 配置时显示目录内容
                                            及使用符号链接
        AllowOverride None
        Require all granted
</Directory>
AccessFileName .htaccess
<FilesMatch "^\.ht">
        Require all denied
</FilesMatch>
LogFormat "%v:%p %h %l %u %t \"%r\" %>s %O \"%{Referer}i\" \"%{User-Agent}i\"" vhost_combined                                 #定义日志格式
LogFormat "%h %l %u %t \"%r\" %>s %O \"%{Referer}i\" \"%{User-Agent}i\"" combined
```

```
LogFormat "%h %l %u %t \"%r\" %>s %O" common
LogFormat "%{Referer}i -> %U" referer
LogFormat "%{User-agent}i" agent
IncludeOptional conf-enabled/*.conf
IncludeOptional sites-enabled/*.conf
```

Ubuntu 中的 Apache 是经过定制的,与标准的 Apache 不同,Ubuntu 中的 Apache 默认只有一部虚拟主机。什么是 Apache 的虚拟主机?虚拟主机是 Apache 的一项极富创意和价值的技术,解决了低效和浪费资源的问题。一台 Web 服务器只提供一个网站服务,利用虚拟主机技术,可以把一个 Apache 服务器分成许多"虚拟"的主机,从而实现多个网站共享硬件资源、网络资源,大大降低了 Web 服务的运营成本。此外,使用虚拟主机技术的另一个好处就是,虚拟主机各网站之间是完全独立的,所以多数 ISP 提供的或出售的空间,其实就是虚拟主机。

Apache 主要支持 3 种虚拟主机技术,分别是基于域名的虚拟主机、基于 IP 地址的虚拟主机及基于端口的虚拟主机。Ubuntu 中默认采用的是基于域名的虚拟主机技术。

基于域名的虚拟主机是使用最广泛的虚拟主机技术,这种方式的突出优点是只需要服务器有一个 IP 地址即可创建多台虚拟主机,所有的虚拟主机共享一个 IP 地址,虚拟主机之间是通过域名进行区分的。基于域名的虚拟主机就是通过利用 HTTP 协议访问请求中包含 DNS 域名的信息实现的,这样当 Web 服务器收到访问请求时,就可以根据不同的域名访问相应的网站。在 IPv4 地址匮乏的今天,使用基于域名的虚拟主机再合适不过了。

默认的虚拟主机配置文件是 000-default.conf,默认配置内容及说明如下:

```
sudo vim /etc/apache2/sites-enabled/000-default.conf
                                            #默认的虚拟主机配置文件
```

文件内容如下:

```
<VirtualHost *:80>                          #Apache 默认监听的端口号为 80
    ...
    ServerName www.example.com              #定义虚拟主机的域名,此配置极为重要
    ServerAdmin webmaster@localhost
                                            #指定服务器管理员的邮件地址
    DocumentRoot /var/www/html              #定义虚拟主机的根目录,此配置极为重要
    ErrorLog ${APACHE_LOG_DIR}/error.log
                                            #定义错误日志的名称
    CustomLog ${APACHE_LOG_DIR}/access.log combined
                                            #定义访问日志存放路径和记录格式
    ...
</VirtualHost>
```

下面创建 Apache 默认的虚拟主机,服务器的 IP 地址为 192.168.1.14,在/etc/hosts 文件中提供 www.ubuntu.com 和 www.ubuntu.org 域名对应的 IP 地址 192.168.1.14,这样就实

现了一个 IP 地址为两个域名提供服务，这两个域名分别对应两台虚拟主机，而每台虚拟主机都对应不同的主目录——ubuntucom 和 ubuntuorg。要实现这个功能，首先需要禁用默认的 Apache 虚拟主机，关键操作如下：

```
sudo a2dissite 000-default.conf        #a2dissite 命令是 Apache2 禁止某个站
                                        点的工具

sudo systemctl reload apache2
```

然后创建/etc/apache2/sites-available/vh.conf 虚拟主机配置文件：

```
sudo vim /etc/apache2/sites-available/vh.conf
```

添加如下虚拟主机配置：

```
<VirtualHost    *:80>                  #虚拟主机中没有定义的配置将使用
                                        Apache 的默认配置

    ServerName www.ubuntu.com
    ServerAdmin ubuntu@hotmail.com
    DocumentRoot "/var/www/ubuntucom"
</VirtualHost>
<VirtualHost    *:80>
    ServerName www.ubuntu.org
    ServerAdmin ubuntu@gmail.com
    DocumentRoot "/var/www/ubuntuorg"
</VirtualHost>
```

这里使用<VirtualHost   *:80 >来指定虚拟主机所使用的域名及主目录，虚拟主机的关键定义在上面的代码中，下面需要创建虚拟主机的主目录，关键操作如下：

```
sudo mkdir /var/www/ubuntucom -p       #一定要和虚拟主机定义文件中的路径
                                        一致

sudo mkdir /var/www/ubuntuorg -p
```

然后在各自的目录中创建各自的 index.html 文件，文件内容应容易区分，最后启用这个站点并重启 Apache，关键操作如下：

```
sudo a2ensite vh.conf                  #a2ensite 命令是 Apache2 用于启用某
                                        个站点的工具

sudo systemctl reload apache2
```

最后，使用不同的域名访问不同的虚拟主机，将显示不同的主页，具体操作如下：

```
sudo aptitude install -y elinks        #安装文本浏览器 elinks
elinks www.ubuntu.com                  #访问.com 站点，应该显示.com 站点主页
elinks www.ubuntu.org                  #访问.org 站点，应该显示.org 站点主页
```

Tips：Apache 日志保存在哪里？

Ubuntu 环境下 Apache 所有的日志文件都保存在/var/log/apache2/目录下。

结果如下：

```
drwxr-x---   2 root adm        4096 Jul  6 23:38 ./
drwxrwxr-x 12 root syslog 4096 Jul  7 01:22 ../
-rw-r-----   1 root adm        2383 Jul  7 00:12 access.log
-rw-r-----   1 root adm        1859 Jul  7 01:50 error.log
-rw-r-----   1 root adm           0 Jul  6 23:38 other_vhosts_access.log
```

上述目录包含 Apache 访问日志 access.log、错误日志 error.log 和其他虚拟主机访问日志 other_vhosts_access.log，这些日志对于 Apache 服务监控和排错来说具有重要的价值。可以通过阅读 Apache 在线手册，获得更多的配置参数和范例。

13.2.4　启用对 Python CGI 的支持

作为一个集优雅和强大功能于一体的语言，Python 十分常用，下面就为 Apache 启用 Python CGI 的支持，关键操作如下：

sudo aptitude update	
sudo aptitude install -y python	#安装 Python 的版本为 2.7.15
sudo a2enmod cgi	#启用 CGI 模块

运行如下命令重启 Apache 令其生效：

```
sudo systemctl restart apache2
```

Tips：什么是 CGI、FastCGI、SCGI 和 WSGI？

互联网刚兴起的时候，提供的内容和信息有限，网站大多采用静态 HTML 页面就够了。但由于互联网的迅猛发展，网站的规模越来越大，内容越来越多，且内容类型越来越多样化，更新也越来越快，所以仅采用手工方法创建静态 HTML 网页已经捉襟见肘了，不仅数据量有限，而且更新不易，这就需要数据库的帮助；但网页语言 HTML 又无法直接操作数据库，所以，基于 CGI（Common Gateway Interface，通用网关接口）的 Web 服务端程序就火爆登场了。

CGI 其实就是 Web 服务器端运行环境，该环境通过支持 PHP、Python 甚至 C 语言等语言开发的服务器端程序来实现对网站数据库的各种操作，进而实现动态生成网页，这种根据访问需求从数据库动态提取网页内容来生成网页的技术被称为动态网页技术。

后来，网站的规模越来越大，CGI 技术也满足不了需求，主要问题就是速度慢、效率低，这样 FastCGI 的出现就顺理成章了。FastCGI 是对 CGI（通用网关接口）的改进和扩展，其主要行为是以守护进程的方式将 CGI 解释器保持在内存中，以提供更好的性能和伸缩性。以 PHP 的 FastCGI 来说，其一般会启动多个守护进程提供服务，监听 9000 端口，等待来自 Web 服务器的请求，当浏览器发请求到 Web 服务器时，Web 服务器将 CGI 环境变量及标准输入发送到 FastCGI 子进程，经过处理后将结果返回给 Web 服务器，这就是 FastCGI 的大致处理流程。

SCGI（Simple CGI）可以视为 FastCGI 的精简版本，其设计目的是适应越来越多基于

AJAX 或 REST 的 HTTP 请求，以做出更快更简洁的应答。SCGI 约定，当服务器返回对一个 HTTP 协议请求响应后，立刻关闭该 HTTP 连接。

WSGI 与 CGI、SCGI、FastCGI 类似，只不过它是 Python 语言生态专用的网关接口，WSGI 的全称是 Web Server Gateway Interface，即 Web 服务器网关接口。WSGI 是一个定义了 Web 服务器如何与 Python 应用程序交互的规范，帮助基于 Python 的 Web 应用和 Web 服务器整合起来，随着 Python 在各领域日益流行，WSGI 的使用也越来越多。

最后，创建一个 Python 测试脚本来检查上述配置，操作如下：

sudo vim /usr/lib/cgi-bin/info.py

文件内容如下：

#!/usr/bin/env python
print "Content-type: text/html\n\n"
print "Hello World\n"
EOF

之后再执行如下命令修改权限：

sudo chmod 705 /usr/lib/cgi-bin/info.py

最终结果如图 13-8 所示。

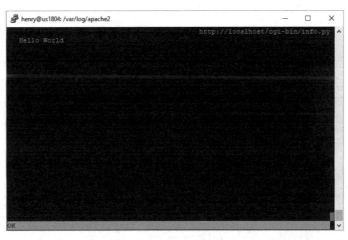

图 13-8 显示 Python 测试页

13.2.5 启用 SSL 安全加密传输

要使用 SSL 加密连接，首先要有证书，最好是由权威 CA 签发的证书，不过这样的证书通常是需要付费的，所以这里采用自签发证书实现 HTTPS。签发的过程大致为：创建私钥、生成证书请求文件，然后使用私钥和证书请求文件签发证书。

1. 创建私钥

sudo -i   #切换到 root 用户操作起来比较方便，
                                                      创建完毕需要使用 exit 切换到普通

	用户
cd /etc/ssl/private/	
openssl genrsa -aes128 -out server.key 2048	#创建私钥，必须输入密码完成创建
Generating RSA private key, 2048 bit long modulus	
.......+++	
....+++	
e is 65537 (0x10001)	

然后需要设置密码，输入一个简单的即可，因为一会儿将要清除掉这个密码，关键操作如下：

Enter pass phrase for server.key:	#设置一个简单的密码
Verifying - Enter pass phrase for server.key:	#确认密码

运行如下命令清除刚才设置的密码：

openssl rsa -in server.key -out server.key	
Enter pass phrase for server.key:	#输入刚才设置的密码并清除此密码
writing RSA key	

2. 生成证书请求文件

执行如下命令生成证书请求 csr 文件：

openssl req -new -days 3650 -key server.key -out server.csr

随后将会以交换方式生成证书，根据自己的情况回答即可，参考步骤如下：

Country Name (2 letter code) [AU]:CA	#国家编码，加拿大 CA，中国 CN
State or Province Name (full name) [Some-State]:ON	
	#州或省份名称
Locality Name (eg, city) []:Toronto	#城市名称
Organization Name (eg, company) [Internet Widgits Pty Ltd]:Ubuntu	
	#公司名称
Organizational Unit Name (eg, section) []:Develop	
	#公司部门名称
Common Name (e.g. server FQDN or YOUR name) []:www.ubuntu.com	
	#服务器的网址（FQDN）
Email Address []:hxl2000@gmail.com	#邮件地址
Please enter the following 'extra' attributes	#额外属性可不填写
to be sent with your certificate request	
A challenge password []:	
An optional company name []:	

3. 使用私钥和证书请求文件签发证书

使用上述生成的自签发 CA 证书签发服务器证书，关键操作如下：

```
openssl x509 -in server.csr -out server.crt -req -signkey server.key -days 365
                                                #证书有效期为 1 年
Signature ok
subject=/C=CA/ST=ON/L=Toronto/O=Ubuntu/OU=Develop/CN=www.ubuntu.com/emailAddress=hxl2000@gmail.com
Getting Private key
```

为了证书的安全，需要修改密钥的属性，具体操作如下：

```
chmod 400 server.*
```

结果如下：

```
drwx--x---  2 root ssl-cert    4096 Jul   7 02:45 ./
drwxr-xr-x  4 root root        4096 Jul   6 15:02 ../
-r--------  1 root root        1281 Jul   7 02:45 server.crt
-r--------  1 root root        1041 Jul   7 02:45 server.csr
-r--------  1 root root        1675 Jul   7 02:43 server.key
-rw-r-----  1 root ssl-cert    1708 Jul   6 23:38 ssl-cert-snakeoil.key
                                                #系统默认证书文件
...
```

最后别忘了运行 exit 命令退出超级用户模式，编辑如下文件启用 HTTPS 服务：

```
sudo vim /etc/apache2/sites-available/default-ssl.conf
```

定位到 SSLCertificateFile，添加上述生成证书的路径及文件名，关键配置如下：

```
SSLCertificateFile /etc/ssl/private/server.crt
SSLCertificateKeyFile /etc/ssl/private/server.key
```

执行如下命令启用 Web 服务器的 SSL 模块并启用默认 SSL 站点，最后重启 Apache 服务：

```
sudo a2enmod ssl                         #启用 SSL Apache 模块
sudo a2ensite default-ssl                #启用 SSL 默认站点
sudo systemctl restart apache2
```

需要注意的是，使用 HTTPS 访问时，通常显示为 Not Secure，需要将自签发证书手动添加到浏览器信任证书列表中才能正常访问，比自签发证书更好的解决方法是申请免费的证书，如 Let's Encrypt 的免费证书。

13.2.6 Apache 实现反向代理

在开始反向代理（Reverse Proxy）之前，先介绍一下正向代理（Proxy），因为在 Apache 中都会遇到。正向代理犹如一个跳板，如果一个客户端访问不了某网站，但是能访问到一个代理服务器，就可以通过代理服务器去访问那个不能直接访问的网站，这样就需要客户端首先连接到代理服务器，并将访问请求发给代理服务器，然后由代理服务器代劳得到所需要的网页，并返回给客户端。

反向代理方式是指用代理服务器来接收互联网上的连接请求，像向导一般，将你带到所设定的上游服务器页面，并将从上游服务器上得到的结果返回给在互联网中请求连接的客户端。与正向代理过程不同，此时代理服务器对外就表现为一个反向代理服务器。

Tips：正向代理和反向代理的差异。

◆ 正向代理。

◆ 反向代理。

客户端向反向代理服务器发送访问请求，然后反向代理服务器将请求定向转发给目标服务器，最后将从目标服务器获得的内容返回给客户端，在此过程中，客户端访问的内容像原本就是反向代理服务器的一样。

Apache 的 Proxy 可以实现反向代理功能，根据客户端的请求，从后端的服务器获取资源，然后将这些资源返回给客户端，该过程简单高效，需要为 Apache 开启 Proxy 等模块以提供反向代理功能，具体操作如下：

1. 启用代理模块

```
sudo a2enmod proxy proxy_http
```

2. 重启 Apache 服务

```
sudo systemctl restart apache2
```

3. 配置反向代理

启用代理模块后还需要配置反向代理，关键配置如下：

```
sudo vim /etc/apache2/mods-enabled/proxy.conf
```

在编辑器的<IfModule mod_proxy.c> 和 </IfModule>之间添加如下内容：

```
ProxyRequests Off                #ProxyRequests Off 表示开启反向代理，
                                 而 On 则表示开启正向代理
<Proxy *>
    Require all granted
```

```
        </Proxy>
        ProxyPass / http://github.com/          #访问此虚拟主机将跳转到 github.com，注
                                                 意此处不支持 https 加密网址

        ProxyPassReverse / http://github.com/
```

还有一种配置方法是通过虚拟主机来实现的，最终结果完全相同，具体方法如下：

```
sudo vim /etc/apache2/sites-enabled/000-default.conf
```

在编辑器中定位到关键字<VirtualHost *:80>，添加如下内容即可：

```
        ...
        proxypass / http://github.com/
        proxypassreverse / http://github.com/
        ...
</VirtualHost>
```

Tips：如何启用默认的虚拟主机。

使用如下命令启用默认的虚拟主机：

```
sudo a2ensite 000-default.conf
sudo systemctl restart apache2
```

条条大路通罗马，采用哪种方式配置都行，最后运行如下命令重启 Web 服务器：

```
sudo systemctl restart apache2
```

这时访问本地网站就会自动跳转到 github.com，说明 Apache 实现了反向代理功能。

13.2.7 Apache 实现七层负载均衡

负载均衡，顾名思义就是多台 Apache 服务器平均分担负载，以免出现某台服务器负载高宕机或某台服务器闲置的情况，所以标准的 Apache 负载均衡至少需要 4 台 Apache 服务器才能实现。此外，Apache 负载均衡器没有想象得那么复杂，其实就是一个反向代理，只不过它的代理转发地址不是某台具体的 Web 服务器，而是 balancer:// 协议所定义的 Apache Web 服务列表。

虽然 Apache 实现七层负载均衡没有 Nginx 负载均衡流行，负载均衡功能也没有 Nginx 强，但 Apache 负载均衡实现简单、性能可靠，适合对负载均衡要求不是很高的应用场景使用，下面就来实现 Apache 负载均衡。

以最简单的轮询负载均衡为例，4 台 Apache 服务器的规划如下：

```
node 1 192.168.1.180（负载均衡控制节点）
node 2 192.168.1.181（Apache Web 服务节点）
node 3 192.168.1.182（Apache Web 服务节点）
node 4 192.168.1.183（Apache Web 服务节点）
```

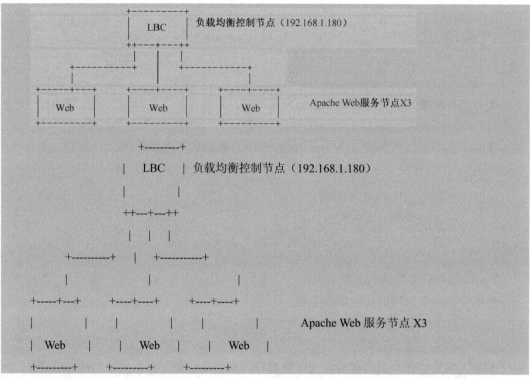

域名如下：

| www.example.com | #可在/etc/hosts 中通过静态方式指定 |

1. 启用负载均衡模块

与反向代理配置类似，首先启用代理和负载均衡模块，操作如下：

```
sudo a2enmod proxy proxy_http proxy_balancer_module lbmethod_byrequests
sudo systemctl restart apache2
```

负载均衡控制节点会将访问请求依次发给各台 Apache Web 服务器，从而实现服务均分。

负载均衡准备工作，首先在各 Web 节点安装 Apache：

```
sudo aptitude update
sudo aptitude install -y apache2
```

然后在各 Apache Web 服务节点创建如下 index.html 文件用于测试：

```
sudo sh -c 'echo "192.168.1.181" > /var/www/html/index.html'
sudo sh -c 'echo "192.168.1.182" > /var/www/html/index.html'
sudo sh -c 'echo "192.168.1.183" > /var/www/html/index.html'
```

2. 实现负载均衡控制节点

负载均衡控制节点配置如下：

```
sudo vim /etc/apache2/mods-enabled/proxy.conf
```

在编辑器中的关键字<IfModule mod_proxy.c>下添加如下内容：

```
ProxyRequests Off
<Proxy *>
    Require all granted
</Proxy>
ProxyPass / balancer://cluster lbmethod=byrequests
            #指定负载均衡节点，采用默认负载均衡算法根据请求次数实现负载均衡
<Proxy balancer://cluster>
    BalancerMember http://192.168.1.181/ loadfactor=1
            #指定 3 台 Web 服务节点，权重范围为 1～100，数字越大权重越高，此例
            都设置为 1
    BalancerMember http://192.168.1.182/ loadfactor=1
    BalancerMember http://192.168.1.183/ loadfactor=1
</Proxy>
```

Tips：lbmethod 高频设置。

◆ lbmethod=byrequests：根据请求次数实现负载均衡（默认负载均衡算法）。

◆ lbmethod=bybusyness：根据繁忙程度实现负载均衡。

◆ lbmethod=bytraffic：根据流量实现负载均衡。

最后运行如下命令重启 Web 服务器：

```
sudo systemctl restart apache2
```

在浏览器中访问 example.com 或 192.168.1.180 时，负载均衡控制节点将会随机选择一个 Apache Web 服务节点提供服务，刷新一次页面，Apache Web 服务节点也会随之改变一次，3 次刷新后返回第一个节点，看到这样的结果，说明 Apache 负载均衡配置完成。

13.2.8 全面管理 Apache Web 服务

Apache Web 服务器不只要配置好，还要管理好。对于一个服务而言，最常用的管理莫过于启动、停止、重启，还有许多应用场合都需要服务随操作系统一同自动启动。

1. 启动 Web 服务

启动 Web 服务的命令如下：

```
sudo systemctl start apache2
```

2. 获取 Web 服务的状态

运行如下命令获取 Web 服务的状态：

```
sudo systemctl status apache2
```

3. 停止 Web 服务

运行如下命令停止 Web 服务：

```
sudo systemctl stop apache2
```

4. 重新启动 Web 服务

执行如下命令重新启动 Web 服务：

```
sudo systemctl restart apache2
```

需要注意的是，生产环境尽量使用 reload 参数来代替 restart。

5. 启用 Web 服务

如果需要 Apache Web 服务随系统启动自动运行，可以执行如下命令实现：

```
sudo systemctl enable apache2
```

6. 禁用 Web 服务

运行如下命令禁用 Apache Web 服务操作，使其不随系统自动启动：

```
sudo systemctl disable apache2
```

13.3 部署和配置 Nginx Web 服务器

部署和配置 Nginx Web 服务器的方法和复杂程度与 Apache 类似，本节将深入介绍 Nginx 服务器。

13.3.1 部署 Nginx Web 服务

运行如下命令，部署 Nginx Web 服务器：

```
sudo aptitude update
sudo aptitude install -y nginx
```

使用如下命令启动 Nginx Web 服务并测试：

```
sudo lsof -i:80
```

结果如下：

COMMAND	PID	USER	FD	TYPE	DEVICE	SIZE/OFF	NODE	NAME
nginx	4518	root	6u	IPv4	40522	0t0	TCP	*:http (LISTEN)
nginx	4518	root	7u	IPv6	40523	0t0	TCP	*:http (LISTEN)
nginx	4521	www-data	6u	IPv4	40522	0t0	TCP	*:http (LISTEN)
nginx	4521	www-data	7u	IPv6	40523	0t0	TCP	*:http (LISTEN)

如果看到如上信息，说明 Nginx 运行成功，然后在浏览器中访问 http://127.0.0.1，可

以看到如图 13-9 所示的 Nginx 的 Web 测试页面。

图 13-9　Nginx 的 Web 测试页面

成功部署 Nginx 后，就可以使用 Nginx 构建本地镜像软件仓库了，如果服务器有足够的磁盘空间及网络带宽，还可以考虑构建本地 Ubuntu 软件仓库。

13.3.2　深入 Nginx 配置目录

Ubuntu 环境的 Nginx 配置文件全部保存在/etc/nginx 目录下。
结果如下：

```
drwxr-xr-x    8 root root 4096 Jul    7 03:14 ./
drwxr-xr-x  92 root root 4096 Jul    7 03:20 ../
drwxr-xr-x    2 root root 4096 Apr 17 16:17 conf.d/
-rw-r--r--    1 root root 1077 Apr   6 05:31 fastcgi.conf
-rw-r--r--    1 root root 1007 Apr   6 05:31 fastcgi_params
-rw-r--r--    1 root root 2837 Apr   6 05:31 koi-utf
-rw-r--r--    1 root root 2223 Apr   6 05:31 koi-win
-rw-r--r--    1 root root 3957 Apr   6 05:31 mime.types
drwxr-xr-x    2 root root 4096 Apr 17 16:17 modules-available/
drwxr-xr-x    2 root root 4096 Jul    7 03:14 modules-enabled/
-rw-r--r--    1 root root 1482 Apr   6 05:31 nginx.conf
-rw-r--r--    1 root root  180 Apr   6 05:31 proxy_params
-rw-r--r--    1 root root  636 Apr   6 05:31 scgi_params
drwxr-xr-x    2 root root 4096 Jul    7 03:14 sites-available/
drwxr-xr-x    2 root root 4096 Jul    7 03:14 sites-enabled/
drwxr-xr-x    2 root root 4096 Jul    7 03:14 snippets/
```

```
-rw-r--r--   1 root root    664 Apr   6 05:31 uwsgi_params
-rw-r--r--   1 root root   3071 Apr   6 05:31 win-utf
```

该目录下的 nginx.conf 是 Nginx 的主配置文件，与 Apache 主配置文件 apche2.conf 类似，该文件也引用了几个相关文件，具体引用文件如下：

```
include /etc/nginx/modules-enabled/*.conf;   #当前有效模块的相关配置
include /etc/nginx/mime.types               #含有资源媒体类型相关的配置
include /etc/nginx/conf.d/*.conf            #一般性的配置文件
include /etc/nginx/sites-enabled/*          #虚拟主机的配置参数
```

conf.d 包含 Nginx 的一些配置文件，但默认为空。fastcgi.conf 和 fastcgi_params 主要是 FastCGI 的配置文件和默认参数。前面已经了解了 FastCGI，在下面的章节中将会对其进行单独介绍，这里就理解为是运行 Web 程序的环境。proxy_params 文件保存的是反向代理服务的一些重要参数，而 sites-available 目录是对虚拟主机进行配置，如果存在多个虚拟主机，可以分别在几个文件中进行配置。启用哪些虚拟主机就在 sites-enabled 目录下创建相应虚拟主机配置文件的符号链接即可，重启 Nginx Web 即可令服务生效。

13.3.3　配置 Nginx Web 服务

配置 Nginx Web 服务，主要应配置 nginx.conf 和 sites-enabled/default 虚拟主机配置文件。首先配置 nginx.conf，默认的文件内容如下：

```
sudo vim /etc/nginx/nginx.conf
```

文件内容如下：

```
user www-data;                              #运行 Nginx 服务的身份，默认为 www-
                                             data 用户身份
worker_processes 4;                         #设置 Nginx 的进程数量，默认数量为
                                             4，一般 CPU 有几个核，就将 worker_
                                             processes 的值设置为几，实在不知道
                                             可以设置为 auto
pid /run/nginx.pid;                         #设置 Nginx 保存 PID 值的文件
include /etc/nginx/modules-enabled/*.conf;  #包含所启用的模块配置文件
events {
        worker_connections 768;             #设置单个 worker process 进程的最大
                                             并发链接数
        # multi_accept on;
}
http {
        ##
```

```
# Basic Settings
##
sendfile on;                                #启用高效文件传输模式
tcp_nopush on;                              #防止网络阻塞
tcp_nodelay on;                             #防止网络阻塞
keepalive_timeout 65;                       #设置客户端保持连接的超时时间（单
                                             位为秒），超时则链接断

types_hash_max_size 2048;
# server_tokens off;                        #为了 Nginx 的安全，默认将 Nginx 版
                                             本显示关闭

# server_names_hash_bucket_size 64;
# server_name_in_redirect off;
include /etc/nginx/mime.types;              #包含文件扩展名和文件类型对应关系文件
default_type application/octet-stream;      #默认文件类型


##
# SSL Settings                              #SSL 相关设置
##
ssl_protocols TLSv1 TLSv1.1 TLSv1.2;        # Dropping SSLv3, ref: POODLE
                                            #定义所支持的 SSL 协议名称
ssl_prefer_server_ciphers on;               #开启 ssl_prefer_server_ciphers，可让会
                                             话使用最安全的加密算法

##
# Logging Settings                          #日志配置
##
access_log /var/log/nginx/access.log;       #定义 Nginx 访问日志的位置
error_log /var/log/nginx/error.log;         #定义 Nginx 错误日志的位置
##
# Gzip Settings                             #Gzip 配置
##
gzip on;                                    #启用 gzip 压缩功能


# gzip_vary on;                             #gzip 相关的配置，根据需要开启或关闭
# gzip_proxied any;
# gzip_comp_level 6;
# gzip_buffers 16 8k;
```

```
            # gzip_http_version 1.1;
            # gzip_types text/plain text/css application/json application/javascript text/xml application/xml application/xml+rss text/javascript;

            ##
            # Virtual Host Configs                    #虚拟主机的配置
            ##
            include /etc/nginx/conf.d/*.conf;         #包含相关配置文件
            include /etc/nginx/sites-enabled/*;       #包含所启用的站点
}
#mail {                                              #Nginx 不仅是一个 Web 服务器，还可
                                                     以充当邮件服务器和反向代理服务器
#       # See sample authentication script at:
#       # http://wiki.nginx.org/ImapAuthenticateWithApachePhpScript
#
#       # auth_http localhost/auth.php;
#       # pop3_capabilities "TOP" "USER";
#       # imap_capabilities "IMAP4rev1" "UIDPLUS";
#
#       server {
#               listen     localhost:110;
#               protocol   pop3;
#               proxy      on;
#       }
#
#       server {
#               listen     localhost:143;
#               protocol   imap;
#               proxy      on;
#       }
#  }
```

此文件除了可以设置注释的选项，其他大多都是以"#"开头的注释，在一般应用环境下，通常采用默认的值即可。

Nginx 的虚拟主机配置文件 default，默认内容如下：

```
sudo vim /etc/nginx/sites-enabled/default
```

文件内容如下：

```
##
# You should look at the following URL's in order to grasp a solid understanding
# of Nginx configuration files in order to fully unleash the power of Nginx.
# http://wiki.nginx.org/Pitfalls
# http://wiki.nginx.org/QuickStart
# http://wiki.nginx.org/Configuration
#
# Generally, you will want to move this file somewhere, and start with a clean
# file but keep this around for reference. Or just disable in sites-enabled.
#
# Please see /usr/share/doc/nginx-doc/examples/ for more detailed examples.
##
# Default server configuration
#
server {
        listen 80 default_server;                       #定义 IPv4 Nginx 的监听端口为 80
        listen [::]:80 default_server;                  #定义 IPv6 Nginx 的监听端口为 80
        # SSL configuration
        #
        # listen 443 ssl default_server;                #支持 IPv4 SSL 安全连接
        # listen [::]:443 ssl default_server;           #支持 IPv6 SSL 安全连接
        #
        # Self signed certs generated by the ssl-cert package
        # Don't use them in a production server!
        #
        # include snippets/snakeoil.conf;
        root /var/www/html;                             #定义 Nginx Web 服务器的根目录
        # Add index.php to the list if you are using PHP
        index index.html index.htm index.nginx-debian.html;
                                                        #首页名称设置，可设置多个
        server_name _;                                  #定义域名，配置基于名称的虚拟
                                                         主机

        location / {
                # First attempt to serve request as file, then
                # as directory, then fall back to displaying a 404.
                try_files $uri $uri/ =404;
```

```
        }
        # pass the PHP scripts to FastCGI server listening on 127.0.0.1:9000
        #
        #location ~ \.php$ {
        #       include snippets/fastcgi-php.conf;
        #
        #       # With php5-cgi alone:
        #       fastcgi_pass 127.0.0.1:9000;
        #       # With php5-fpm:
        #       fastcgi_pass unix:/var/run/php5-fpm.sock;
        #}
        # deny access to .htaccess files, if Apache's document root
        # concurs with nginx's one
        #
        #location ~ /\.ht {
        #       deny all;
        #}
}
# Virtual Host configuration for example.com            #虚拟主机配置实例 example.com
#
# You can move that to a different file under sites-available/ and symlink that
# to sites-enabled/ to enable it.
#
#server {                                               #自定义虚拟主机模板
#       listen 80;                                      #定义虚拟主机监听端口
#       listen [::]:80;
#
#       server_name example.com;                        #定义虚拟主机域名
#
#       root /var/www/example.com;                      #定义虚拟主机的根目录
#       index index.html;                               #定义默认的索引文件
#
#       location / {
#               try_files $uri $uri/ =404;
#       }
#}
```

关键配置是域名和根目录，最简虚拟主机配置方法如下：

```
server {
        listen 80;
        server_name www.ubuntu.com;          #定义虚拟主机的主机名
        root /var/www/ubuntucom/;            #定义虚拟主机的根目录
}
server {
        listen 80;
        server_name www.ubuntu.org;
        root /var/www/ubuntuorg/;
}
```

上述配置定义了两部虚拟主机，一部虚拟主机的域名为 ubuntu.com，另一部虚拟主机的域名为 ubuntu.org，相应的根目录为/var/www/ubuntucom/和/var/www/ubuntuorg/。Nginx 会根据域名提供不同的内容，重启 Nginx 服务之后，即可实现基于域名的虚拟主机，与 Apache 中例子的方法和效果类似。

13.3.4 启用 Python 支持

为 Nginx 启用 Python 支持，需要安装 Python 相关的软件包并配置 Nginx，具体操作如下。

1. 安装依赖和 uWSGI

运行如下命令安装 uWSGI：

```
sudo aptitude update
sudo aptitude install -y nginx python python-dev python-pip
                                            #安装 Python pip
sudo pip install uwsgi                      #通过 Python 包管理器的 pip 安装 uWSGI
```

2. 配置 Nginx

```
sudo vim /etc/nginx/sites-enabled/default
```

在"server {"中添加如下内容：

```
...
location / {
        root     html;
        uwsgi_pass 127.0.0.1:9001;          #指定 Nginx 和 uWSGI 的通信端口 socket
        include uwsgi_params;
}
```

把另一个"location /"的定义部分全部进行注释并重启 Nginx：

```
sudo systemctl restart nginx
```

3. 编写 Python 测试脚本

Python 测试脚本的创建方法如下：

```
sudo vim /var/www/html/hello.py
```

Python 测试脚本的内容如下：

```python
def application(environ,start_response):
        start_response('200 OK',[('Content-Type','text/plain')])
        return ["Hello World"]
```

4. 运行 uWSGI

Nginx 仅提供静态文件访问的 Web 服务，执行 Python 应用可运行 uWSGI，所以，除了要运行 Nginx 服务，还需要运行 uWSGI，运行如下命令启动 uWSGI：

```
cd /var/www/html
sudo uwsgi --http :9001 --wsgi-file hello.py
```

在上述命令中，--http 参数表示使用 HTTP 协议，且端口为 9001；--wsgi-file 参数指定所加载的文件，uWSGI 运行后，即可在浏览器中访问地址：http://192.168.1.14:9001/。

或在命令行运行如下命令：

```
curl http://192.168.0.14:9001
Hello World
```

看到 Hello World 说明 Nginx 已经成功将请求转发给了 uWSGI，可以进一步部署 Web 架构了，如 Flask 或 Django。

13.3.5 SSL 加密令 Nginx Web 服务器更安全

SSL 加密是大势所趋，为 Nginx 添加 SSL 加密支持也很方便，运行如下命令编辑虚拟主机的配置文件：

```
sudo vim /etc/nginx/sites-enabled/default
```

定位到如下位置：

```
# listen 443 ssl default_server;
# listen [::]:443 ssl default_server;
```

取消注释并在配置中追加如下内容：

```
ssl_prefer_server_ciphers   on;
ssl_ciphers    'ECDH !aNULL !eNULL !SSLv2 !SSLv3';
ssl_certificate    /etc/ssl/private/server.crt;          #指定 SSL 安装证书文件地址
ssl_certificate_key    /etc/ssl/private/server.key;      #指定 SSL 安装证书文件地址
```

在上述配置中，server.key 是网站的证书，证书的创建请参阅 Apache 部分的相关内容，方法完全相同，重启后 Nginx 即可提供 HTTPS 安全连接。

13.3.6　Nginx 反向代理

反向代理是 Nginx 的一个经典应用，其典型用途是将防火墙后的服务器提供给互联网客户端访问，这样比直接访问 Web 服务器更加安全，具体实现方法如下。

配置反向代理服务，可以代理某个网站（如 GitHub），也可以代理某个网站的某个页面，如 GitHub 下的 README.md 页面。这两种代理大同小异，所以放在一起介绍，大家可以根据应用场景灵活选用，具体配置方法如下：

```
sudo vim /etc/nginx/sites-enabled/default
```

添加如下配置实现 Nginx 的反向代理：

```
    server {                                    #在主 server 下配置文件，即第一
                                                 个 server 下
        listen      80;
        location / {                            #对/启用反向代理，location 参数
                                                 可以对请求的 URI 进行匹配，后
                                                 面{}内定义了匹配规则
            proxy_pass    https://github.com;   #proxy_pass 参数后指定一个 URL，
                                                 并将请求反向代理到此 URL 的
                                                 服务器上，如客户端访问 http://
                                                 192.168.1.14:port，则反向代理到
                                                 https://github.com
            proxy_redirect         off;
            proxy_set_header     Host             $host;
                                                 #转发原始请求中的 Host 头部
            proxy_set_header     X-Real-IP        $remote_addr;
                                                 #客户端的真实 IP 添加到 X-Real-
                                                 IP 这个自定义变量
            proxy_set_header     X-Forwarded-For  $proxy_add_x_forwarded_for;
                                                 #记录代理服务器的信息
        }
        location /README.md {                   #客户端访问 http://ip: port/
                                                 README.md，则反向代理到
                                                 Github 相关的 README.md
            proxy_set_header    X-Real-IP $remote_addr;
            proxy_set_header X-Forwarded-For $proxy_add_x_forwarded_for;
```

```
                    proxy_pass
https://github.com/HenryHo2015/shell-scripts/blob/master/ README.md;
                                            #分号缺失频繁报错 unexpected
"}"
            }
        }
    ...
```

配置完成后,保存退出并执行下列命令重启 Nginx 服务:

```
sudo systemctl restart nginx
```

这时通过浏览器访问本地 Web 服务,结果令人吃惊,并没有显示本地 Nginx 默认页面,网页直接跳到了反向代理所设定的网站 GitHub 的首页,如果在地址上加上 README.md,则直接访问笔者 GitHub 账户的 Shell Script 代码仓库的 README.md 文件,这就是反向代理,犹如一个向导将你领到所设定的网页。

13.3.7 Nginx 实现 7 层负载均衡

前面已经实现了 Apache 的负载均衡,但 Nginx 负载均衡更为常用,且功能也比 Apache 要强很多,需要 4 台 Nginx 服务器才能实现。

通常 Nginx 反向代理的上游服务器为 1 台,如果反向代理的上游服务器有多部,并加载 upstream 模块,就可以实现负载均衡的功能,又称为基于 7 层(OSI 模型)的负载均衡或 HTTP 负载均衡。需要注意的是,Nginx 负载均衡的难点和关键不在于安装和配置,而在于调度算法的灵活选择和使用,Nginx 目前支持如下 6 种调度算法(含第三方模块支持)。

(1) Fair(公平):需要第三方 upstream_fair 模块才能实现,此调度算法是一个比较智能的算法,可以根据页面大小及加载时间长短、灵活、智能地实现负载均衡,即根据后端服务器的响应时间来分配请求,实现关键字为 fair。

(2) IP_hash(IP 哈希):此调度算法根据每个请求按访问 IP 的哈希结果分配,从而可缓解 Web 会话资源共享的问题,实现关键字为 ip_hash。

(3) Least-connected(最少连接):此调度算法总是将请求分派到活动连接数量最少的 Nginx Web 服务节点,实现关键字为 least_conn。

(4) RR(轮询):此调度算法是最简单的负载均衡算法,也是 Nginx 负载均衡的默认算法,每个请求按顺序依次分配到不同的 Nginx Web 服务节点,如果某个 Nginx Web 服务节点失效,负载均衡控制节点会自动将其踢出列表。

(5) URL_hash(网址哈希):Nginx 1.7.2 之前的版本需要安装第三方模块实现,此调度算法按所访问网址的哈希结果分配请求到不同的 Nginx Web 服务节点,实现关键字为 hash $request_uri。

(6) WRR(加权轮询):此调度算法是轮询算法的升级版本,可以根据所定义的权重值来分配请求,权重越高被分配到的概率越大,轮询可视为加权轮询的特例,实现关键字为 weight=3。

以最简单的轮询负载均衡为例，4 台 Nginx 服务器规划如下：

node 1 192.168.1.180（负载均衡控制节点）
node 2 192.168.1.181（Nginx Web 服务节点）
node 3 192.168.1.182（Nginx Web 服务节点）
node 4 192.168.1.183（Nginx Web 服务节点）

```
            +--------+
            |  LBC   |  负载均衡控制节点（192.168.1.180）
            |        |
            ++---+---++
             |   |   |
    +--------+   |   +---------+
    |            |             |
    |            |             |
 +--+-+---+  +---+---+    +----+----+
 |        |  |       |    |         |    Nginx Web 服务节点 X3
 |  Web   |  |  Web  |    |   Web   |
 +--------+  +-------+    +---------+
```

域名如下：

example.com   #可在/etc/hosts 中通过静态方式指定

负载均衡控制节点会将访问请求依次发给各台 Nginx Web 服务器，从而实现服务均分。

1. 负载均衡准备工作

首先在各 Web 节点安装 Nginx：

sudo aptitude update
sudo aptitude install -y nginx

然后在各 Nginx Web 服务节点创建如下的 index.html 文件用于测试：

sudo sh -c 'echo "192.168.1.181" > /var/www/html/index.html'
sudo sh -c 'echo "192.168.1.182" > /var/www/html/index.html'
sudo sh -c 'echo "192.168.1.183" > /var/www/html/index.html'

2. 实现负载均衡控制节点

负载均衡控制节点配置如下：

sudo rm -rf /etc/nginx/sites-enabled/default   #删除默认的 default 链接
sudo vim /etc/nginx/sites-enabled/default   #创建一个新的 default 配置文件

在编辑器中添加如下内容：

upstream example.com {
    server 192.168.1.181:80;   #轮询算法无须在首行添加任何关键字，

```
        server 192.168.1.182:80;                    如果要实现其他调度算法，首行应为
        server 192.168.1.183:80;                    实现关键字，如 fair；（配置行以分号
                                                    结尾），唯一的例外是 WRR。weight
    }                                               置于相应节点行尾，此外，端口可以
    server                                          自行定义，如 8080 等，那么 Nginx 节
    {                                               点一定也要做相应配置

        listen  80;                                 #创建新的虚拟主机
        server_name example.com;                    #负载均衡控制节点默认监听端口

        location / {
            proxy_pass          http://example.com;
            proxy_set_header    Host                $host;
            proxy_set_header    X-Real-IP           $remote_addr;
            proxy_set_header    X-Forwarded-For     $proxy_add_x_forwarded_for;
        }
    }
```

最后运行如下命令检测配置文件的语法是否正确：

```
sudo nginx -t
```

如果没有问题，则执行下列命令重启 Nginx 服务：

```
sudo systemctl restart nginx
```

3. 实现 3 个 Nginx Web 服务节点

3 台 Nginx Web 服务节点都要安装 Nginx，选择默认配置即可，在浏览器中访问 example.com 或 192.168.1.180 时，负载均衡控制节点将会随机选择一个 Nginx Web 服务节点提供服务，看到这样的结果，说明 Nginx 负载均衡配置完成。

Nginx 无法实现更为高效的 4 层负载均衡，升级为 Nginx Plus 的商业授权版才能支持，或者可以在 HAProxy（软件）或 F5（硬件）的帮助下实现。F5 硬件昂贵，而 HAProxy 则是一个比 Nginx Plus 更好的 4 层负载均衡解决方案。

13.3.8 全面管理 Nginx Web 服务

与 Apache Web 服务器类似，Nginx 也需要管理其守护进程的启动、停止、重启，以及启用和禁用等操作。

1. 启动 Web 服务

启动 Web 服务的命令如下：

sudo systemctl start nginx

2. 获得 Web 服务的状态

执行如下命令获得 Web 服务的状态：

sudo systemctl status nginx

3. 停止 Web 服务

运行如下命令停止 Web 服务：

sudo systemctl stop nginx

4. 重新启动 Web 服务

执行如下命令重新启动 Web 服务：

sudo systemctl restart nginx

5. 启用 Web 服务

如果需要 Nginx Web 服务随系统启动自动运行，可以执行如下命令实现：

sudo systemctl enable nginx

6. 禁用 Web 服务

运行如下命令禁用 Nginx Web 服务操作，使其不随系统自动启动：

sudo systemctl disable nginx

13.4 本章小结

Web 应用大行其道，Web 服务器必不可少，本章介绍了 Apache 和 Nginx Web 服务器的部署、配置及使用，并在此基础上实现了安全访问的 HTTPS、反向代理、Python 支持、负载均衡等常用配置，实现的都是最基础和常用的功能。本章还引入了 Web 服务端 CGI 和 FashCGI。

第14章 最流行的开源数据库 MySQL

MySQL（本章所介绍的 MySQL 数据库是指其社区版本，同时包括其著名分支版本 MariaDB、Percona Server 和 TokuDB，为了表达简洁，下文统一简称为 MySQL）是世界上最流行的开源数据库，在 DB-Engines Ranking 中的排名稳居第二，以微小差异落后于 Oracle 数据库。

下面先了解一下极具参考价值的数据库排名网站 DB-Engines Rinking。和世界著名的编程语言排名网站 TIOBE 类似，数据库中权威的排名网站非 DB-Engines Ranking 莫属，各种数据库的排名（商业的、开源的、关系型、非关系型的）比较客观地反映了数据库的选择。

2019 年 3 月，DB-Engines Ranking 的排名如图 14-1 所示。

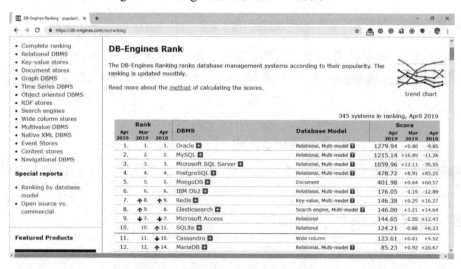

图 14-1　DB-Engines Ranking 的排名

MySQL 数据库是 LAMP Stack 和 LEMP Stack 最重要的组成部分，也是互联网上最流行的数据库，同时也是很多开发者重点关注的对象，前面的章节只是点到为止，本章将深入介绍 MySQL 数据库，帮助大家快速掌握 MySQL 的部署、使用和管理。

14.1　MySQL 数据库大家族

　　MySQL 在互联网早期就已经十分流行了，追求速度、保持简单、坚持开源、几乎支持所有操作系统平台是其成功的主要原因，最新版本为 MySQL 8.0，号称比 MySQL 5.7 快两倍。尽管如此，本章还是以 Ubuntu 官方软件仓库中的稳定版本 MySQL 5.7 为例进行介绍。MySQL 的 Logo 如图 14-2 所示。

图 14-2　MySQL 的 Logo（图片来源：MySQL 官方网站）

　　MySQL 并不是功能最全的数据库，却是比较简单的数据库，其采用 C/C++开发，完全支持多用户和多线程技术，支持海量数据存储。如果仅是一个孤立的数据库，MySQL 可能很难如此流行，它对于 Web 服务端的脚本语言的完善支持是其流行的重要原因。MySQL 为流行的 Perl、Python 及 PHP 提供了相当出色的支持，从而构成互联网上流行的 LAMP 应用架构。MySQL 所采用的 MyISAM 和 InnoDB 两大存储引擎优势互补，拓展了 MySQL 的应用领域。

　　Tips：MyISAM 和 InnoDB 存储引擎。

　　MyISAM 存储引擎的设计思路是简单和速度，不支持事务处理（Business 环境，此功能很重要）、外键等高级功能，而 InnoDB 则支持这些，但其速度略逊一筹，功能和速度比较均衡，最重要的还是要根据应用环境选择最合适的存储引擎，如果数据库绝大多数时间执行大量的 SELECT 语句查询或数据分析，MyISAM 存储引擎是一个很好的选择。如果是在需要事务、隔离等支持且对速度不敏感的环境下，InnoDB 的表现可能会更好。MySQL 官方版本（MySQL 5.5 及之后的版本）被 Oracle 收购后，其默认的存储引擎已经是 InnoDB 了。

　　但近几年来，MySQL 命运多舛，先是其采用的存储引擎 InnoDB 被 Oracle 收购，最终自身也被 Oracle 收购，这样的结果促使 MySQL 的创始人从 MySQL 分出了一个分支，即 MariaDB（玛丽亚数据库），MariaDB 的 Logo 如图 14-3 所示。

图 14-3　MariaDB 的 Logo（图片来源：维基百科）

MariaDB 数据库最大的特点就是采用 XtraDB 存储引擎代替 InnoDB，并且与 MySQL 原生版本完全兼容，同时又保留了 MySQL 原本的自由和开放。XtraDB 存储引擎是由 Percona 开发及维护的高性能存储引擎，是 InnoDB 存储引擎的一个开源分支，其开发目的主要是替代 MySQL 原来所采用的 InnoDB 存储引擎，二者不仅完全兼容，而且在 I/O 性能、锁性能、内存管理等多个方面进行了优化和提升。

著名的 MySQL 数据库咨询公司 Percona 也基于该存储引擎推出了自己的 MySQL 分支——Percona Server，Percona Server 的 Logo 如图 14-4 所示。

图 14-4　Percona Server 的 Logo（图片来源：Percona 官方网站）

这样 MySQL 就有了 MariaDB 和 Percona Server 这两个基于 XtraDB 存储引擎的著名分支。除了 XtraDB 存储引擎之外，还有一个后起之秀——TokuDB，它是一个高性能、支持事务处理的存储引擎，版本为 5.6。TokuDB 官网的测试结果显示，TokuDB 的性能比 InnoDB 好很多，支持 MySQL、MariaDB 和 Percona Server 等主流数据库版本。与 InnoDB 和 XtraDB 相比，TokuDB 的主要特点是超高的 INSERT 性能、高压缩比，以及支持大多数在线修改索引、添加字段等操作，尤其适合高 INSERT 低 UPDATE 的应用环境。

14.2　部署和配置 MySQL 数据库

14.2.1　部署 MySQL 数据库

除了部署 TokuDB 需要额外的软件仓库，Ubuntu 还对 MySQL、MariaDB 和 Percona Server 提供了很好的支持，在其软件仓库中都有现成的软件包，唯一的麻烦是"鱼和熊掌不可兼得"，也就是说，安装了 MySQL 就不能安装 MariaDB 和 Percona Server 了，要部署 MariaDB 就必须卸载 MySQL 和 Percona Server。大家需要注意的是，最好一开始就选定一个数据库来安装，装完一个再装另一个就很容易出现 MySQL Service Masked 的麻烦。

在命令行部署 MySQL、MariaDB、Percona Server 比较简单，只需要运行如下命令即可快速安装（下面将以官方的 MySQL 版本为例）：

```
sudo aptitude update
sudo aptitude install -y mysql-server mysql-client        #安装 Ubuntu 官方软件仓库中的
                                                           MySQL 官方社区版本
```

Tips：安装 MySQL 官方最新版本。

Ubuntu 软件仓库的 MySQL 版本不一定是最新的，但一定是最稳定的版本，如果需要最新的官方版本，如最新的 MySQL 8.0，可以自行安装官方软件仓库，方法如下：

```
cd /tmp                                                    #切换到 tmp 目录
curl -OL https://dev.mysql.com/get/mysql-apt-config_0.8.10-1_all.deb
                                                           #下载最新的 Oracle 官方 APT 软件
                                                            仓库
sudo dpkg -i mysql-apt-config_0.8.10-1_all.deb             #安装最新的 Oracle 官方 APT 软件
                                                            仓库
sudo aptitude update                                       #更新 Ubuntu 系统的软件仓库列表
```

在安装过程中需要选择 MySQL 的版本和分支,根据需要选择即可,添加了官方软件仓库,按照上述方法安装即可获得最新的官方版本。

如部署 MariaDB,可运行如下命令:

```
sudo aptitude install -y mariadb-server mariadb-client     #安装 MariaDB
```

部署 Percona 则会稍微复杂一点,需要先添加 Percona 的软件仓库,关键操作如下:

```
cd    /tmp
wget https://repo.percona.com/apt/percona-release_0.1-6.$(lsb_release -sc)_all.deb
                                                           #下载 Percona 的软件仓库软件包
sudo dpkg -i percona-release_0.1-6.$(lsb_release -sc)_all.deb
                                                           #安装软件包
sudo aptitude update
```

之后运行如下命令进行安装:

```
sudo aptitude install -y percona-server-server-5.7         #从 Percona 官方软件仓库安装 Percona
```

安装 TokuDB,关键操作如下:

```
sudo aptitude install -y percona-server-tokudb-5.7         #安装最新版本的 TokuDB
```

成功部署上述 MySQL 版本之后,无论哪个版本,都需要运行如下命令安装实例数据库并进行安全加固:

```
sudo mysql_secure_installation
```

将出现如下内容:

```
Securing the MySQL server deployment.

VALIDATE PASSWORD PLUGIN can be used to test passwords

and improve security. It checks the strength of password

and allows the users to set only those passwords which are

secure enough. Would you like to setup VALIDATE PASSWORD plugin?

Press y|Y for Yes, any other key for No:y
#是否安装 VALIDATE PASSWORD 插件,评估所设置的密码强度,建议选 yes

There are three levels of password validation policy:

LOW    Length >= 8

MEDIUM Length >= 8, numeric, mixed case, and special characters
```

STRONG Length >= 8, numeric, mixed case, special characters and dictionary file
Please enter 0 = LOW, 1 = MEDIUM and 2 = STRONG: 0
#选择低级别主要是为了在学习环境下便于操作，若是生产环境就需要选 1 或 2 了
Please set the password for root here.
New password: #设置 root 密码
Re-enter new password:
By default, a MySQL installation has an anonymous user, allowing anyone
to log into MySQL without having to have a user account created for
them. This is intended only for testing, and to make the installation
go a bit smoother. You should remove them before moving into a
production environment.
Remove anonymous users? (Press y|Y for Yes, any other key for No) : y
                        #删除匿名用户，默认值为 Yes，直接按"Enter"键继续
Success.
Normally, root should only be allowed to connect from 'localhost'. This
ensures that someone cannot guess at the root password from the network.
Disallow root login remotely? (Press y|Y for Yes, any other key for No) : n
            #禁止 root 用户远程访问 MySQL，这里为了操作方便选择 No，生产环境可根据
             需要来设置
 ... Success.
By default, MySQL comes with a database named 'test' that anyone can
access. This is also intended only for testing, and should be removed
before moving into a production environment.
Remove test database and access to it? (Press y|Y for Yes, any other key for No) : y
                        #删除测试数据库 test
 - Dropping test database...
Success.
 - Removing privileges on test database...
Success.

Reloading the privilege tables will ensure that all changes made so far
will take effect immediately.
Reload privilege tables now? (Press y|Y for Yes, any other key for No)   : y
                        #现在重新加载 privilege tables，令配置生效
Success.
All done!

Tips：安装示例数据库。

上述安装好的 MySQL 其实只是一个 DBMS（数据库管理系统），除了几个重要的数据库，并无任何用于学习和练习的数据库及 SQL 语句，这就需要一个示例数据库来进行练习，目前 MySQL 官方提供了 4 个示例数据库，分别是 employee、menagerie、sakila 和 world。

下面以 sakila 示例数据库为例，演示其安装方法。

下载并解压压缩包实例数据库：

```
cd /tmp
wget http://downloads.mysql.com/docs/sakila-db.tar.gz
tar zxvf sakila-db.tar.gz                               #解压缩包
```

运行如下命令登录数据库：

```
sudo mysql -u root -p
```

使用 SOURCE 命令导入示例数据库：

```
mysql> SOURCE sakila-db/sakila-schema.sql;              #导入范例数据库
```

检测所导入的数据库：

```
mysql> SHOW DATABASES;
+--------------------+
| Database           |
+--------------------+
| information_schema |
| mysql              |
| performance_schema |
| sakila             |
| sys                |
+--------------------+
5 rows in set (0.01 sec)
```

此时应该可以看到 sakila 示例数据库，导入 sakila 数据库后就可以使用它们来练习了，其他示例数据库的导入方法类似，此处不再赘述。

14.2.2 配置 MySQL 数据库

成功部署 MySQL 后，配置也是很关键的一个步骤，让数据库不仅能用，更要高效和稳定。

1. 创建和配置数据库目录

企业环境使用 MySQL 数据库，通常将数据库的数据文件保存在存储中，故需要将数据库文件指定到一个单独的挂载目录，以方便存储的挂载，它的实现要先创建数据库目录，关键操作如下：

```
sudo mkdir /data/
sudo chown -R mysql.mysql /data/
```

然后运行如下命令获得 MySQL 数据目录的信息并停止数据库：

```
sudo mysqladmin -u root -p variables | grep datadir
...
| datadir                                              | /var/lib/mysql/
```

获得信息后，运行如下命令关闭数据库：

```
sudo systemctl stop mysql            #此步骤十分关键，一定要先关闭数据库
```

将原先的数据文件复制到 /data/ 目录：

```
sudo cp -rf /var/lib/mysql /data      #为了保险起见，复制数据目录
sudo chown -R mysql.mysql /data       #修改"新"数据库文件权限
```

然后修改 MySQL 数据库主配置文件，修改默认的数据库目录，关键配置如下：

```
sudo vim /etc/mysql/mysql.conf.d/mysqld.cnf
```

文件内容如下：

```
...
[mysqld]
#
# * Basic Settings
#
user              = mysql
pid-file          = /var/run/mysqld/mysqld.pid
socket            = /var/run/mysqld/mysqld.sock
port              = 3306
basedir           = /usr
datadir           = /data/mysql        #修改数据目录
tmpdir            = /tmp
lc-messages-dir   = /usr/share/mysql
skip-external-locking
...
```

此外，还需要添加 Apparmor 规则，Apparmor 是与 SELinux 类似的 Linux 安全服务，关键操作如下：

```
sudo vim /etc/apparmor.d/tunables/alias
```

在文件末尾追加如下内容：

```
alias /var/lib/mysql/ -> /data/mysql/,     #添加 Apparmor 规则
```

之后运行如下命令重启 Apparmor 和 MySQL：

```
sudo systemctl restart apparmor              #重启 Apparmor 安全服务
sudo systemctl start mysql                   #重启 MySQL
```

启动后再次运行上述命令，可以看到默认数据目录已经更改：

```
sudo mysqladmin -u root -p variables | grep datadir
| datadir                | /data/mysql/
```

在企业应用中，一般/data/数据库仅是存储的一个挂载点而已，可以将存储挂载到此目录，企业数据库的数据一般不存储在 Ubuntu Server 的服务器上，而是保存在专业存储中。

2. 关闭自动提交事务

MySQL 默认的事务提交方式为自动提交，一旦按下"Enter"键，MySQL 输入的每一条 DML 命令将立刻提交。这样的好处是简单易用、自动化，以至于用户都没有意识到事务已经提交。这样的缺点是影响数据库的性能，如向数据库插入了 100 条数据，Percona Server 就会提交 100 次，每次插入操作都被当作一个单独的事务自动执行。但在其他数据库中，默认是手动提交事务，同样插入 100 条数据，只需最后手动提交一次即可。所以，需要将默认的自动提交改为手动提交，具体方法如下：

```
sudo mysql -u root -p
```

成功登录到数据库后使用如下命令查看当前 Autocommit 的值：

```
> SHOW VARIABLES LIKE 'autocommit';
+---------------+-------+
| Variable_name | Value |
+---------------+-------+
| autocommit    | ON    |
+---------------+-------+
1 row in set
```

Autocommit 的值是 ON，表示自动提交功能开启，然后通过如下 SQL 命令修改为手动：

```
mysql> SET autocommit = 0;
```

值 0 和 OFF 是等价的，即关闭事务的自动提交功能。当然，这样用户将一直处于某个事务中，直到执行一个提交命令 COMMIT 或回滚命令 ROLLBACK 语句才会结束当前事务。需要提醒大家的是，这项配置仅在当前会话生效，重启 MySQL 服务后配置将丢失，最保险的做法是写入主配置文件 my.cnf 中，使之永久生效，关键配置如下：

```
sudo vim    /etc/mysql/mysql.conf.d/mysqld.cnf
[mysqld]
...
autocommit = 0
...
```

配置并重启生效后，默认为手动提交事务。

3. 添加对二进制日志的支持

二进制日志（Binary Log）的支持对于 MySQL 数据库来说极为重要，该日志以二进制形式记录所有数据改变的 SQL 语句，主要用于数据库数据恢复或主辅同步，但其在默认情况下并不开启，具体开启方法如下：

```
sudo vim /etc/mysql/mysql.conf.d/mysqld.cnf
```

追加如下内容开启二进制日志：

```
[mysqld]
...
log_bin     = /data/mysql/mysql-bin         #开启二进制日志
server-id   = 1                             #服务器 ID 编号要唯一
...
```

保存退出即可，重启服务后配置生效。再次登录 MySQL 数据库，运行如下命令：

```
> SHOW VARIABLES LIKE '%log_bin%';
+---------------------------------+-------------------------------+
| Variable_name                   | Value                         |
+---------------------------------+-------------------------------+
| log_bin                         | ON                            |
| log_bin_basename                | /data/mysql/mysql-bin         |
| log_bin_index                   | /data/mysql/mysql-bin.index   |
| log_bin_trust_function_creators | OFF                           |
| log_bin_use_v1_row_events       | OFF                           |
| sql_log_bin                     | ON                            |
+---------------------------------+-------------------------------+
6 rows in set (0.01 sec)
```

这时二进制日志已经打开，进入相应目录可以看到以 mysql-bin 开始的二进制日志文件（类似于 mysql-bin.000001...）及所有二进制日志文件的索引文件（mysql-bin.index），索引文件以文本文件格式保存，可以用 cat 或编辑器打开，其中保存着所有的二进制日志文件名，关键操作如下：

```
sudo -i                    #使用 root 用户更加方便
cd /data/mysql
cat mysql-bin.index
```

结果如下：

```
/data/mysql/mysql-bin.000001
/data/mysql/mysql-bin.000002
```

```
/data/mysql/mysql-bin.000003
/data/mysql/mysql-bin.000004
/data/mysql/mysql-bin.000005
/data/mysql/mysql-bin.000006
...
```

Tips：二进制日志的种类和文件格式。

二进制日志有如下 3 种格式。

（1）SBR（Statement-Based Replication）：基于 SQL 语句的复制，对应 STATEMENT 格式日志文件。

（2）RBR（Row-Based Replication）：基于行的复制，对应 ROW 格式日志文件。

（3）MBR（Mixed-Based Replication）：混合模式复制，对应 MIXED 格式文件。

默认采用 ROW 格式的二进制日志，可以使用如下命令查看：

```
> SHOW VARIABLES LIKE 'binlog_format';
+---------------+-------+
| Variable_name | Value |
+---------------+-------+
| binlog_format | ROW   |
+---------------+-------+
1 row in set (0.00 sec)
```

如果要指定其他二进制日志格式，可以在 /etc/mysql/mysql.conf.d/mysqld.cnf 中添加如下配置：

```
binlog-format=STATEMENT
```

4. 添加慢查询日志的支持

过慢的查询语句会严重影响数据库性能，MySQL 提供了慢查询日志，记录了"过慢"的查询语句，方便对数据库性能调优，关键配置如下：

```
sudo vim /etc/mysql/mysql.conf.d/mysqld.cnf
```

追加如下内容开启慢查询日志：

```
[mysqld]
...
slow_query_log = 1                                    #开启慢查询日志
slow_query_log_file = /data/mysql/slow.log            #定义慢查询日志名称
long_query_time = 2                                   #单位为秒，定义慢查询界定时间或慢
                                                       查询阈值，查询操作超过此时间将被
                                                       记录
...
```

保存退出即可，重启服务后配置生效。最后可以运行如下命令查看开启后的慢查询日

志状态:

```
> SHOW VARIABLES LIKE '%slow_query_log%';
+---------------------+---------------------+
| Variable_name       | Value               |
+---------------------+---------------------+
| slow_query_log      | ON                  |
| slow_query_log_file | /data/mysql/slow.log |
+---------------------+---------------------+
2 rows in set (0.01 sec)
```

配置后,超过 2 秒的查询将记录在案,慢查询日志可以有效地帮助数据库优化性能,企业用户一定要将其开启。

5. 开启远程访问 MySQL 数据库

在前面的配置中,没有禁止 root 远程登录,如果 root 真要远程登录,还需要在配置文件 /etc/mysql/mysql.conf.d/mysqld.cnf 中将如下配置注释掉:

```
...
[mysqld]
#bind-address = 127.0.0.1          #使用"#"注释掉此行,开启远程访问 MySQL 数据库
...
```

默认是生效的,表示此数据库只监听来自本地的链接,不会接收远程链接。

6. 设置或重设 MySQL 密码

MySQL 客户端因为密码错误而无法登录,要排除权限问题,通常可以用重设 MySQL 密码来解决,方法如下:

```
sudo vim /etc/mysql/mysql.conf.d/mysqld.cnf
```

然后在[mysqld]部分添加如下配置:

```
skip-grant-tables                  #跳过授权表直接登录
```

之后重启 MySQL 服务即可直接登录 MySQL,再通过如下 SQL 语句修改密码:

```
> USE mysql;                       #使用 MySQL 数据库
> UPDATE mysql.user SET authentication_string=PASSWORD('12345678') WHERE user='root' AND Host = 'localhost';    #更新 root 的密码
> UPDATE user SET plugin="mysql_native_password";
                                   #修改 plugin 字段用于身份验证,需要特别注意的是,
                                    从 MySQL 5.7 开始不再支持 mysql_old_password 的
                                    认证插件,推荐全部使用 mysql_native_password
> FLUSH PRIVILEGES;                #更新权限表
> QUIT;                            #退出 MySQL
```

最后别忘了从主配置文件中删除上述设置并重启 MySQL，这样即可使用设置的密码进行登录。

14.2.3 管理 MySQL 数据库及其衍生版本服务

MySQL 部署和配置成功后，可以使用如下命令来启动、停止和重启：

```
sudo systemctl start mysql              #启动 MySQL 服务的命令
sudo systemctl status mysql             #获得 MySQL 服务的状态
sudo systemctl stop mysql               #停止 MySQL 服务的命令
sudo systemctl restart mysql            #重新启动 MySQL 服务的命令
```

如果需要 MySQL 服务随系统启动自动运行，可以执行如下命令：

```
sudo update-rc.d mysql defaults         #另外一种令服务随系统自动运行的方法
```

或

```
sudo systemctl enable mysql
```

执行后还可以用如下命令撤销先前的操作：

```
sudo update-rc.d -f mysql remove
```

或

```
sudo systemctl disable mysql
```

14.3 MySQL 数据库运维和管理

MySQL 是一个典型的客户端/服务器架构的数据库，分为客户端和服务器端。客户端通过访问服务器端对数据库进行各种操作，如对数据进行查询、添加、修改、删除和更新等。此外，还需要牢记 MySQL 服务器端默认的端口号 3306，当然端口是可以自行定义的。其实对于日常应用，只需要熟练掌握三招五式就可以使用 MySQL 了。

14.3.1 企业级 MySQL 数据库的备份和恢复

备份数据库是 DBA 的日常工作，Oracle 等大型数据库无一例外都提供了强大的备份和恢复工具，如 Oracle Recovery Manager（简称 RMAN）提供了对 Oracle 数据库进行冷备（Cold Backup）和热备（Hot Backup）的强大功能。所谓冷备，就是先将数据库关闭，然后备份，由于数据库已经关闭，所以不存在数据在备份过程中被修改的情况，备份数据库就容易多了。而热备则是在数据库运行时进行备份，听起来似乎和冷备差不多，不都是备份吗？但热备要比冷备复杂得多，由于数据库在运行，通常会有很多用户对数据进行增加、删除、修改等操作。数据库中的文件一直在变化，要在这种情况下备份数据库并不容易，一方面，要保证数据库正常工作及数据库数据的一致性和完整性；另一方面，还要对数据库数据文件进行备份，一般需要专门的热备工具才能顺利完成备份。如果非要使用冷备的工具和方法对正在运行的数据库进行备份，则备份出来的数据文件根本无法使用。

绝大多数时候数据库是不能随便关闭的，也就是说在多数情况下需要热备，开源的 MySQL 其提供了比较完善的冷备工具，如 mysqldump，却没有提供一个免费的热备工具，因为可以热备的工具在 MySQL Enterprise 版本中需要付费使用。好在还有一款名为 Percona XtraBackup 的免费开源热备工具，可用于 MySQL 数据库物理热备，不得不说 Percona 是业界良心，下面就深入介绍 MySQL 的冷备和热备。

冷备和热备都有 3 种备份方式，分别是全库全量备份、全库增量备份、部分备份。

全库全量备份（简称全备）最为常用，相当于对数据库做一个快照。

全库增量备份（简称增量备份）只备份数据库的增量数据，增量备份的最大优势就是节省空间，用户可以制定适合自己的备份策略，如周备份计划，周日全备，周一到周六进行增量备份。需要特别注意的是，增量备份不能单独使用，一定要和全备配合使用，可以有多个增量。

部分备份只备份部分库或部分表。如果觉得全库备份代价较大或者没必要，用户就可以只备份自己比较关心的表。

要管理和维护 MySQL 数据库，必须要熟练掌握客户端 MySQL、备份恢复 mysqldump、查看二进制日志 mysqlbinlog 及 mysqladmin 几个主要程序的使用，下面先从最重要的命令 mysqldump 开始讲起。

1. 冷备份和恢复

1）备份数据库内容

冷备份和恢复是数据库最重要的操作，可以使用 mysqldump 命令备份默认的 MySQL 数据库，并将其保存为一个 .sql 文件，具体操作如下：

```
sudo mysqldump -u root -p mysql > mysql.sql
```

或

```
sudo mysqldump -u root -p --databases mysql > mysql.sql
```

2）还原数据库内容

可以直接使用 mysql 命令进行还原，具体操作如下：

```
sudo mysql -u root -p mysql < mysql.sql
```

2. MySQL 数据库热备工具

目前 MySQL 数据库唯一免费的热备工具就是开源的 XtraBackup，可以在不关闭数据库的情况下进行备份，并且可以保证数据库数据的一致性和完整性，且在备份过程中不影响用户的使用，在备份过程中可读写，是企业用户的不二之选。

使用 XtraBackup 之前，需要熟悉的是，XtraBackup 可以对采用 InnoDB（包括 XtraDB）的存储引擎进行完全热备，而非 InnoDB 存储引擎，如 MyISAM、CVS、Merge 及 Archive 等，是不完全热备，即备份过程中将数据文件加全局读锁，备份期间用户链接只能读不能写。

3. 安装 XtraBackup

运行如下命令，安装 XtraBackup 热备工具：

sudo aptitude update

sudo aptitude install -y libdbd-mysql-perl libcurl3 libev4

cd /tmp

wget

https://www.percona.com/downloads/XtraBackup/Percona-XtraBackup-2.4.4/binary/debian/xenial/x86_64/percona-xtrabackup-24_2.4.4-1.xenial_amd64.deb

sudo dpkg -i percona-xtrabackup-24_2.4.4-1.xenial_amd64.deb

成功安装后，可以在/usr/bin 目录下找到 4 个全新的可执行文件，分别是 innobackupex、xbcrypt、xbstream 和 xtrabackup。在这些工具中，最主要的是 innobackupex 和 xtrabackup，前者是一个 Perl 脚本，后者是二进制可执行文件。下面就用最流行的 innobackupex 工具进行 MySQL 数据库的基本热备和恢复操作。

4. 全库热备

下面就以最简单和实用的全库热备为例实现 innobackupex 的全库热备。首先在 MySQL 数据库服务器中创建备份目录：

sudo mkdir /backup/mysql -p

然后备份所有数据库，在备份目录中将创建以日期命名的备份数据文件夹，关键操作如下：

sudo innobackupex --defaults-file=/etc/mysql/mysql.conf.d/mysqld.cnf --host=localhost --port=3306 --user=root --password=12345678 --socket=/var/run/mysqld/mysqld.sock /backup/ mysql

180403 16:27:00 innobackupex: Starting the backup operation

IMPORTANT: Please check that the backup run completes successfully.

　　　　At the end of a successful backup run innobackupex

　　　　prints "completed OK!".

180403 16:27:00 version_check Connecting to MySQL server with DSN 'dbi:mysql:;mysql_read_default_group=xtrabackup;host=localhost;port=3306;mysql_socket=/var/run/mysqld/mysqld.sock' as 'root' (using password: YES).

180403 16:27:00 version_check Connected to MySQL server

180403 16:27:00 version_check Executing a version check against the server...

180403 16:27:00 version_check Done.

180403 16:27:00 Connecting to MySQL server host: localhost, user: root, password: set, port: 3306, socket: /var/run/mysqld/mysqld.sock

Using server version 5.7.21-1ubuntu1-log

innobackupex version 2.4.4 based on MySQL server 5.7.13 Linux (x86_64) (revision id: df58cf2) xtrabackup: uses posix_fadvise().

xtrabackup: cd to /data/mysql

xtrabackup: open files limit requested 0, set to 1024

xtrabackup: using the following InnoDB configuration:

xtrabackup: innodb_data_home_dir = .

xtrabackup: innodb_data_file_path = ibdata1:12M:autoextend

xtrabackup: innodb_log_group_home_dir = ./

xtrabackup: innodb_log_files_in_group = 2

xtrabackup: innodb_log_file_size = 50331648

InnoDB: Number of pools: 1

180403 16:27:00 >> log scanned up to (2781627)

...

180403 16:27:04 [00] Writing backup-my.cnf

180403 16:27:04 [00]   ...done

180403 16:27:04 [00] Writing xtrabackup_info

180403 16:27:04 [00]   ...done

xtrabackup: Transaction log of lsn (2781618) to (2781627) was copied.

180403 16:27:04 completed OK!

5. 制造故障

看到 completed OK!，说明热备成功，然后使用如下命令制造数据损毁的效果：

```
sudo systemctl stop mysql              #停止数据库
sudo mv /data/mysql/ /data/bak         #将数据文件改名
sudo mkdir /data/mysql -p              #再次创建数据库目录，如果数据目录中存
                                        在文件，恢复将报错
```

6. 恢复备份

使用如下命令进行恢复：

```
sudo -i
cd /backup/mysql/2018-07-06_36-52/                #切换到备份数据库的目录，不一定就是此
                                                   目录，根据自己备份情况决定
sudo innobackupex --defaults-file=/etc/mysql/mysql.conf.d/mysqld.cnf --copy-back ./
                                                  #从当前目录恢复
180403 17:10:56 innobackupex: Starting the copy-back operation
IMPORTANT: Please check that the copy-back run completes successfully.
           At the end of a successful copy-back run innobackupex
           prints "completed OK!".
```

```
innobackupex version 2.4.4 based on MySQL server 5.7.13 Linux (x86_64) (revision id: df58cf2)
180403 17:10:56 [01] Copying ibdata1 to /data/mysql/ibdata1
180403 17:10:56 [01]            ...done
180403 17:10:56 [01] Copying ./sys/waits_global_by_latency.frm to /data/mysql/sys/ waits_global_by_latency.frm
180403 17:10:56 [01]            ...done
...
180403 17:11:00 [01] Copying ./performance_schema/events_waits_summary_by_user_by_event_name.frm to /data/mysql/performance_schema/events_waits_summary_by_user_by_ event_name.frm
180403 17:11:00 [01]            ...done
180403 17:11:00 [01] Copying ./henry/hxl.frm to /data/mysql/henry/hxl.frm
180403 17:11:00 [01]            ...done
180403 17:11:00 [01] Copying ./henry/db.opt to /data/mysql/henry/db.opt
180403 17:11:00 [01]            ...done
180403 17:11:00 [01] Copying ./henry/hxl.ibd to /data/mysql/henry/hxl.ibd
180403 17:11:00 [01]            ...done
180403 17:11:00 completed OK!
```

至此，重要的 MySQL 文件已经恢复完毕。上述即为使用 innobackupex 进行全库热备和恢复的简单操作，热备操作看似简单，实则复杂烦琐，限于篇幅，此处仅介绍了最为基本的热备操作，更多相关操作请参阅 Percona 官方手册。

14.3.2 MySQL 数据库客户端程序 mysql

mysql 命令十分常用，关键操作方法如下：
获得 mysql 命令行参数。

```
mysql --help |more                    #由于参数众多，所以要加 more
```
或
```
mysql -? |more
```

mysql 的参数有很多，熟练掌握几个常用的参数即可，剩下的也不用刻意去背，只需掌握上述两个命令即可。

```
mysql --help |more
mysql    Ver 14.14 Distrib 5.7.22, for Linux (x86_64) using    EditLine wrapper
Copyright (c) 2000, 2018, Oracle and/or its affiliates. All rights reserved.

Oracle is a registered trademark of Oracle Corporation and/or its
affiliates. Other names may be trademarks of their respective
owners.

Usage: mysql [OPTIONS] [database]
```

```
    -?, --help              Display this help and exit.
    -I, --help              Synonym for -?
    --auto-rehash           Enable automatic rehashing. One doesn't need to use
                            'rehash' to get table and field completion, but startup
                            and reconnecting may take a longer time. Disable with
                            --disable-auto-rehash.
                            (Defaults to on; use --skip-auto-rehash to disable.)
    ......
    default-auth                          (No default value)
    binary-mode                           FALSE
    connect-expired-password              FALSE
```

从上述结果来看,仅一个 mysql 命令的参数就如此之多。下面将介绍重要参数的使用。

mysql 命令格式如下:

```
mysql [OPTIONS]
```

[OPTIONS]表示 mysql 的命令参数,有短格式(-开头)和长格式(--开头)两种,重要的参数如下:

```
-u 用户名                    #指定登录用户
-p                          #以安全方式输入用户登录密码,即不在 mysql 命令行中
                            出现密码,如果一定要在命令行中指定用户的相应密码,
                            不能加空格,因为这种方式存在安全风险
-P 端口号                   #MySQL 服务器端不使用默认的 3306 作为端口,客户端
                            可以使用大写的 P 参数来指定
-h 主机名                   #指定主机 IP 或主机名(必须可被 DNS 解析),参数和用
                            户名之间有无空格均可
-D 默认数据库名              #-D 后面可以指定登录 MySQL 后的默认数据库
```

上述几个重要参数,除了-p 参数比较特殊,其他参数和对应值之间有无空格均可。

```
sudo mysql -u root -P 3306 -h localhost -D sakila -p
                            #指定默认端口 3306,实际应用中可为其他端口,如 3307、
                            3308 等
```

或

```
sudo mysql -uroot -P3306 -hlocalhost -Dsakila -p
                            #无空格命令,可读性稍差
```

上述命令的结果是一样的。登录后使用如下命令检测默认数据库:

```
mysql > SELECT DATABASE();
+------------+
| database() |
```

```
+------------+
| sakila     |
+------------+
1 row in set (0.00 sec)
```

如果获得如上结果，说明一切正常，登录成功。上面是标准的写法，还可以简化，如 -h 默认指本机 localhost，所以可以不加，如果使用的就是 MySQL 默认的 3306 端口，-P 参数也可以不加。无论是对于 SA 还是 MySQL DBA，都务必要牢牢掌握上述的几个参数，极为常用。还有一些常用参数，下面将慢慢对其进行了解和使用。

常用短格式如下：

-e	#令 MySQL 数据库以非交互方式执行 SQL 语句
-H	#以 HTML 格式输出结果，直接将返回结果复制成一个 *.html 文件，使用浏览器直接打开，即可看到网页格式的结果
-E	#令 MySQL 数据库默认以竖行显示输出结果，其显示结果类似在 SQL 语句末尾添加\G 参数，便于浏览
--ssl-ca	#采用加密的 SSL 连接 MySQL 数据库，通常格式为--ssl-ca=证书名称.crt 或--ssl-mode=DISABLED（非加密连接）
-X	#以 XML 格式输出结果，类似于-H 参数
-v	#输出 mysql 执行的语句
-V	#版本信息

```
sudo mysql -H -uroot -p
mysql> SELECT DATABASE();
<TABLE BORDER=1><TR><TH>DATABASE()</TH></TR><TR><TD>NULL</TD></TR></TABLE>1 row in set (0.00 sec)
```
#可以看到，已经输出为 HTML 格式了，直接将结果保存为一个 HTML 格式的网页文件，用浏览器打开即可看到结果

常用长格式如下：

--no-auto-rehash	#关闭自动补齐功能
--delimiter=自定义结束符	#默认情形 MySQL 环境的 SQL 语句的结束符是分号，但可以通过 delimiter 参数指定默认结束符，除必要外，不推荐随意修改结束符
--pager=分页程序	#查询结果多于一页，可以使用分页程序来显示输出结果，可以使用的分页程序有 more（仅向下翻页）和 less（向上向下双向翻页），它们类似于 Linux 系统下的分页程序
--no-pager	#禁用分页程序显示输出结果

--prompt=自定义符号	#指定 mysql 提示符,默认为大于号,可以根据需要自定义,类似于 Bash 利用 prompt 环境变量指定命令行提示符
--tee=自定义文件及路径	#令 MySQL 将输出重定向到所指定的文件中,与 Linux 系统中的 tee 命令功能一样,输出两份,一份为 stdout 1,另一份重定向到指定文件中
--no-tee	#禁用设置上述 tee 功能
--show-warnings	#用于显示 MySQL 的警告信息,如果错过了上一条警告信息,可以通过该参数来查看

上述命令都可以在 Linux 命令行环境下使用,即在 mysql 登录前可以使用。需要注意的是,几乎所有的参数都可以在登录 MySQL 数据库后通过 mysql 内部命令进行修改和调整。

通过 mysql 命令附加必要参数登录 MySQL 服务器:

sudo mysql -uroot -p

Enter password:

...

然后使用 help 命令,通过帮助信息可以看到 mysql 的客户端命令操作如下:

mysql> help;

For information about MySQL products and services, visit:

   http://www.mysql.com/

For developer information, including the MySQL Reference Manual, visit:

   http://dev.mysql.com/

To buy MySQL Enterprise support, training, or other products, visit:

   https://shop.mysql.com/

List of all MySQL commands:

Note that all text commands must be first on line and end with ';'

?   (\?) Synonym for `help'.

clear   (\c) Clear the current input statement.

connect   (\r) Reconnect to the server. Optional arguments are db and host.

delimiter (\d) Set statement delimiter.   #类似于--delimiter 参数

edit   (\e) Edit command with $EDITOR.

ego   (\G) Send command to mysql server, display result vertically.

                               #类似于-E 参数,竖行显示

exit   (\q) Exit mysql. Same as quit.

go   (\g) Send command to mysql server.

help   (\h) Display this help.

```
nopager      (\n) Disable pager, print to stdout.
                              #类似于--no-pager 参数
notee        (\t) Don't write into outfile.
                              #类似于--no-tee 参数
pager        (\P) Set PAGER [to_pager]. Print the query results via PAGER.
                              #类似于--pager 参数
print        (\p) Print current command.
prompt       (\R) Change your mysql prompt.
                              #类似于--prompt 参数
quit         (\q) Quit mysql.
rehash       (\#) Rebuild completion hash.
source       (\.) Execute an SQL script file. Takes a file name as an argument.
status       (\s) Get status information from the server.
system       (\!) Execute a system shell command.
tee          (\T) Set outfile [to_outfile]. Append everything into given outfile.
                              #相当于--tee 参数
use          (\u) Use another database. Takes database name as argument.
charset      (\C) Switch to another charset. Might be needed for processing binlog with multi-byte charsets.
warnings     (\W) Show warnings after every statement.
                              #类似于--show-warnings 参数
nowarning    (\w) Don't show warnings after every statement.
resetconnection(\x) Clean session context.
For server side help, type 'help contents'
```

上述 MySQL 客户端命令和上述命令行中所示的参数基本一样，下面只对 mysql 命令在 Linux 命令行环境下没有涉及的常用参数进行讲解。

```
clear             #不是 Linux 环境的 clear 清屏命令，而是用于中断无法结束情况下
                   的 SQL 语句，快捷方式为\c，要清除屏幕，可以使用'system clear'
connect           #在本机 localhost 环境下，功能类似于 use，但 connect 的主要功能
                   是连接远程数据库，可以指定远程主机的 IP 地址
edit              #启用系统默认编辑器，如 Vim 编辑上一条 SQL 语句，保存退出后再
                   输入分号，执行所编辑的 SQL 命令，有时会用到
ego               #无须终止符的竖行显示，快捷方式为\G
go                #无须终止符的正常横行输出显示，快捷方式为\g
exit 和 quit      #MySQL 客户端退出登录
source            #执行*.sql 文件，批量执行 SQL 语句，后面跟*.sql 文件的路径和
                   名称，快捷方式为\.
```

status	#显示 MySQL 数据库 DBMS 的状态，如版本、重要参数值等
system	#执行 Linux 命令行的命令，快捷方式为\!
rehash	#开启自动补齐功能，补齐功能很弱，一般不用
charset	#切换字符集

14.3.3 二进制日志查看和导出工具 mysqlbinlog

1. 查看二进制日志

二进制日志是以二进制的形式保存的，使用文本浏览程序 cat 或文本编辑器 Vim 打开时显示一堆乱码，要想将二进制日志看得清清楚楚，还需要 mysqlbinlog 工具，具体操作如下：

mysqlbinlog   mysql-bin.000001 -uroot -p

结果如下：

/*!50530 SET @@SESSION.PSEUDO_SLAVE_MODE=1*/;

/*!50003 SET @OLD_COMPLETION_TYPE=@@COMPLETION_TYPE, COMPLETION_TYPE=0*/;

DELIMITER /*!*/;

at 4

#161020 16:31:07 server id 2   end_log_pos 123 CRC32 0xe1854494   Start: binlog v 4, server v 5.7.12-log created 161020 16:31:07 at startup

ROLLBACK/*!*/;

BINLOG '

q0UJWA8CAAAAdwAAAHsAAAAAAQANS43LjEyLWxvZwAAAAAAAAAAAAAAAAAAAAAAAAAAAAAA

AAAAAAAAAAAAAAAAAAACrRQlYEzgNAAgAEgAEBAQEEgAAXwAEGggAAAAICAgCAAAACgoKKioAEjQA

AZREheE=

'/*!*/;

at 123

#161020 16:31:07 server id 2   end_log_pos 154 CRC32 0x11a5469f   Previous-GTIDs

[empty]

at 154

#161020 16:35:58 server id 2   end_log_pos 177 CRC32 0x13960007   Stop

SET @@SESSION.GTID_NEXT= 'AUTOMATIC' /* added by mysqlbinlog */ /*!*/;

DELIMITER ;

End of log file

/*!50003 SET COMPLETION_TYPE=@OLD_COMPLETION_TYPE*/;

/*!50530 SET @@SESSION.PSEUDO_SLAVE_MODE=0*/;

天书般的二进制日志就立即可读了。

2. 将二进制日志导出为文本文件

要将二进制日志导出为普通文本文件，只需要运行如下命令：

```
cd /data/mysql
mysqlbinlog   mysql-bin.000001 -uroot -p > mysql-bin.000001.txt
                                                        #需要注意，二进制日志的文件名一定要正确
```

这样，二进制日志就可以通过 cat 或 Vim 自由查看和编辑了。

3. 按 position 导出二进制日志

在实际应用中很多时候需要按照位置信息导出二进制日志，实现方法如下：

```
mysqlbinlog -start-position=4 -stop-position=123 mysqlbin-log.000012 > mysqlbin-log. 000012.p
```

这里用到两个参数——'-start-position'和'-stop-position'，定义起始位置并将二进制日志导出。

4. 按时间段导出二进制日志

按时间段导出二进制日志的实现方法如下：

```
mysqlbinlog –start-datetime="2018-06-01 16:31:07" –stop-datetime="2018-06-30 17:30:00" mysqlbin-log.000012 > mysqlbin-log.000012.t
```

这里也用到两个参数——'-start-datetime'和'-stop-datetime'，定义起始位置并将二进制日志导出。

5. 恢复数据到数据库

二进制日志可以用来进行数据恢复，先导出为文本文件，然后登录 MySQL 进行恢复：

```
sudo mysqlbinlog -start-position=4 -stop-position=123 mysql-bin.000012 >mysql-bin. 000012.p
mysql> source ./mysql-bin.000012.p
```

14.3.4　MySQL 数据库管理程序 mysqladmin

MySQL 数据库的管理程序为 mysqladmin，用于 MySQL 数据库的维护和管理，可以使用如下命令获得其帮助信息：

```
mysqladmin --help |more
```

1. 设置用户密码

安装 MySQL 数据库时已经设置过 MySQL 超级用户的密码，如果要修改 MySQL 超级用户密码，可以使用如下命令：

```
sudo mysqladmin -u root -p password '12345678'        #此处的密码仅供学习者使用，生产环境
                                                       需要更为安全的密码
```

```
mysqladmin: [Warning] Using a password on the command line interface can be insecure.
Warning: Since password will be sent to server in plain text, use ssl connection to ensure password safety.
```

需要注意这种方法是有安全隐患的,因此 mysqladmin 给出了安全警告,补救的方法是:运行完 mysqladmin,修改密码命令后,紧接着运行清除历史记录命令。具体操作如下:

```
history -c
```

2. 安全关闭数据库

mysqladmin 对于数据库而言,最重要的功能之一就是安全地关闭数据库守护进程,与安全地关闭系统一样重要,实现方法如下:

```
sudo mysqladmin shutdown -uroot -p12345678
```

上述方法同样存在安全隐患,使用时需要谨慎。

3. 不用登录直接创建和删除数据库

不要以为只有登录到 MySQL 数据库之后才能创建或删除数据库,其实通过 mysqladmin 也可以在命令行进行这些操作,关键操作如下:

```
mysqladmin create              # 数据库名称
mysqladmin drop                # 数据库名称
```

例如,不登录 MySQL 数据库创建 WordPress 数据库,可以使用如下命令:

```
sudo mysqladmin create wordpress -uroot -p12345678
```

要直接删除,实现方法如下:

```
sudo mysqladmin drop wordpress -uroot -p12345678
```

不要忘记清除密码:

```
history -c
```

4. 监控数据库状态

mysqladmin 在数据库监控方面的功能也很强,可以用来监控 mysqld 守护进程状态和 mysqld 线程运行情况,还可以获得 mysqld 的当前状态参数及对话变量。

```
sudo mysqladmin ping                     #监控 mysqld 守护进程是否活跃
```

例如,测试本机 mysqld 的状态:

```
sudo mysqladmin -uroot -p ping -hlocalhost
Enter password:
mysqld is alive
```

测试结果为活跃,如果要对远程 MySQL 服务器进行监控,首先需要远程授权,然后连接监控,否则无法连接。此外,还可以使用如下命令来监控数据库进程:

```
sudo mysqladmin    -uroot -p processlist          #监控 MySQL 数据库线程状态
```

获得本机 mysql 的进程信息,可以运行如下命令:

```
sudo mysqladmin processlist
+----+------+-----------+----+---------+------+----------+------------------+
| Id | User | Host      | db | Command | Time | State    | Info             |
+----+------+-----------+----+---------+------+----------+------------------+
| 5  | root | localhost |    | Query   | 0    | starting | show processlist |
+----+------+-----------+----+---------+------+----------+------------------+
```

sudo mysqladmin status   #获得 mysqld 的运行状态信息

通过 status 参数获得 mysqld 最新的运行状态信息，命令如下：

```
sudo mysqladmin -uroot -p status
Uptime: 165  Threads: 1  Questions: 11  Slow queries: 0  Opens: 107  Flush tables: 1  Open tables: 100  Queries per second avg: 0.066
```

如果希望这个命令能像其他监控程序一样指定间隔时间和次数，可以使用 sleep 和 count 参数，关键操作如下：

```
sudo mysqladmin status --sleep 3 --count 3 -uroot -p
Enter password:
Uptime: 12296  Threads: 3  Questions: 24  Slow queries: 0  Opens: 111  Flush tables: 1  Open tables: 104  Queries per second avg: 0.001
Uptime: 12299  Threads: 3  Questions: 25  Slow queries: 0  Opens: 111  Flush tables: 1  Open tables: 104  Queries per second avg: 0.002
Uptime: 12302  Threads: 3  Questions: 26  Slow queries: 0  Opens: 111  Flush tables: 1  Open tables: 104  Queries per second avg: 0.002
```

运行上述命令即可每 3 秒输出一次数据库状态，并且连续输出 3 次。如果这个命令的信息不够多，则最后还有一个和登录 MySQL 类似的命令参数 variables，可以打印所有有效的变量：

```
sudo mysqladmin variables -uroot -p
```

5．更新数据库状态信息

sudo mysqladmin flush-privileges   #立即刷新授权表

运行如下命令即可不登录直接刷新授权表：

sudo mysqladmin flush-privileges -uroot -p

sudo mysqladmin flush-tables   #直接刷新数据表

运行如下命令即可不登录直接刷新数据表：

sudo mysqladmin flush-tables -uroot -p

sudo mysqladmin flush-log   #刷新日志

运行如下命令即可不登录直接刷新日志：

sudo mysqladmin flush-log -uroot -p

14.4　本章小结

　　本章详细讲解了 Ubuntu Server 中 MySQL 数据库的特点和由来,以及 MySQL 的基本安装、配置和使用方法,并介绍了 MySQL 的相关管理工具,如 mysql 命令、mysqladmin 命令及 mysqlbinglog 等数据库和管理工具的使用,这些工具可以用来提高 MySQL 数据库的使用和管理效率。

第15章

构建企业级 Web Service 测试和运行环境

第 6 章介绍了 Ubuntu 环境的 Web 开发工具,但仅有开发工具是远远不够的,还需要运行和测试环境。第 13 章介绍了 Apache 和 Nginx 两大主流 Web 服务,第 14 章深入介绍了 MySQL 数据库。本章的内容就是帮助大家综合利用前面所学的知识构建 Web Service 的运行和测试环境,既有时下最流行的开源架构黄金组合 LAMP Stack 和白金组合 LEMP Stack,也包含历久弥新的经典 JSP Web Service 运行环境。

15.1 LAMP Stack 黄金组合

LAMP 是 Linux、Apache、MySQL 和 Perl/PHP/Python 项目首字母的组合,全称是 LAMP Stack(LAMP 栈)。这个组合可以提供企业级的 Web Service,该组合叱咤互联网多年,从互联网兴起到现在一直兴盛不衰,足见其强大的生命力,著名的维基百科就是运行在 LAMP Stack 之上的。

15.1.1 安装 LAMP Stack

Ubuntu Server 安装 LAMP 并不复杂,前面章节中已经快速安装过,不过在企业中需要定制,故掌握手动部署就十分重要了。需要注意的是,安装顺序要合理,首先要安装 MySQL 数据库,为 Apache 和 PHP 提供数据查询和存储服务,然后部署 Apache Web 服务,最后安装 PHP 脚本语言并与 Apache Web 服务和 MySQL 数据库紧密集成、协同作战。

1. 安装和配置 MySQL 数据库

运行如下命令安装 MySQL 数据库：

```
sudo aptitude update
sudo aptitude install -y mysql-server mysql-client
sudo mysql_secure_installation
```

使用如下命令检测 MySQL 数据库是否运行成功，如果看到 MySQL 默认端口 3306 处于侦听状态，则表示 MySQL 运行成功：

```
sudo lsof -i:3306
```

结果如下：

```
COMMAND    PID   USER   FD   TYPE DEVICE SIZE/OFF NODE NAME
mysqld   22600  mysql   10u  IPv4  47546        0t0  TCP localhost:mysql (LISTEN)
```

2. 安装 Apache Web 服务器及联机文档

运行如下命令开始安装 Apache Web 服务：

```
sudo aptitude install -y apache2    apache2-doc
```

运行浏览器，在地址栏中输入：http://192.168.1.20。

测试是否安装成功，具体测试方法请参阅第 14 章中的相关内容。

3. 安装和配置 PHP

接下来安装 PHP 及集成在 Apache 的 PHP 模块，运行如下命令开始安装：

```
sudo aptitude install -y php7.2 libapache2-mod-php7.2
```

执行下列命令重启 Apache 服务，令 PHP 模块生效：

```
sudo systemctl restart apache2
```

15.1.2 测试 LAMP Stack 工作状况

成功安装 LAMP Stack 后，还需要测试其工作是否正常，测试方法为创建一个测试脚本，检查 Apache、PHP 和 MySQL 组合是否可以协同作战，执行如下命令创建测试脚本：

```
sudo vim /var/www/html/info.php
```

测试文件内容如下：

```
<?php
        phpinfo();
?>
```

保存后运行浏览器并输入地址测试：http://192.168.1.20/info.php。

如果看到图 15-1 所示的内容，则表示安装成功。

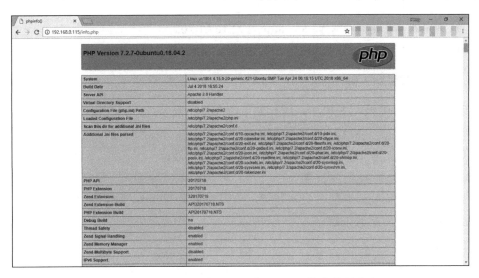

图 15-1　测试 Apache、PHP 和 MySQL 集成是否成功

15.2　LEMP Stack 白金组合

LEMP 的功能和 LAMP 类似，与 LAMP 不同的是，这个组合用小巧的 Nginx 替代了笨重的 Apache Web 服务，PHP 则以 FastCGI 守护进程的方式运作，整个组合以更低的系统资源消耗获得了更高的效率。

15.2.1　部署 LEMP Stack

部署 LEMP 比 LAMP 稍微复杂一些，与 LAMP Stack 类似，同样需要注意安装顺序。首先安装 MySQL 数据库，为 Nginx 和 PHP 提供数据读取和存储服务；然后安装 Nginx Web 服务器；最后安装 PHP 语言并进行配置，与 Nginx Web 服务和 MySQL 数据库紧密集成。

1. 安装和配置 MySQL 数据库

运行如下命令安装 MySQL 数据库：

```
sudo aptitude update
sudo aptitude install -y mysql-server mysql-client
sudo mysql_secure_installation
```

配置请参见 LAMP Stack 的相关部分，配置完成后重新启动数据库，令配置立即生效：

```
sudo systemctl restart mysql
```

2. 安装 Nginx Web 服务

安装 Nginx Web 服务，运行如下命令开始安装：

```
sudo aptitude install -y nginx
```

运行浏览器,在地址栏中输入:http://192.168.1.20。

测试是否安装成功,具体测试方法请参阅第 14 章中的相关内容。

3. 安装和配置 PHP 和 Nginx

接下来安装 PHP 及相关模块,运行如下命令开始安装:

```
sudo aptitude install -y php7.2-fpm php7.2-mysql
```

执行下列命令,重启 Nginx 服务,令 PHP 模块生效:

```
sudo systemctl restart php7.2-fpm
```

为了使 PHP 和 Nginx 配合更为默契,还需要配置 Nginx,使用如下命令备份 Nginx 的主配置文件,以防配置失败:

```
cd /etc/nginx/sites-available/
sudo cp default default.bak
```

成功备份后,便可向 Nginx 的主配置文件开刀了:

```
sudo vim /etc/nginx/sites-available/default
```

根据如下内容配置:

```
server {
    listen 80 default_server;
    listen [::]:80 default_server;
    root /var/www/html;
    index index.php index.html index.php index.nginx-debian.html;    #将 index.htm 修改为 index.php
    server_name server_domain_or_IP;
    location / {
        try_files $uri $uri/ =404;
    }
    location ~ \.php$ {
        include snippets/fastcgi-php.conf;
        fastcgi_pass unix:/run/php/php7.2-fpm.sock;    #请注意 PHP 版本一定要匹配,
                                                        这里采用的是 7.2 版本
    }                                                   #别忘了取消这个括号的注释
    location ~ /\.ht {
        deny all;
    }                                                   #别忘了取消这个括号的注释
}
```

确认无误后,使用如下命令重启 Nginx 服务:

```
sudo systemctl restart nginx
```

15.2.2 测试 LEMP Stack 工作状况

成功部署后创建一个测试脚本,检查 Nginx 和 PHP 是否可以协同作战,执行如下命令创建测试脚本:

```
sudo vim /var/www/html/info.php
```

测试文件内容如下:

```
<?php
    phpinfo();
?>
```

保存后运行浏览器并输入地址:http://192.168.1.20/info.php。

如果看到图 15-2 所示的内容,则表示安装成功。

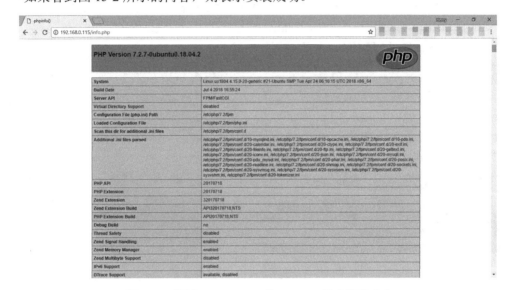

图 15-2　测试 Nginx、PHP 和 MySQL 集成是否成功

需要注意的是,在 Ubuntu 16.04 之前的版本中,Apache Web 服务的根目录默认为 /var/www/html/ 目录,而 Nginx 则位于 /usr/share/nginx/html/ 目录下。在 Ubuntu 16.04 之后的版本中,二者的默认根目录都是 /var/www/html/,Web 应用需要复制到该目录。

15.3　管理 LAMP Stack 和 LEMP Stack

成功部署和配置 LAMP Stack 和 LEMP Stack 的管理后,使用如下命令依次启动、停止和重启 LAMP Stack 或 LEMP Stack:

```
LAMP stack
sudo systemctl start mysql/apache2
```

LAMP stack

sudo systemctl start mysql/nginx/php7.2-fpm

可以使用如下命令关闭 LAMP Stack 或 LEMP Stack：

LAMP stack

sudo systemctl stop mysql/apache2

LEMP stack

sudo systemctl stop mysql/nginx/php7.2-fpm

如果对配置文件进行了修改，执行如下命令重新启动 LAMP Stack 或 LEMP Stack：

LAMP stack

sudo systemctl restart mysql/apache2

LEMP stack

sudo systemctl restart mysql/nginx/php7.2-fpm

令 LAMP Stack 或 LEMP Stack 随系统一同启动：

LAMP stack

sudo systemctl enable mysql/apache2

LEMP stack

sudo systemctl enable mysql/nginx/php7.2-fpm

撤销上述操作：

LAMP stack

sudo systemctl disable mysql/apache2

LEMP stack

sudo systemctl disable mysql/nginx/php7.2-fpm

15.4　部署 Web Service 实例——WordPress 搭建博客

下面就使用 LAMP Stack 或 LEMP Stack 来驱动流行的 Web 应用——WordPress。

WordPress 是全球最流行的个人内容（Blog）管理平台之一，不仅可以作为个人博客系统，还可以作为 CMS（内容管理系统）来使用，且主题和插件相当丰富，其功能实用，使用简单。WordPress 项目的 Logo 如图 15-3 所示。

图 15-3　WordPress 项目的 Logo

假设服务器的 IP 地址为 192.168.1.20，博客的名称是"Ubuntu Hacker"。安装 WordPress 是十分轻松的事情，整个安装过程只需要四个步骤：第一步，准备 WordPress 需要的 MySQL 数据库；第二步，下载并解压压缩包 WordPress 的最新版本；第三步，通过浏览器完成 WordPress 的安装；第四步，开始使用 WordPress。下面就开始实现这四个步骤。

15.4.1 准备 WordPress 需要的 MySQL 数据库

首先运行如下命令安装 WordPress 所需要的软件包：

```
sudo aptitude update
sudo aptitude install -y php-gettext php-curl php-zip mcrypt php-gd php-mbstring php-xmlrpc php-xml
                                            #安装必要的 PHP 插件，这里使用老版本比
                                             较稳妥
```

然后通过如下命令轻松创建 WordPress 数据库，并将其命名为 WordPress：

```
sudo mysql -uroot -p
```

之后进行如下数据库操作：

```
mysql> CREATE DATABASE wordPress;                #创建 WordPress 数据库
mysql> CREATE USER 'wordpress'@'localhost' IDENTIFIED BY '12345678';
                                                 #创建用户
mysql> GRANT ALL PRIVILEGES ON wordpress.* to 'wordpress'@'localhost';
                                                 #创建数据库
mysql> FLUSH PRIVILEGES;                         #刷新授权表，令上述配置马上生效
mysql> EXIT
```

15.4.2 下载并解压压缩包 WordPress 的最新版本

无论使用 Apache 还是 Nginx Web Service，都可以通过如下命令完成安装：

```
cd /var/www/html/
sudo wget http://wordpress.org/latest.tar.gz         #下载 WordPress 安装程序
```

然后使用如下命令解压：

```
sudo tar zxvf latest.tar.gz
sudo chown -R www-data:www-data /var/www/html/wordpress/
sudo chmod -R 755 /var/www/html/wordpress/
```

15.4.3 通过浏览器完成 WordPress 的安装

直接使用浏览器打开 WordPress 安装地址：http://192.168.1.20/wordpress/。
首先选择语言为"简体中文"，单击"继续"按钮，之后提示需要数据库的详细信息，

单击"现在就开始"按钮,在数据库配置页面中输入 WordPress 需要的 MySQL 数据库名称,这里为 WordPress、MySQL 用户名和密码等信息,再次确认无误后单击"提交"按钮,然后在浏览器中单击"现在安装"按钮,即可开始 WordPress 的安装。首先设置站点名称,这里将站点名称命名为"Ubuntu Haker",然后设置博客管理员的用户名和邮箱,需要保存默认生成的密码,最后根据提示完成安装即可,最终效果如图 15-4 所示。

图 15-4 WordPress 站点配置

15.4.4　开始使用 WordPress

主要通过 WordPress 后台来管理 WordPress,直接访问 http://192.168.1.20/wp-admin,即可进入 WordPress 的管理界面。

WordPress 页面的左侧为管理界面(Dashboard),管理内容如下:文章(Posts)、媒体(Media)、页面(Pages)、评论(Comments)、外观(Appearance)、插件(Plugins)、用户(Users)、工具(Tools)和设置(Settings)9 个子类,每类下又有若干选项,默认显示的就是文章管理。

其中分类管理的目的是更好地组织文章,既方便作者管理,也方便读者阅读。WordPress 允许多个用户进行不同权限的操作,如发布文章及管理文章分类等,这些都是通过给不同的用户赋予不同的权限来实现的。

WordPress 从 2.0 开始引入了"角色"(Roles)的概念,每种角色被赋予一组不同的权限。安装后 5 种预设的角色分别是管理员(Administrator)、编辑(Editor)、作者(Author)、贡献者(Contributor)和订阅者(Subscriber)。

管理员可以进行所有可能的操作,而其他角色则只能实施一些更少的操作。例如,订阅者只有阅读的权限,而作者则可以上传文章、编辑自己的文章、发布文章及阅读文章。具体的权限可以查询 WordPress 官方文档。

下面简单介绍维护博客需要注意的两个方面:用户管理和内容管理。限于篇幅,其他问题请查阅相关资料解决。

1. 用户管理

用户管理十分重要，在 WordPress 中用户管理也十分简单，只需要选择页面左侧的"用户"选项，即可进入用户管理界面，具体操作如图 15-5 所示。

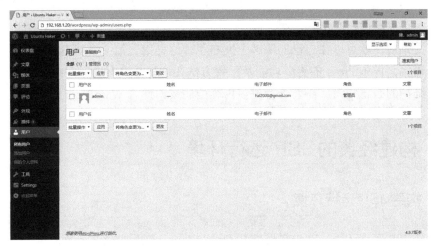

图 15-5　用户管理

如何添加一个新用户？直接单击"用户"旁边的"添加用户"按钮，这时将出现"添加用户"页面，其中必须填写的是用户名和电子邮件地址，其他需要填写的还有用户名称、密码、站点及用户角色等，确定后单击"添加用户"按钮，即可将新用户添加到 WordPress。回到"Users"下面可以对已有用户进行管理，添加用户如图 15-6 所示。

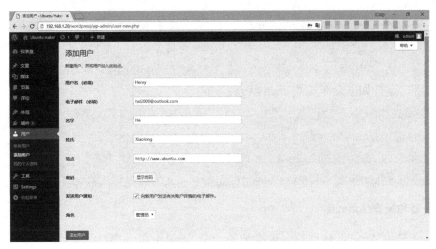

图 15-6　添加用户

2. 内容管理

进入博客后可以看到里面只有一篇"世界 您好！"的博文。这里要添加一篇新文章，文章名为"Ubuntu for everybody"，之后单击左侧的"文章"→"添加文章"选项，即可出现编辑器，在里面填写文章标题和内容，一篇文章就写好了。单击文章右侧的"发布"

按钮，即可添加文章到博客。此外，新文章的编辑页面被分为几个区域。左侧是编辑器，右侧有添加新分类目录，下面是文章标签及特色图片等设置，可以令文章更加容易管理。

选择"文章"→"分类目录"选项，可以管理文章分类，分类管理页面最显眼的位置就是添加新的分类，在其中可以指定分类的名称、别名。应为分类指定一个父分类，以便所有的分类可以组成一个树形结构。

写好文章后，就可以在自己的博客上发布了，这样第一篇文章就诞生了。

限于篇幅，WordPress 的更多功能及配置方法在这里都没有进行介绍，只是介绍了博客使用和维护的必备知识，需要查看更多内容的朋友请参考 WordPress 的官方文档。

15.5 构建经典的 JSP 运行环境

15.5.1 构建 JSP 运行环境

要构建 JSP 运行环境，首先需要安装 Oracle Java，然后部署 Tomcat。

1. 安装 Oracle Java

Java 开发，需要安装 Oracle JDK 环境，运行如下命令迅速部署到 Ubuntu 18.04：

```
sudo aptitude update
sudo aptitude purge openjdk*                          #确认已彻底删除 OpenJDK
sudo add-apt-repository ppa:webupd8team/java -y       #添加 PPA 软件源
sudo aptitude install -y oracle-java8-installer       #安装所需要的 Oracle Java 版本，
                                                       版本 6/7/8/9 都可以选择，此处采用
                                                       版本 8 作为默认的 Java 环境
```

成功后，运行如下命令检测 Java 状态：

```
java -version
java version "1.8.0_201"
Java(TM) SE Runtime Environment (build 1.8.0_201-b09)
Java HotSpot(TM) 64-Bit Server VM (build 25.201-b09, mixed mode)
```

2. 安装和配置 Tomcat

Tomcat 是由 Apache 软件基金会维护的一个 Servlet 和 JSP 容器项目，其具有 Web 服务器的一些功能，应用广泛，目前十分流行，其部署方法如下：

```
sudo aptitude install -y tomcat8 tomcat8-docs tomcat8-examples tomcat8-admin
```

成功安装后，运行如下命令启动 Tomcat 服务：

```
sudo systemctl start tomcat8
```

在浏览器中访问地址：http://192.168.1.20:8080/。

如果安装成功，可以直接看到如图 15-7 所示的提示，并且可以通过该页面查阅 Tomcat 8 丰富的文档，可以运行多个内置实例并管理 Tomcat 服务。

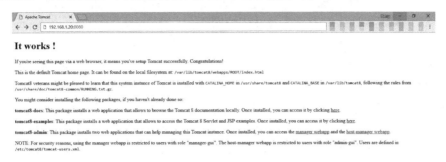

图 15-7　JSP 运行环境运行成功

3. 测试 JSP 应用运行环境

成功安装 JSP 运行环境后，可以编写一个简单的 JSP 文件 hello.jsp 测试 JSP 的运行环境，关键操作如下：

```
cd /var/lib/tomcat8/webapps/ROOT/
sudo vim hello.jsp
```

添加如下内容即可：

```
<%
    out.println("<h1>hello world</h1>");
    out.println( new java.util.Date() );
%>
```

将测试文件保存到 /var/lib/tomcat7/webapps/ROOT 目录下，然后在浏览器地址栏输入地址：http://192.168.1.20:8080/hello.jsp。

15.5.2　扩展 JSP 运行环境

成功搭建基本的 JSP 应用运行环境后，还可以将其进一步扩展，以增强其功能。

1. 数据库支持

添加数据库支持，需要下载 Java 连接 MySQL 驱动。

2. 管理 Tomcat

要管理 Tomcat 就需要对用户进行设置，运行如下命令：

```
sudo vim /var/lib/tomcat8/conf/tomcat-users.xml
```

追加如下内容，并设置自己的用户名和密码，默认管理用户名为 Tomcat，密码为 12345678：

```
<tomcat-users ...
<role rolename="manager-gui"/>
<user username="tomcat" password="12345678" roles="manager-gui"/>
...
</tomcat-users>
```

运行如下命令使重启生效：

```
sudo systemctl restart tomcat8
```

成功配置后，即可在浏览器中访问地址：http://192.168.1.20:8080/manager/html。

根据提示输入所设置的用户名和密码之后，即可看到 Tomcat 的管理界面，如图 15-8 所示。

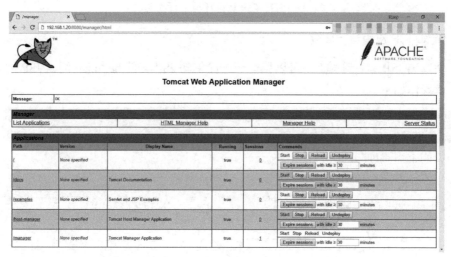

图 15-8　Tomcat 的管理界面

此外，还可以使用如下命令关闭和重启 Tomcat 服务：

```
sudo systemctl stop tomcat8
sudo systemctl restart tomcat8
```

Tips：Tomcat 关键目录。

- ◆ /usr/share/tomcat8：bin 目录保存的是 Tomcat 的一些命令，而 lib 目录则是 Tomcat 的一些库安装目录。
- ◆ /var/lib/tomcat8/webapps/ROOT：Web 应用的根目录。
- ◆ /etc/tomcat8/：Tomcat 配置文件目录。

至此，已经在 Ubuntu 服务器上部署好了最基本的经典 JSP Web 运行环境，剩下的事情就是在 Linux 环境开发、部署和应用自己的 Web 应用了。

15.6　本章小结

本章主要讲解了 LAMP Stack 和 LEMP Stack Web Services 平台的部署，以及 WordPress 的基本安装、配置、使用和管理等内容，并且兼顾了经典和老牌的 Web 运行环境 JSP。无论是 LAMP、LEMP 还是 JSP，都有很多可以优化和调优的地方，尤其是生产环境。本章内容是对第 13 章 Web 服务和第 14 章 MySQL 数据库的延续，既为开发者构建了一个完整的 Web 应用开发、运行和测试的环境，同时也可以应用到企业的生产环境中，只不过需要在本章的基础上进行扩展、定制和优化，以满足企业对上述服务性能及安全的需求。

第16章

高可用集群和负载均衡集群技术

集群技术可以分为三大类，分别是高可用集群（High Availability Cluster）、负载均衡集群（Load Balancing Cluster）和高性能计算集群（High Preference Computing Cluster）。本质上集群这个术语所描述的只是一个表象，看起来像一堆服务器在一起工作，也可以理解为一堆服务器充当一台超级服务器，然后将3种技术使用集群这个词来表示，虽然不是很准确，但却十分简单易懂和流行。本章主要介绍前两种集群技术，高可用集群和负载均衡集群其实是两种完全不同的技术，但由于二者界限模糊，常常被混为一谈。虽然很多时候它们最终都可以提高服务的可用性，可以避免单点故障（SPF），但它们的出发点及设计思想、实现思路、使用方法却有很大不同，故笔者将高可用集群和负载均衡集群做了严格的区分，目的主要是帮助大家更快、更容易地理解和掌握这两种企业常用的集群技术。需要指出，虽然高可用集群和负载均衡集群是两种不同的技术，但经常可以混合部署，如集群的前端采用高可用集群，而后端采用负载均衡集群，二者协同作战以满足企业对业务高可用性的迫切需求。限于篇幅，本章暂不涉及兼职负载均衡集群。

Tips：与高可用集群和负载均衡集群相关的开源项目。

- ◆ Keepalived：轻量级高可用 HA 项目。
- ◆ Pacemaker：标准的高可用 HA 项目。
- ◆ HAProxy：四层和七层负载均衡项目也可实现代理服务。
- ◆ LVS：四层负载均衡项目基于 Linux 操作系统，更准确地说，它就是 Linux 内核的一部分。
- ◆ Apache/Nginx：负载均衡功能算是兼职，支持反向代理和负载均衡的 Web Server。
- ◆ BIND：DNS 服务可以实现最为基本的轮询负载均衡，其实现极为简单，负载均衡功能也算是兼职。

对集群这个概念有了大致了解之后，还需要熟悉集群的几个关键术语（Term）。

- 集群（Cluster）：为了完成一项或多项业务或服务的多台服务器的集合，可以实现高可用、负载均衡或高性能计算等功能。
- 节点（Node）：集群中的每台服务器被称为一个节点。
- 服务（Service）：集群对客户端所提供的服务。
- 故障转移（Failover）：将服务从无效节点迁移到有效节点的过程。
- 前端（Front-End）：直接与客户端打交道的集群节点。
- 后端（Back-End）：处理客户端请求的集群节点。

说了这么多高可用集群，那么什么是高可用呢？高可用可以简单地定义为如下公式：

可用性（Availability）=可靠性（Reliability）+可维护性（Maintainability）

高可用的衡量标准又是什么呢？企业通常使用平均无故障时间 MTBF（Mean Time Between Failure）来度量操作系统的可靠性，用平均修复时间 MTTR（Mean Time To Repair）来度量系统的可维护性，可用性被定义为如下计算公式：

$$HA=MTBF/(MTBF+MTTR)\times 100\%$$

高可用的终极目标就是让集群所提供的服务"健康稳定"地"活着"，尽可能减少宕机和业务中断的时间。

Tips：可用性衡量标准一览。

- 99%：一年宕机时间不超过 3 天 15 小时 36 分，俗称为 2 个 9。
- 99.9%：一年宕机时间不超过 8 小时 46 分，俗称为 3 个 9。
- 99.99%：一年宕机时间不超过 52 分 34 秒，俗称为 4 个 9。
- 99.999%：一年宕机时间不超过 5 分 15 秒，俗称为 5 个 9。
- 99.9999%：一年宕机时间不超过 32 秒，俗称为 6 个 9。

可用性从低到高，十分容易记忆，从 2 个 9 到 6 个 9。

目前，主要有两个常用的高可用集群开源项目：一个是 Keepalived；另一个是 Pacemaker。前者开始是为实现 LVS 负载均衡高可用而设计的，由于不涉及共享存储和投票仲裁，故设计、实现和使用都比较简单，属于轻量级的高可用，小巧简单可靠，一般用于前端高可用。常用的前端高可用组合有 Keepalived+LVS 或 Keepalived+HAProxy，通过两个节点保证关键的 LVS 或 HAProxy 作业调度服务的高可用和稳定可靠。而后者则是一个设计全面、架构严谨的标准高可用 HA 的设计，使用可靠的集群文件系统和共享存储方案，可以满足对可用性要求高的企业的需求，由于涉及共享存储、Fence 等硬件，描述起来比较复杂，限于篇幅，本章将不涉及 Pacemaker 的内容。

16.1　企业常用的高可用集群技术

Keepalived 底层通过成熟可靠的虚拟路由器冗余协议（VRRP）实现了高可用。VRRP（Virtual Router Redundancy Protocol）是虚拟路由器冗余协议的缩写（RFC5798），该协议类似于 Cisco 的 HSRP 协议，可以让路由器实现高可用，只不过 VRRP 是一个开放协议，用途更加广泛，不仅可用于路由器，还可以用于服务器，VRRP 就是 Keepalived 实现高可用的核心和关键。VRRP 的架构如图 16-1 所示。

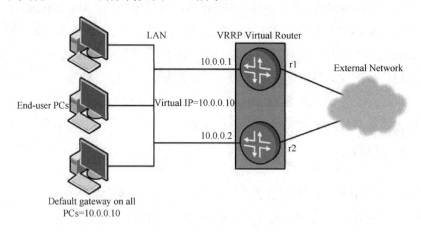

图 16-1　VRRP 的架构

对于服务器而言，VRRP 协议的工作原理如下：将单个服务器节点视为一台虚拟路由器，再将两个虚拟路由器模拟成一台虚拟服务器，且该虚拟服务器具有虚拟 IP（VIP）地址及相应的虚拟 MAC 地址，可通过此 VIP 对外提供服务。如果集群中的某个节点失效，Keepalived 的健康检测马上就会知道，并立即将服务转移到另外一个有效节点上，此过程完全自动实现，从而保证企业的关键服务不会中断，由于架构简单，故实现和使用起来相对容易，且稳定性和可靠性可以做得足够好，尤其是在高负载、高并发环境下。

由图 16-2 可知，Keepalived 在 Linux 用户空间（User space）主要由 3 个关键部件构成，分别是 Checkers、Core 和 VRRP Stack。

- ◆ Checkers：负责健康检查，可通过各种检查方式了解集群的健康状态。
- ◆ Core：Keepalived 的核心，负责主进程的管理、维护，以及全局配置文件的加载和解析。
- ◆ VRRP Stack：用来实现 VRRP 协议及高可用，虚拟出一台服务器，并提供虚拟 IP 及 MAC 地址。

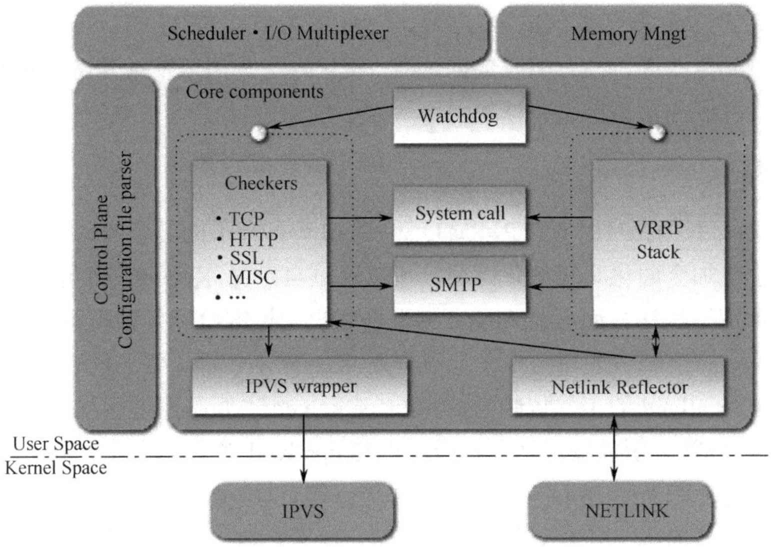

图 16-2　Keepalived 架构（图片来源：Keepalived 官网）

上述部件可以让 Keepalived 实现如下高可用功能（不涉及 LVS 相关功能）：
◆ 节点健康状况检查，能够立即发现失效节点。
◆ 实现将虚拟 IP 地址从失效节点飘移到可用节点上。

这些功能正是企业所需要的让业务平稳运行的保证，虽说是一款免费开源项目，难能可贵的是 Keepalived 的稳定性及可靠性非常高，尤其是在高负载的应用场景下，为什么可以这样呢？这就需要深入研究 Keepalived。

Keepalived 工作在 DoD 的 TCP/IP 参考模型的网络层、传输层和应用层。下面根据参考模型各层所能实现的功能，介绍 Keepalived 在各层的工作情况。

1. 网络层

网络层运行着 4 个重要的协议，分别是互联网协议（IP）、互联网控制报文协议（ICMP）、地址转换协议（ARP）及反向地址转换协议（RARP）。

Keepalived 在网络层采用的最常见的工作方式是通过 ICMP 向服务器集群中的每个节点发送一个 ICMP 的数据包（类似于 ping 命令），如果某个节点没有返回响应数据包，那么就认为此节点发生了故障，Keepalived 将报告此节点失效，并从服务器集群中剔除故障节点，这就是 Keepalived 的健康检测机制。

2. 传输层

在传输层，Keepalived 主要使用传输控制协议（TCP）和用户数据协议（UDP）。传输控制协议（TCP）可以提供可靠的数据传输服务，IP 地址和端口代表 TCP 连接的连接端。要获得 TCP 服务，需要在发起端的一个端口和接收机的一个端口之间建立连接，而 Keepalived 在传输层就是利用 TCP 的端口连接和扫描技术来判断集群节点是否正常的。例如，对于常见的 Web 服务默认的 80 端口、SSH 服务默认的 22 端口等，Keepalived 一旦在传输层探测到这些端口没有响应数据返回，就认为这些端口发生异常，然后强制将此端口对应的节点从服务器集群组中移除。

3. 应用层

在应用层可以运行 FTP、HTTP、SMTP 和 DNS 等各种不同类型的高层协议。Keepalived 的运行方式也更加全面化和复杂化，用户可以通过自定义 Keepalived 的工作方式来运行 Keepalived（如编写程序）。而 Keepalived 将根据用户的设定检测各种程序或服务是否正常，如果 Keepalived 的检测结果与用户设定不一致，Keepalived 将从服务器中移除对应的服务。

在理解 Keepalived 的工作机制后，可知 Keepalived 主要是通过网络来判断主节点或另一个节点是否存活的，所以保证网络畅通对于 Keepalived 来说至关重要。介绍完 Keepalived 的优点，再来谈谈其缺点。Keepalived 存在先天缺陷，即 VRRP 协议是为路由器而设计的，设计和实现都比较简单，根本没有考虑服务器的需求，如共享存储及服务器集群的故障转移，其只能实现基本的集群功能，并不涉及共享存储的服务，故称为轻量级高可用技术。明白了这些，即可着手实现 Keepalived 的部署和配置，如表 16-1 所示。

表 16-1　Keepalived 的高可用 HA 节点规划

名　称	服务器主机名	IP 地址/子网掩码
Master（主服务器）	master	192.168.1.180/24
Backup（备份服务器）	slave	192.168.1.181/24
Virtual IP（虚拟 IP）	vip	192.168.1.168

16.1.1　部署 Keepalived

从 Ubuntu 官方软件仓库安装 Keepalived 十分简单，具体操作如下：

```
sudo aptitude update
sudo aptitude install -y apache2 keepalived
```

生产环境常常需要安装指定版本的 Keepalived，Ubuntu 官方软件仓库未必有需要的版本，最好的办法就是从源代码编译安装，关键操作如下。

1. 准备工作

运行如下命令安装 Keepalived 编译所需要的工具：

```
sudo aptitude install -y build-essential libssl-dev libnl-3-200 libnl-3-dev
```

2. 下载源代码

执行如下命令下载所需要的源代码：

```
cd
wget http://www.keepalived.org/software/keepalived-2.0.5.tar.gz
```

Tips：Keepalived 源码大本营。

解压压缩包，操作如下：

```
tar -zxf keepalived-2.0.5.tar.gz
cd keepalived-2.0.5
```

3. 编译和安装 Keepalived

编译和安装 Keepalived 的关键操作如下：

```
./configure
...
Keepalived configuration
------------------------
Keepalived version          : 2.0.5
Compiler                    : gcc
Preprocessor flags          :
Compiler flags              : -Wall -Wunused -Wstrict-prototypes -Wextra -Winit-self -g -D_GNU_SOURCE -Wimplicit-fallthrough=3 -fPIE -Wformat -Werror=format-security -Wp,-D_FORTIFY_SOURCE=2 -fexceptions -fstack-protector-strong --param=ssp-buffer-size=4 -grecord-gcc-switches -O2
Linker flags                : -pie
Extra Lib                   : -lcrypto  -lssl
Use IPVS Framework          : Yes
IPVS use libnl              : No
IPVS syncd attributes       : Yes
IPVS 64 bit stats           : Yes
fwmark socket support       : Yes
Use VRRP Framework          : Yes
Use VRRP VMAC               : Yes
Use VRRP authentication     : Yes
With ip rules/routes        : Yes
Use BFD Framework           : No
SNMP vrrp support           : No
SNMP checker support        : No
SNMP RFCv2 support          : No
SNMP RFCv3 support          : No
DBUS support                : No
SHA1 support                : No
Use Json output             : No
```

```
libnl version              : None
Use IPv4 devconf           : No
Use libiptc                : No
Use libipset               : No
init type                  : systemd
Build genhash              : Yes
Build documentation        : No
make                                           #编译
sudo make install                              #安装通常需要 sudo 权限
```

成功安装后运行如下命令检测版本:

```
keepalived -v
Keepalived v2.0.5 (06/29,2018)
...
```

至于 Systemd 的相关配置,可将 Ubuntu 官方软件仓库安装或套用的其他服务的配置作为模板,自行创建即可。

16.1.2 配置 Keepalived 的主备模式

企业中常用的 Keepalived 模式有两种:一种是主备(Master-Backup)模式,即两个节点,一主一备,万一主节点宕机,备份节点可以立刻顶上;另一种是双主模式(Backup-Backup),即两个节点互为备份节点。这两种模式的配置略有差异,下面先来实现企业中流行的主备模式 Keepalived 的配置,为了使操作简单,这里从 Ubuntu 官方仓库进行安装。

Keepalived 的主配置文件为 keepalived.conf,该文件大致包括以下几个配置区域:global_defs、virtual_server、vrrp_instance 和 vrrp_script,说明如下。

- global_defs:Keepalived 的全局配置。
- virtual_server:虚拟服务器的必要设定,如作 LVS 的高可用,还有 real_server 关键字可用。
- vrrp_instance:用来定义对外提供服务的 VIP 及其虚拟服务器的相关属性。
- vrrp_script:用来侦测服务守护进程是否存活的脚本。

先来创建 vrrp_script 区域所需要的检测服务进程是否存活的脚本,此脚本内容如下:

```
sudo vim /sbin/apache2_check.sh
#!/bin/bash                                    #这个脚本是 vrrp_script 脚本的一个
                                               模板,其他服务也可以套用

#Checking apache2 is alive or not
COUNTER=$(ps -C apache2 --no-heading|wc -l)
if [ "${COUNTER}" = "0" ]; then
    systemctl stop keepalived                  #如果 apache2 进程终止,进程数自然会变
```

	为 0，此时则关闭 Keepalived 进程，让另一个节点接管虚拟服务器
fi	

运行如下命令添加执行权限：

```
sudo chmod u+x /sbin/apache2_check.sh
```

需要注意的是，多数 Keepalived 需要通过 Shell 脚本来监控服务是否可用，故脚本一定要具有可执行权限。该脚本由 Keepalived 进行调用，完成上述操作后即可开始配置 Keepalived 的主备节点。

主节点执行如下命令创建 keepalived.conf 主配置文件，关键配置如下：

```
sudo vim /etc/keepalived/keepalived.conf
global_defs {
    notification_email {
        hxl2000@gmail.com                      #管理员邮箱，一行一个，出现故障将发邮件
    }
    notification_email_from keepalived@gmail.com
                                               #设置邮件发件人地址
    smtp_server smtp@gmail.com                 #SMTP 服务器地址，可以使用公司自己的，
                                               也可以使用互联网上免费的
    smtp_connect_timeout 30                    #SMTP 服务器连接超时时间
    router_id apacheha                         #标识此节点字符串，通常为主机名，在故
                                               障发生时或在邮件通知中将会用到
}
vrrp_script check_apache2 {
    script "/sbin/apache2_check.sh"            #Apache 服务检测并试图重启
    interval 2                                 #每 2 秒检查一次
    weight -5                                  #检测失败（脚本返回非 0）则优先级减少 5
                                               个值
    fall 3                                     #如果连续失败次数达到此值，则认为服务
                                               器已失效
    rise 2                                     #如果连续成功次数达到此值，则认为服务
                                               器已生效，但不修改优先级
}
vrrp_instance VI_1 {                           #VRRP 实例名称
    state MASTER                               #可以是 MASTER 或 BACKUP，不过当其
                                               他节点 Keepalived 启动时会将 priority 比较
                                               大的节点选为 MASTER
    interface ens33                            #节点的网卡名称，用来收发 VRRP 包进行心
```

```
                                            跳检测
    virtual_router_id 51                    #虚拟路由 ID，取值为 0～255，用来区分多
                                             个 instance 的 VRRP 组播，同一网段内 ID
                                             不能重复；主备节点必须一致
    priority 100                            #优先级的取值范围是 1～255，默认值是
                                             100，所设置数值越大优先级越高，MASTER
                                             权重高于 BACKUP，要成为 MASTER，此值
                                             最好比其他节点高 50
    advert_int 1                            #健康查检时间间隔，默认为 1 秒，即 1 秒
                                             进行一次 MASTER 选举
    authentication {                        #认证类型有 PASS 和 HA（IPSEC），推荐
                                             使用 PASS，其密码可识别前 8 位
        auth_type PASS                      #默认是 PASS 认证
        auth_pass 12345678                  #PASS 认证密码
    }
    virtual_ipaddress {
        192.168.1.168                       #定义虚拟 IP 地址（VIP），可以定义多个
    }
    track_script {                          #设置 VRRP 脚本定义字段名为 check_
                                             apache2，并通过该字段所定义的路径和脚
                                             本名称找到 Apache 健康检测脚本

            check_apache2
        }
}
```

备份节点（192.168.1.181）上的 keepalived.conf 文件和主节点大致相同，比较省力的办法是直接从主节点复制过来，之后修改以下几个关键参数即可：

```
...
state BACKUP                                #此值可设置或不设置，只要保证下面的
                                             priority 不一致即可
interface ens33                             #根据实际情况设置网卡名称，此处采用
                                             Ubuntu 默认名称
priority 40                                 #此值要一定小于主节点上的值，且建议相
                                             差 50
...
```

在配置 keepalived.conf 时，需要特别注意配置文件的语法格式一定要正确且不要出现重复的 VIP，因为 Keepalived 在启动时并不检测配置文件的正确性，即使没有配置文件，

Keepalived 也可以启动。所以，在启动前一定要检查配置文件的正确性，以免出现不可预料的错误。

配置完成后，再次检查配置文件，如果没有问题，便可执行如下命令启动 Keepalived：

```
sudo systemctl start keepalived
```

之后配置其与系统一同启动：

```
sudo systemctl enable keepalived
```

启动之后，通过以下命令可以查看其状态：

```
sudo systemctl status keepalived          #后面将经常用到此命令
```

Keepalived 会运行 3 个进程：

```
ps -ef | grep keepalived
```

结果如下：

```
root   2030    1     0 08:59 ?      00:00:01 keepalived -f /etc/keepalived/keepalived.conf
root   2041    2030  0 08:59 ?      00:00:01 keepalived -f /etc/keepalived/keepalived.conf
root   2042    2030  0 08:59 ?      00:00:03 keepalived -f /etc/keepalived/keepalived.conf
```

最后通过以下命令可以查看 VIP 当前绑定在哪个节点上：

```
ip addr
```

结果如下：

```
...
2: ens33: <BROADCAST,MULTICAST,UP,LOWER_UP> mtu 1500 qdisc pfifo_fast state UP group default qlen 1000
    link/ether 00:0c:29:14:9a:bd brd ff:ff:ff:ff:ff:ff
    inet 192.168.1.180/24 brd 192.168.1.255 scope global ens33
       valid_lft forever preferred_lft forever
    inet 192.168.1.168/32 scope global ens33
       valid_lft forever preferred_lft forever
...
```

运行如下命令重启 Keepalived：

```
sudo systemctl restart keepalived          #此时会尝试读取/etc/keepalived/
                                           keepalived.conf 配置文件
```

如果需要指定配置文件的位置（假设在/usr/local/keepalived/目录下），可使用如下命令：

```
sudo keepalived -f /usr/local/keepalived/keepalived.conf
```

需要注意的是，一定要确保没有两个角色同时为主。一主一备模式的基本配置就是这样，至于双主模式的配置，请参阅 LVS 及 MySQL 高可用部分，那里有完整和详细的双主配置。更多的模式或配置，请参阅 Keepalived 的官方文档。

16.2 负载均衡技术

与高可用集群设计思想和实现不同,负载均衡技术的主要目的是让集群中的各节点负载大致平衡,如性能较高的节点任务多一点,低性能节点任务少一点。如果各节点性能相当,就平均分配任务,以避免某些节点出现过高或过低负载的极端情况。如果负载过高,超出了节点能力的极限,就很容易出现假死或没有响应,负载均衡技术本质上是对集群负载的分配、协调和管理。所以,企业大多采用负载均衡技术,实力雄厚的公司常常采用昂贵的硬件负载均衡设备,如 F5 或 Array,间接提高了集群的稳定性及可用性,而更多的企业则采用软负载均衡技术,即通过软件来实现负载均衡,下面将介绍软负载均衡技术。

对于企业而言,软负载均衡技术的实现也十分灵活和多样,最早是通过 DNS 服务实现负载均衡,后来出现了比 DNS 服务提供更多调度算法的负载均衡程序——LVS(从 Kernel 2.6 开始将 LVS 集成到了内核,基于传输层的负载均衡技术)。此外,可以通过 Web 服务器实现负载均衡(基于应用层的负载均衡),如 Apache 和 Nginx 本身提供的负载均衡及反向代理功能企业就很常用。目前在企业中流行的负载均衡开源项目中,使用比较多的除了 Nginx 负载均衡和反向代理,就是 LVS 和 HAProxy 了,限于篇幅本章并不涉及 LVS,下面主要介绍可以实现传输层和应用层负载均衡的 HAPrxoy。

16.2.1 HAProxy 实现负载均衡

Nginx 可以实现七层(应用层)负载均衡,LVS 则可以实现四层(传输层)负载均衡,而 HAProxy 就十分灵活了,既可以实现四层负载均衡,也可以实现七层负载均衡,其实现略有差异,其官方网站更是将"The Reliable,High Performance TCP/HTTP Load Balancer"(可靠和高性能的 TCP/HTTP 负载均衡器)作为自己的口号。

HAProxy 能够为企业提供负载均衡及基于 TCP(第四层)和 HTTP(第七层)的应用代理,关键是开源、便捷和可靠。HAProxy 特别适用于那些高负载站点,除了可以实现负载均衡,还可以提供常用的会话保持及七层处理应用代理。此外,HAProxy 完全可以同时支持成千上万个并发连接,既可以实现负载均衡,保证企业业务稳定高效的运行,又能保护重要服务不暴露到互联网上,很多著名互联网企业都是 HAProxy 的忠实用户,如亚马逊、GitHub、Stack Overflow 和 Twitter 等,具体报告及参数请访问其官网。

HAProxy 有企业和社区两个版本,最新社区稳定版本为 1.8.1,HAProxy 项目的 Logo 如图 16-3 所示。

图 16-3　HAProxy 项目的 Logo

Tips：HAProxy 高并发的秘密。

多数服务都基于多进程，或基于多线程，不过它们均受内存限制、系统调度器限制及锁限制，很少能处理数千并发链接，而 HAProxy 则实现了一种事件驱动，采用单一进程模型。此模型能够支持非常大的并发链接数，因为事件驱动模型有更好的资源和时间管理的用户端（User-Space）来实现所有任务，所以没有太多限制，唯一的问题就是在多核环境下的扩展性较差，不过可以通过优化 CPU 时间片来解决。

对于企业而言，HAProxy 最大的优点就是可以媲美专业硬件负载均衡 F5 或 Array 的稳定性，尤其在高负载环境下具有优良表现。此外，HAProxy 还有很好的灵活性，其可以实现七层和四层单独或混合应用，如企业需要很多网络服务和应用，有些服务为了安全需要，通过 TCP 四层实现代理服务，而有些应用则要求实现七层负载均衡，HAProxy 就可以这样混搭使用。本章主要介绍负载均衡，并实现 HAProxy 七层负载均衡，实际比较常用的 3 个节点的 HAProxy 负载均衡架构如图 16-4 所示。配置如表 16-2 所示。

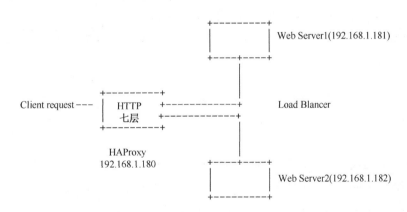

图 16-4　七层负载均衡架构

表 16-2　HAProxy 的配置

名　　称	服务器主机名	IP 地址/子网掩码
负载均衡节点	lb	192.168.1.180/24
Web 节点 1	Web1	192.168.1.181/24
Web 节点 2	Web2	192.168.1.182/24

16.2.2　部署 HAProxy

部署 HAProxy 有源码和 Ubuntu 官方软件仓库两种方式，二者各有利弊，大家可以根据需求进行选择。

1. 从 Ubuntu 官方软件参考安装

从 Ubuntu 官方软件参考部署 HAProxy，优点是稳定，缺点是版本可能较老，不过对于企业应用来说也无所谓了，执行如下命令部署 HAProxy：

```
sudo aptitude update
sudo aptitude install -y haproxy
```

成功安装完成后，HAProxy 默认已经启动，可以用如下命令检测其当前状态：

```
ps -ef |grep haproxy
root         30970     0 19:45 ?        00:00:00 /usr/sbin/haproxy-systemd-wrapper -f /etc/haproxy/haproxy.cfg -p /run/haproxy.pid
haproxy      30974 30970 0 19:45 ?        00:00:00 /usr/sbin/haproxy -f /etc/haproxy/haproxy.cfg -p /run/haproxy.pid -Ds
haproxy      30977 30974 0 19:45 ?        00:00:00 /usr/sbin/haproxy -f /etc/haproxy/haproxy.cfg -p /run/haproxy.pid -Ds
```

或用如下命令查看 HAProxy 版本：

```
haproxy -v
HA-Proxy version 1.8.8-1ubuntu0.1 2018/05/29
Copyright 2000-2018 Willy Tarreau <willy@haproxy.org>
```
#Ubuntu 官方仓库版本比较稳定

2. 源代码编译部署 HAProxy

生产环境习惯从源代码编译部署，需要哪个版本可以直接从源代码部署，如安装最新的版本在开始之前需要安装相关开发工具并创建 HAProxy 用户，具体操作如下：

1）准备工作

```
sudo aptitude install -y build-essential libssl-dev libpcre++-dev libz-dev
sudo useradd haproxy                            #创建运行 HAProxy 用户
sudo cat /etc/passwd |grep haproxy
haproxy:x:1001:1001::/home/haproxy:             #看到此结果，说明 HAProxy 用户创建成功
```

2）下载源代码编译

执行如下命令下载源代码包进行安装：

```
wget http://www.haproxy.org/download/1.8/src/haproxy-1.8.12.tar.gz
tar zxvf haproxy-1.8.12.tar.gz
cd haproxy-1.8.12/
make TARGET=linux2628 ARCH=x86_64 USE_STATIC_PCRE=1 USE_OPENSSL=1 USE_ZLIB=1
sudo make install
```

Tips：明明白白编译参数。

◆ TARGET=linux2628：表示使用最新的 4.x 内核。

- ARCH=x86_64：表示采用 X86_64 架构。
- USE_STATIC_PCRE=1：启用静态 PCRE 库。
- USE_OPENSSL=1：启用 SSL 支持。
- USE_ZLIB=1：启用 Zip 库。

3）检验安装

与从官方软件仓库安装类似，可以通过获得版本来检验 HAProxy 的安装：

```
haproxy -v
HA-Proxy version 1.8.12-8a200c7 2018/06/27
Copyright 2000-2018 Willy Tarreau <willy@haproxy.org>
```

之后配置 HAProxy，主要编辑主配置文件 haproxy.cfg，源码编译安装 HAProxy，默认并没有此配置文件，可以通过复制配置文件模板创建该文件，具体操作如下：

```
sudo cp examples/option-http_proxy.cfg /etc/haproxy/haproxy.cfg
                    #默认的模板文件可能无法启动 HAProxy，可根据下列实例配置
```

4）运行 HAProxy 负载均衡服务

配置好 HAProxy 之后，执行如下命令运行 HAProxy 负载均衡服务：

```
sudo /usr/local/sbin/haproxy -f /etc/haproxy/haproxy.cfg
```

16.2.3　HAProxy 七层负载均衡配置

以七层流行的 Web 服务为例来实现 HAProxy 的七层负载均衡，具体方法如下。

编辑 HAProxy 主配置文件。配置 HAProxy 主要是配置 HAProxy 的主配置文件 haproxy.cfg，基本配置（不涉及 ACL 的使用）及配置选项说明如下：

```
sudo vim /etc/haproxy/haproxy.cfg
```

主配置文件配置如下：

```
global                                          #开始全局参数配置
        log /dev/log     local0
        log /dev/log     local1 notice
        chroot /var/lib/haproxy
        stats socket /run/haproxy/admin.sock mode 660 level admin
        stats timeout 30s
        user haproxy
        group haproxy
        daemon
        # Default SSL material locations
        ca-base /etc/ssl/certs
        crt-base /etc/ssl/private
        # Default ciphers to use on SSL-enabled listening sockets.
```

```
    # For more information, see ciphers(1SSL). This list is from:
    #   https:#hynek.me/articles/hardening-your-web-servers-ssl-ciphers/
        ssl-default-bind-ciphers   ECDH+AESGCM:DH+AESGCM:ECDH+AES256::RSA+   AES:  RSA+
3DES:!aNULL:!MD5:!DSS
        ssl-default-bind-options no-sslv3
    defaults                                              #配置常用参数的默认值
        log    global
        mode http                                         #默认模式 mode 主要有两个重要
                                                            参数,分别是 tcp 和 http。其中 tcp
                                                            为四层负载均衡,http 为七层负
                                                            载均衡
        option      httplog
        option      dontlognull
            timeout connect 5000                          #连接超时,可自定义
            timeout client   50000                        #客户端超时,可自定义
            timeout server   50000                        #服务器超时,可自定义
        errorfile 400 /etc/haproxy/errors/400.http        #设置 HAProxy 的错误页面
        errorfile 403 /etc/haproxy/errors/403.http
        errorfile 408 /etc/haproxy/errors/408.http
        errorfile 500 /etc/haproxy/errors/500.http
        errorfile 502 /etc/haproxy/errors/502.http
        errorfile 503 /etc/haproxy/errors/503.http
        errorfile 504 /etc/haproxy/errors/504.http        #以上为 HAProxy 主配置文件的默
                                                            认配置
    frontend Local_Node                                   #添加 HAProxy 的监听器,HAProxy
                                                            将监听端口 80
        bind *:80                                         #定义监听端口,接受客户端请求
                                                            并与之建立连接
        mode http                                         #应用层 HTTP 类型
        default_backend Web_Servers                       #指定后端 Web 服务器集群名称
    backend Web_Servers                                   #添加后端 Web 服务器集群,名字
                                                            要和前端所定义的一致,可以根
                                                            据功能定义多组后端服务器
        mode http
        balance roundrobin                                #指定为最简单的轮询算法,一个
                                                            接一个地循环
```

```
option forwardfor
http-request set-header X-Forwarded-Port %[dst_port]
http-request add-header X-Forwarded-Proto https if { ssl_fc }
option httpchk HEAD / HTTP/1.1rnHost:localhost
server web1.example.com    192.168.1.181:80        #HAProxy 根据轮询算法将客户端的
                                                    请求转发到这些后端 Web 服务器
server web2.example.com    192.168.1.182:80
```

从上述配置可知，HAProxy 的主配置文件主要有 global、defaults、frontend 和 backend 4 个重要配置段，其实还有一个 listen 配置段也很常用，不过通常只对四层 TCP 流量有效，常作为代理使用，这里仅作为了解。之后重启 HAProxy 服务，可以令配置立即生效，具体操作如下：

```
sudo systemctl restart haproxy
```

最后在两台 Web 服务器上运行如下命令安装 Apache：

```
sudo aptitude install apache2 -y
```

将主页设置为如下内容：

```
sudo sh -c "echo 'Web Server 1:192.168.1.181'>/var/www/html/index.html"
                                                    #Web Server 2 需要修改相应参数
sudo systemctl restart apache2
```

HAProxy 的各个节点安装和配置成功后，就可以在浏览器中访问 HAProxy 负载均衡服务了，访问地址：http://192.168.1.180/。

连续单击浏览器的刷新按钮，就可以看到访问的是后端的两个 Web 服务器，且可以根据轮询算法依次访问不同的 Web 服务器。

16.2.4　HAProxy 基于四层的负载均衡

前面已经实现了基于七层的负载均衡，下面就来实现基于四层代理的负载均衡，架构如图 16-5 所示。

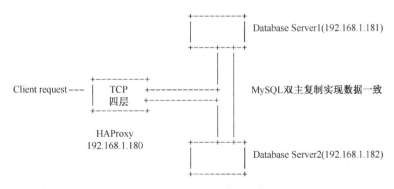

图 16-5　四层代理的负载均衡架构

HAProxy 的安装部署和七层负载均衡完全一致，关键差异在于 HAProxy 的下列配置内容，配置 HAProxy 的方法如下：

```
sudo vim /etc/haproxy/haproxy.cfg
```

主配置文件配置如下：

```
...
defaults
        log             global
        mode            http
#       option          httplog         #注释掉此行
        option          dontlognull
        timeout connect 5000
        timeout client  50000
        timeout server  50000
...

listen  mysqllb
        bind *:6688                     #代理端口为 6688，IP 地址为当前服务
                                         器 IP 或虚拟 IP
        mode tcp                        #模式为 TCP，即四层代理
        balance roundrobin              #指定负载均衡算法为轮询调度算法
        server mysql1 192.168.1.181:3306 weight 1 check  inter 5000 rise 2 fall 1
                                        #提供服务的数据库节点
        server mysql2 192.168.1.182:3306 weight 1 check  inter 5000 rise 2 fall 1
                                        #如果只指定一部 MySQL 数据库节点，
                                         就配置成了代理服务，可以通过外部
                                         6688 端口访问内部端口 3306
...
```

最后执行如下命令检测配置是否成功：

```
sudo systemctl restart haproxy
```

结果如下：

```
● haproxy.service - HAProxy Load Balancer
   Loaded: loaded (/lib/systemd/system/haproxy.service; enabled; vendor preset: enabled)
   Active: active (running) since Mon 2018-07-09 12:11:01 UTC; 10s ago
     Docs: man:haproxy(1)
```

file:/usr/share/doc/haproxy/configuration.txt.gz

　Process: 3541 ExecStartPre=/usr/sbin/haproxy -f $CONFIG -c -q $EXTRAOPTS (code=exited, status=0/SUCCESS)

　Main PID: 3548 (haproxy)

　　Tasks: 2 (limit: 2294)

　　CGroup: /system.slice/haproxy.service

　　　　　├─3548 /usr/sbin/haproxy -Ws -f /etc/haproxy/haproxy.cfg -p /run/haproxy.pid

　　　　　└─3550 /usr/sbin/haproxy -Ws -f /etc/haproxy/haproxy.cfg -p /run/haproxy.pid

Jul 09 12:11:01 us1804 systemd[1]: Starting HAProxy Load Balancer...

Jul 09 12:11:01 us1804 haproxy[3548]: Proxy mysqllb started.

Jul 09 12:11:01 us1804 haproxy[3548]: Proxy mysqllb started.

Jul 09 12:11:01 us1804 systemd[1]: Started HAProxy Load Balancer.

还可以运行如下命令检测：

netstat -anptu

结果如下：

(Not all processes could be identified, non-owned process info

will not be shown, you would have to be root to see it all.)

Active Internet connections (servers and established)

Proto	Recv-Q	Send-Q	Local Address	Foreign Address	State	PID/Program name
tcp	0	0	0.0.0.0:6688	0.0.0.0:*	LISTEN	-
tcp	0	0	0.0.0.0:22	0.0.0.0:*	LISTEN	-
tcp	0	360	192.168.1.180:22	192.168.1.17:34571	ESTABLISHED	-
tcp6	0	0	:::22	:::*	LISTEN	-

在 181 和 182 节点上安装 MySQL 服务器，而在主节点只安装 MySQL 客户端，然后在主节点运行如下命令：

mysql -uroot -P6688 -h192.168.1.180 -p12345678

结果如下：

mysql: [Warning] Using a password on the command line interface can be insecure.

Welcome to the MySQL monitor.　Commands end with ; or \g.

Your MySQL connection id is 12

Server version: 5.7.22-0ubuntu18.04.1-log (Ubuntu)

Copyright (c) 2000, 2018, Oracle and/or its affiliates. All rights reserved.

Oracle is a registered trademark of Oracle Corporation and/or its

affiliates. Other names may be trademarks of their respective

```
owners.
Type 'help;' or '\h' for help. Type '\c' to clear the current input statement.
mysql>
```

MySQL 客户端连接成功，即可直接连接到后端任意一台 MySQL 服务器上，说明访问主节点的 6688 端口实际在访问后台 MySQL 服务器，因为主节点并没有安装 MySQL 服务。

此外，可以通过如下命令在 MySQL 节点检测连接：

```
netstat -anptu
```

结果如下：

```
...
tcp6       0      0 :::22                   :::*                    LISTEN      -
tcp6       0      0 192.168.1.181:3306      192.168.1.180:50806     ESTABLISHED -
udp     2304      0 127.0.0.53:53           0.0.0.0:*
...
```

如果看到上述信息，说明主节点已经将连接请求发送到了此节点，并且连接成功，如果主节点多发起几次连接，通常可以看到 180 主节点将会根据负载均衡算法把连接请求分配给后端的 MySQL 服务器。

Tips：四层和七层负载均衡的本质区别。

两种负载均衡的本质区别是，四层负载均衡是基于 IP 地址和端口的负载均衡，而七层的负载均衡是基于 URL 等应用层信息的负载均衡，且企业应用实际就体现在七层负载均衡上，其对负载均衡设备的要求较高。

HAProxy 监控部分的配置可以参考七层负载均衡的配置，配置文件后就可以启动了，不过在这之前，两个 MySQL 数据库节点需要先实现主复制，实现方法这里不做展开。在四层模式下，HAProxy 仅在客户端和服务器之间转发双向流量，而在七层模式下，HAProxy 将分析协议，并可通过对请求（Request）或回应（Response）里指定的内容的管理（如允许或拒绝等）及增删改来控制协议，这种操作要基于特定规则。

对于负载均衡的使用者而言，LVS 的四层负载均衡支持 TCP 和 UDP 协议，只能通过 ip+port 实现负载分发，由于是操作系统层面的支持，并发量和稳定性的表现都很好并得到了企业的大量应用，而 HAProxy 是七层负载均衡，可以实现更细粒度的负载分发，且有专门的 TCP 和 HTTP 解决方案。

16.3　本章小结

Keepalived 是企业中十分流行的高可用套件，而 HAProxy 则是目前被广泛使用的负载均衡器，再加上前面章节提到的 Apache、BIND 和 Nginx，这些都可以充当负载均衡的角色，且它们都是品质和可靠性很高的开源软件，尤其对于中小型企业来说，如日 PV 小于 600 万的网站，用 Nginx 就完全可以胜任，但大型互联网公司的服务器比较多，想要低成本地获得较好的负载均衡效果，可以选择 HAProxy。

更多应用场景，需要灵活、综合地运用上述各种负载均衡技术来定制最合身的应用方案，服务于企业的业务，Nginx、HAProxy 和 Keepalived 的组合非常多，也非常灵活，限于篇幅此处只抛砖引玉，就不一一介绍了。

第17章

驯服 MySQL 主从复制高可用集群

无论是中小企业还是大公司，一旦网站或服务器宕机，公司就会遭受损失，并且公司越大，损失越大。最近的一份调查报告显示，宕机一分钟将导致企业平均损失约 5000 美元，这些钱可以购买两三台不错的服务器，对于比较重要的数据库服务器而言，有高可用技术护身才能将损失降到最低。

对于数据库而言，企业数据量规模巨大，数据增长迅速。所以，企业对 MySQL 的要求就不仅仅是稳定可用了，而是更进一步寻求各种高可用方案。MySQL 在这方面做得很好，MySQL 高可用集群架构经过社区和官方多年的发展和完善，积累了很多优秀的 MySQL 高可用集群解决方案，其中 MySQL Replication 高可用方案最为流行，包括应用于不同场景的多种复制技术，本章主要介绍目前流行的 MySQL 复制高可用集群。

17.1 MySQL 主从复制高可用技术

MySQL 主从复制高可用技术主要复制 MySQL 的二进制日志（Binary Log），该日志以二进制的格式保存了所有对数据库、数据表的修改，因此可以通过重做二进制日志来实现数据的同步，这就是常说的跑日志。需要注意的是，在 MySQL 主从复制架构中，只有主节点的二进制日志被称为二进制日志，从节点的二进制日志被称为中继日志（Relay Log），以区别于主服务器节点。

通过二进制日志及偏移量定位复制位置是 MySQL 主从复制的经典方式，不过从 MySQL 5.6 开始，MySQL 主从复制变成了两种，即基于二进制日志的主从复制和基于 GTID（全局事务 ID）的主从复制，本章主要介绍目前主流的基于二进制日志的主从复制技术。

MySQL 的多数高可用方案都是基于复制技术实现的，所以十分有必要深入了解并熟练掌握 MySQL 主从复制技术。MySQL 主从复制其实就是一台或多台 MySQL 服务器

（Slave）从另一台 MySQL 服务器（Master）复制二进制日志，并重做其应用到本地数据库的过程，类似于 Oracle 的 Data Guard，其示意图如图 17-1 所示。

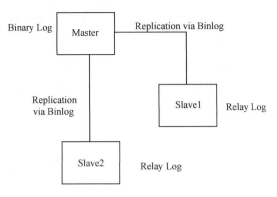

图 17-1　MySQL 主从复制示意图

通过复制可以解决 MySQL 服务器宕机带来的数据不一致问题，还可以实现数据的实时备份，并减轻单台 MySQL 数据库服务器的负载。多台服务器的性能通常比单台好。MySQL 的复制过程可以分成三步，第一步是主服务器将数据的改变记录为二进制日志（Binary Log）；第二步是从服务器复制主服务器的二进制日志，并保存成本地的中继日志（Relay Log）；第三步是从服务器重做中继日志，将数据的改变应用到本地数据库，主从复制、双主复制、MHA 和 MGR 的原理大概都是这样，只是实现过程略有不同，将会在相应的高可用方案中对其实现过程进行详细介绍。

目前，MySQL 主从复制根据复制的差异可以分为如下三类复制技术。

（1）异步复制（Asynchronous Replication）：默认情况下 MySQL 的复制是异步的，主数据库服务器（下文简称为主服务器）在执行完客户端提交的事务后，立即将结果返回给客户端，不关心从数据库服务器（下文简称为从服务器）是否真正接收到并重做了二进制日志。异步复制最大的问题就是也许在主服务器崩溃时，主服务器上已经提交的事务并没有传给从服务器，如果此时将从服务器提升为主服务器，可能导致刚刚切换为主服务器的从服务器上的数据不完整。

（2）全同步复制（Fully Synchronous Replication）：指主服务器执行完一个事务后，所有的从服务器都执行了该事务，才将事务处理的结果返回给客户端，因为需要等待所有从服务器执行完该事务才能返回，所以全同步复制的性能将会损失很多。

（3）半同步复制（Semisynchronous Replication）：是一个折中方案，介于异步复制和全同步复制之间，主服务器在执行完客户端提交的事务后，并不立即将结果返回客户端，而要等待至少一个从服务器接收到信息，并将其写到中继日志中才返回给客户端。与异步复制相比，半同步复制提高了数据的安全性，但又没有全同步复制的性能损失大，很好地平衡了主从复制的可用性和性能，推荐大家采用半同步复制。

17.1.1　实现一主多从 MySQL 主从复制

MySQL 主从复制高可用，又被称为 A/B 复制，生产环境大多采用一主多从（最为流行）的架构，即一台主服务器配以多台从服务器。具体来说就是当主服务器发生数据变更事件时，如表结构变更，数据更新或删除等全部写入二进制日志，然后从服务器从主服务器同步二进制日志，并保存成本地的中继日志，从服务器再根据中继日志将所有的数据变更事件重做一遍，这样主从服务器的数据就一样了，从而实现了 MySQL 数据库的高可用，如图 17-2 所示。

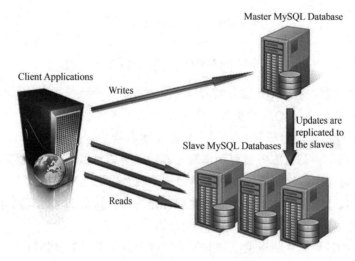

图 17-2　MySQL 一主多从复制

熟悉了主从复制的过程，下面就来实现一个主从的数据同步，这里采用三个服务器节点，如下所示。

	主机名		IP 地址/子网掩码	
MySQL A（主服务器）：	mysqla	192.168.1.180/24	#由于集群服务器较多，故 IP 地址从 180 开始，没有采用 22 作为默认地址
MySQL B（从服务器 1）：	mysqlb	192.168.1.181/24	#最好设置主机名，为可选项
MySQL C（从服务器 2）：	mysqlc	192.168.1.182/24	

所有节点都采用 64 位 Ubuntu Server 18.04 作为操作系统并安装好 MySQL 数据库，以 MySQL 社区版本为例，如果是编译安装 MySQL，则其操作配置与默认安装的相同即可。

要实现一主多从的主从复制，首先要保证几台服务器之间可以相互 ping 通，能够解析对方的主机名，并且安装好 MySQL 数据库，还要在各自的 MySQL 服务中激活同步账户。

1. MySQL 主服务器配置

在 MySQL 主服务器中安装 MySQL，并以管理员身份登录数据库：

```
sudo aptitude install -y mysql-server mysql-client
sudo mysql -uroot -p
```

然后执行如下授权 SQL 语句：

```
mysql> GRANT REPLICATION SLAVE ON *.* TO 'replication'@'192.168.1.181' IDENTIFIED BY '12345678';                #为第一台从服务器授权
mysql> GRANT REPLICATION SLAVE ON *.* TO 'replication'@'192.168.1.182' IDENTIFIED BY '12345678';                #为第二台从服务器授权
mysql> FLUSH PRIVILEGES;               #立即生效
mysql> SELECT user,authentication_string,host from mysql.user WHERE user='replication';
                                       #检测授权结果
```

结果如下：

```
+-------------+-------------------------------------------+---------------+
| user        | authentication_string                     | host          |
+-------------+-------------------------------------------+---------------+
| replication | *84AAC12F54AB666ECFC2A83C676908C8BBC381B1 | 192.168.1.181 |
| replication | *84AAC12F54AB666ECFC2A83C676908C8BBC381B1 | 192.168.1.182 |
+-------------+-------------------------------------------+---------------+
2 rows in set (0.00 sec)
```

根据如下内容修改 MySQL 主配置文件：

```
sudo vim /etc/mysql/mysql.conf.d/mysqld.cnf
```

文件内容如下：

```
...
[mysqld]
server-id = 1                          #server-id 要唯一
log-bin = /var/lib/mysql/mysql-bin
                                       #二进制日志文件将以 mysql-bin 为前缀名及路径，
                                         MySQL 将会自动根据此前缀名添加数字后缀
#bind-address = 127.0.0.1              #添加井号屏蔽此行，允许其他客户端远程连接
                                         到此数据库
...
```

保存之后重启 MySQL 数据库令配置生效：

```
sudo systemctl restart mysql
```

需要注意的是，'server-id' 参数的值一定要唯一，主从服务器的值绝不能相同，'innodb_flush_log_at_trx_commit=2' 参数可以提高从服务器的同步速度。

再次登录数据库,并运行如下 SQL 语句:

```
sudo mysql -uroot -p
mysql> SHOW VARIABLES LIKE "%log_bin%";
```

结果如下:

```
+---------------------------------+--------------------------------+
| Variable_name                   | Value                          |
+---------------------------------+--------------------------------+
| log_bin                         | ON                             |
| log_bin_basename                | /var/lib/mysql/mysql-bin       |
| log_bin_index                   | /var/lib/mysql/mysql-bin.index |
| log_bin_trust_function_creators | OFF                            |
| log_bin_use_v1_row_events       | OFF                            |
| sql_log_bin                     | ON                             |
+---------------------------------+--------------------------------+
6 rows in set (0.00 sec)
```

看到上面的内容,说明二进制日志已经打开。

2. MySQL 从服务器配置

在 MySQL 的两个从服务器中安装 MySQL,并以管理员身份登录数据库:

```
sudo aptitude install -y mysql-server mysql-client
sudo mysql -uroot -p
```

然后执行如下授权 SQL 语句:

```
mysql> GRANT REPLICATION SLAVE ON *.* TO 'replication'@'192.168.1.180' IDENTIFIED BY '12345678';            #切记为第二台从服务器授权
mysql> FLUSH PRIVILEGES;
```

根据如下内容修改 MySQL 主配置文件:

```
sudo vim /etc/mysql/mysql.conf.d/mysqld.cnf
```

文件内容如下:

```
...
[mysqld]
server-id     = 2                          #server-id 不能重名
relay-log = /var/lib/mysql/mysql-bin
                                           #二进制日志文件前缀
#bind-address = 127.0.0.1                  #添加"#"号屏蔽此行,允许其他客户端远程连接到此
                                            数据库
skip-slave-start   = 1
...
```

之后重启 MySQL 数据库令配置生效：

`sudo systemctl restart mysql`

可以使用'CHANGE MASTER TO'语句设置主服务器的用户名、密码和地址等信息。在添加上述信息之前，要先使用如下命令暂停从服务器的同步：

`mysql> STOP SLAVE;`

然后根据主服务器的实际情况在两台从服务器中添加相应信息：

```
mysql> CHANGE MASTER TO MASTER_HOST='192.168.1.180',
    MASTER_USER='replication',
    MASTER_PASSWORD='12345678',
    MASTER_LOG_FILE='mysql-bin.000001',    #此名称一定要是主服务器的真实名称，
                                            否则会报 Last_IO_Errno 错误
    MASTER_LOG_POS=154;                     #POS 的值一定要和主服务器一致，可
                                            以在主服务器上使用 SHOW MASTER
                                            STATUS\G 语句来查询当前 POS 值
```

第二台从服务器的配置与第一台类似，只是要修改 MASTER_HOST 的 IP 地址，确认无误后启动两台从服务器开始同步：

`mysql> START SLAVE;`

3. 检测 MySQL 主从节点状态

分别在主从服务器上使用如下命令检查主从服务器状态：

1）主服务器状态

`mysql> SHOW MASTER STATUS\G`

结果如下：

```
*************************** 1. row ***************************
            File: mysql-bin.000001        #二进制日志文件名，十分重要
        Position: 154                     #POS 值，十分重要
    Binlog_Do_DB:
Binlog_Ignore_DB:
Executed_Gtid_Set:
1 row in set (0.00 sec)
```

上述状态随时可能改变，所以要经常获取最新信息。

2）从服务器状态

`mysql> SHOW SLAVE STATUS\G`

结果如下：

```
*************************** 1. row ***************************
            Slave_IO_State: Waiting for master to send event
```

```
                  Master_Host: 192.168.1.180
                  Master_User: replication
                  Master_Port: 3306
                Connect_Retry: 60
              Master_Log_File: mysql-bin.000001
          Read_Master_Log_Pos: 154
               Relay_Log_File: relay-bin.000002
                Relay_Log_Pos: 320
        Relay_Master_Log_File: mysql-bin.000001
             Slave_IO_Running: Yes
            Slave_SQL_Running: Yes
              Replicate_Do_DB:
          Replicate_Ignore_DB:
           Replicate_Do_Table:
       Replicate_Ignore_Table:
      Replicate_Wild_Do_Table:
  Replicate_Wild_Ignore_Table:
                   Last_Errno: 0
                   Last_Error:
                 Skip_Counter: 0
          Exec_Master_Log_Pos: 154
              Relay_Log_Space: 521
              Until_Condition: None
               Until_Log_File:
                Until_Log_Pos: 0
           Master_SSL_Allowed: No
           Master_SSL_CA_File:
           Master_SSL_CA_Path:
              Master_SSL_Cert:
            Master_SSL_Cipher:
               Master_SSL_Key:
        Seconds_Behind_Master: 0
Master_SSL_Verify_Server_Cert: No
                Last_IO_Errno: 0
                Last_IO_Error:
               Last_SQL_Errno: 0
```

```
              Last_SQL_Error:
  Replicate_Ignore_Server_Ids:
             Master_Server_Id: 1
                 Master_UUID: 57b5a063-5ceb-11e7-b385-000c29f44c4e
             Master_Info_File: /var/lib/mysql/master.info
                    SQL_Delay: 0
          SQL_Remaining_Delay: NULL
        Slave_SQL_Running_State: Slave has read all relay log; waiting for more updates
           Master_Retry_Count: 86400
                  Master_Bind:
        Last_IO_Error_Timestamp:
       Last_SQL_Error_Timestamp:
                Master_SSL_Crl:
            Master_SSL_Crlpath:
            Retrieved_Gtid_Set:
             Executed_Gtid_Set:
                Auto_Position: 0
           Replicate_Rewrite_DB:
                 Channel_Name:
            Master_TLS_Version:
1 row in set (0.00 sec)
```

如果看到从服务器状态为"Waiting for master to send event",且 Slave_IO_Running 和 Slave_SQL_Running 的值均为 Yes,则说明主从同步正常。可以在主服务器创建一个数据库或数据表,然后在从服务器上查看,如果能看到主服务器上创建的数据库或数据表,说明配置成功。此外,从 MySQL 线程也可以验证主从复制成功,关键命令如下:

```
mysql> SHOW PROCESSLIST;
```

结果如下:

```
+----+-------------+---------------------+------+--------------+------+----------------+------------------+
| Id | User        | Host                | db   | Command      | Time | State          | Info             |
+----+-------------+---------------------+------+--------------+------+----------------+------------------+
| 10 | root        | localhost           | NULL | Query        |    0 | starting       | SHOW PROCESSLIST |
| 13 | replication | 192.168.1.181:38278 | NULL | Binlog Dump  | 1924 | Master has sent all binlog to slave; waiting for more updates | NULL |
| 14 | replication | 192.168.1.182:46852 | NULL | Binlog Dump  | 1913 | Master has sent all binlog to slave; waiting for more updates | NULL |
+----+-------------+---------------------+------+--------------+------+----------------+------------------+
```

```
----------+-----------------+
3 rows in set (0.00 sec)
```

17.1.2 实现主从节点的半同步复制

MySQL 主从服务器的二进制日志复制机制导致了二者的异步。因此，存在一定的概率，出现主从数据不一致的情况。此外，在这种复制机制下，就算主服务器故障宕机，且事务在主服务器上已提交，这些事务也很有可能并没有传输到从服务器。换句话说，主服务器只管复制二进制日志到从服务器，却不关心从服务器是否收到，也不关心所收到的二进制日志是否完整和正确。为了保持主从数据的一致性，需要启用 MySQL 的半同步复制（semi-sync）。

启用半同步复制后，主服务器除了要将自己的二进制日志发给从服务器，而且要确保从服务器已经收到了这个日志，才会将数据反馈给客户端。虽然半同步复制对于客户的请求响应会稍微慢一点，但保证了二进制日志的完整性。

启用半同步复制特性十分简单，只需要安装 semi_sync_replication 插件，稍做配置即可使用，具体实现方法如下。

首先登录 MySQL 数据库，然后执行如下 SQL 语句加载半同步复制插件：

MySQL A

```
mysql> INSTALL PLUGIN rpl_semi_sync_master SONAME 'semisync_master.so';
```

MySQL B/C

```
mysql> INSTALL PLUGIN rpl_semi_sync_slave SONAME 'semisync_slave.so';
```

成功加载此插件后，可以通过如下 SQL 命令查看插件是否加载成功。

主服务器（Master）：

```
mysql> SELECT PLUGIN_NAME, PLUGIN_STATUS FROM INFORMATION_SCHEMA.PLUGINS   WHERE PLUGIN_NAME LIKE '%semi%';
```

结果如下：

```
+----------------------------------+-----------------------+
| PLUGIN_NAME                      | PLUGIN_STATUS         |
+----------------------------------+-----------------------+
| rpl_semi_sync_master             | ACTIVE                |
+----------------------------------+-----------------------+
1 row in set (0.00 sec)
```

从服务器（Slave）：

```
mysql> SELECT PLUGIN_NAME, PLUGIN_STATUS FROM INFORMATION_ SCHEMA.PLUGINS   WHERE PLUGIN_NAME LIKE '%semi%';
```

结果如下：

```
+-------------------------------+----------------------+
| PLUGIN_NAME                   | PLUGIN_STATUS        |
+-------------------------------+----------------------+
| rpl_semi_sync_slave           | ACTIVE               |
+-------------------------------+----------------------+
1 row in set (0.00 sec)
```

可以看到插件，且状态为活跃，需要更多信息才可以使用如下 SQL 语句：

mysql> SHOW PLUGINS\G

结果如下：

```
......
*************************** 45. row ***************************
   Name: rpl_semi_sync_slave
 Status: ACTIVE
   Type: REPLICATION
Library: semisync_slave.so
License: GPL
45 rows in set (0.00 sec)
```

由于默认关闭半同步复制，所以加载成功后还需要启用半同步复制，并设置超时时间才可以正常工作，关键操作如下：

MySQL A

mysql> SET GLOBAL rpl_semi_sync_master_enabled = 1;

mysql> SET GLOBAL rpl_semi_sync_master_timeout = 1000;

MySQL B/C

mysql> SET GLOBAL rpl_semi_sync_slave_enabled = 1;

启用后使用如下 SQL 语句重启 IO 线程：

mysql> STOP SLAVE IO_THREAD;

mysql> START SLAVE IO_THREAD;

重启后，半同步复制就可以正常工作了。最后可以使用如下 SQL 语句查看半同步的运行状态：

MySQL A

mysql> SHOW STATUS LIKE 'Rpl_semi_sync_master_status';

结果如下：

```
+-----------------------------------+-------+
| Variable_name                     | Value |
+-----------------------------------+-------+
| Rpl_semi_sync_master_status       | ON    |
```

```
+------------------------------------+------+
1 row in set (0.00 sec)
```

MySQL B/C

```
mysql> SHOW STATUS LIKE 'Rpl_semi_sync_slave_status';
```

结果如下：

```
+------------------------------------+------+
| Variable_name                      | Value|
+------------------------------------+------+
| Rpl_semi_sync_slave_status         | ON   |
+------------------------------------+------+
1 row in set (0.20 sec)
```

上述两个变量可以监控主从服务器在半同步复制模式下的运行状态，ON 表示半同步复制一切正常。在主从复制架构中启用半同步复制，虽然会损失一点性能，但换来的是主从服务器在数据同步和一致性方面的提高，大家可以根据自己的实际情况选择是否开启半同步功能。

17.1.3 实现双节点 MySQL 双主复制

前面已经实现了一主多从复制同步，但由于主从同步先同步二进制日志，然后从服务器再根据同步好的二进制日志生成数据，所以主从服务器之间存在一定的延迟。虽然这个时间差很短，但如果在这段很短的时间内出现故障，依然会存在数据丢失或不一致的风险，同时也有一些用户采用 DRBD（网络 RAID 1）来实现数据的同步和高可用，虽然目前通过 DRBD 同步数据已经比较安全，发生脑裂所导致的数据不一致是小概率事件，但如果对数据库服务可用性要求较高，则采用 Keepalived 和 MySQL 的双主复制方式比较保险。双主复制示意图如图 17-3 所示。

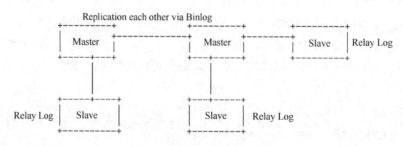

图 17-3 双主复制示意图

在双节点双主复制高可用方案中，两个数据库节点互为 Master 和 Slave，Keepalived 主要用于故障切换，即双节点中的一个节点发生故障，立即将实例切换到可用节点，以保证数据库的高可用。而 MySQL 双主复制则是实现数据冗余备份的主体，在该模式下两台服务器互为主备，而主从复制模式则是一主一从或一主多从。

下面就来实现双主复制，如下所示。

主机名	IP 地址/子网掩码	
MySQL A（主服务器）:mysqla	192.168.1.180/24	
MySQL B（主服务器）:mysqlb	192.168.1.181/24	
虚拟 IP（VIP）:	192.168.1.200	#虚拟出来的 IP 地址

1. 配置 MySQL 双主复制高可用

与一主多从配置类似，需要在 MySQL A 和 MySQL B 上对 replication 用户进行授权，在 MySQL A 和 MySQL B 上分别登录数据库：

```
sudo mysql -uroot -p
```

并执行如下 SQL 语句：

```
mysql> GRANT REPLICATION SLAVE ON *.* TO 'replication'@'192.168.1.181' IDENTIFIED BY '12345678';
mysql> GRANT REPLICATION SLAVE ON *.* TO 'replication'@'192.168.1.180' IDENTIFIED BY '12345678';
mysql> FLUSH PRIVILEGES;
mysql> SELECT user,authentication_string,host from mysql.user WHERE user='replication';
+-------------+-------------------------------------------+---------------+
| user        | authentication_string                     | host          |
+-------------+-------------------------------------------+---------------+
| replication | *84AAC12F54AB666ECFC2A83C676908C8BBC381B1 | 192.168.1.181 |
| replication | *84AAC12F54AB666ECFC2A83C676908C8BBC381B1 | 192.168.1.180 |
+-------------+-------------------------------------------+---------------+
2 rows in set (0.00 sec)
```

服务器 MySQL A 的配置如下：

```
sudo vim /etc/mysql/mysql.conf.d/mysqld.cnf
```

文件内容如下：

```
...
server-id = 1
log-bin = /var/lib/mysql/mysql-bin              #重做日志的前缀名和路径
relay-log = /var/lib/mysql/relay-bin             #中继日志的前缀名和路径
skip-slave-start = 1                             #保持数据的一致性
auto_increment_increment = 2
auto_increment_offset    = 1
#bind-address = 127.0.0.1                        #添加"#"号屏蔽此行，允许客户端远程
                                                  连接到此数据库
...
```

服务器 MySQL B 的配置如下：

```
sudo vi /etc/mysql/mysql.conf.d/mysqld.cnf
```

文件内容如下：

```
...
server-id = 2
log-bin = /var/lib/mysql/mysql-bin
relay-log = /var/lib/mysql/relay-bin
skip-slave-start = 1
auto_increment_increment = 2
auto_increment_offset = 2
#bind-address = 127.0.0.1
...
```

成功配置后，分别运行如下命令重启 MySQL 服务后登录数据库：

```
sudo systemctl restart mysql
```

进行如下操作：

```
mysql> STOP SLAVE;
```

与主从复制类似，在 MySQL A 和 MySQL B 上分别执行如下 SQL 语句添加用户名、密码和地址等信息，同样要使用'CHANGE MASTER TO'语句设置，根据另一台主服务器的实际情况添加相应信息：

```
mysql> CHANGE MASTER TO MASTER_HOST='192.168.1.181',
    MASTER_USER='replication',
    MASTER_PASSWORD='12345678',
    MASTER_LOG_FILE='mysql-bin.000001',      #此名称必须是主服务器的真实名称，
                                              否则会报 Last_IO_Errno 错误
    MASTER_LOG_POS=154;                      #POS 的值一定要和主服务器一致，可
                                              以在主服务器上使用'SHOW MASTER
                                              STATUS\G'语句查询当前 POS 值
mysql> CHANGE MASTER TO MASTER_HOST='192.168.1.180',
    MASTER_USER='replication',
    MASTER_PASSWORD='12345678',
    MASTER_LOG_FILE='mysql-bin.000001',
    MASTER_LOG_POS=154;
```

成功运行后分别在 MySQL A 和 MySQL B 上执行如下 SQL 语句：

```
mysql> START SLAVE;
```

MySQL 双主高可用启动成功后，运行如下命令查看：

```
mysql> SHOW SLAVE STATUS\G
```

结果如下：

```
*************************** 1. row ***************************
               Slave_IO_State: Waiting for master to send event
                  Master_Host: 192.168.1.181
                  Master_User: replication
                  Master_Port: 3306
                Connect_Retry: 60
......
mysql> SHOW SLAVE STATUS\G
```

结果如下：

```
*************************** 1. row ***************************
               Slave_IO_State: Waiting for master to send event
                  Master_Host: 192.168.1.180
                  Master_User: replication
                  Master_Port: 3306
                Connect_Retry: 60
......
```

运行如下命令查看复制进程：

```
mysql> SHOW PROCESSLIST;
```

结果如下：

```
+----+-------------+---------------+------+--------------+------+-------------------------------------------------------------+------------------+
| Id | User        | Host          | db   | Command      | Time | State                                                       | Info             |
+----+-------------+---------------+------+--------------+------+-------------------------------------------------------------+------------------+
|  2 | root        | localhost     | NULL | Query        |    0 | starting                                                    | SHOW PROCESSLIST |
|  5 | slave       | mysqlb:38803  | NULL | Binlog Dump  | 1837 | Master has sent all binlog to slave; waiting for more updates | NULL           |
|  6 | system user |               | NULL | Connect      | 1520 | Waiting for master to send event                            | NULL             |
|  7 | system user |               | NULL | Connect      |  148 | Slave has read all relay log; waiting for more updates      | NULL             |
+----+-------------+---------------+------+--------------+------+-------------------------------------------------------------+------------------+
4 rows in set (0.00 sec)
mysql> SHOW PROCESSLIST;
```

结果如下:

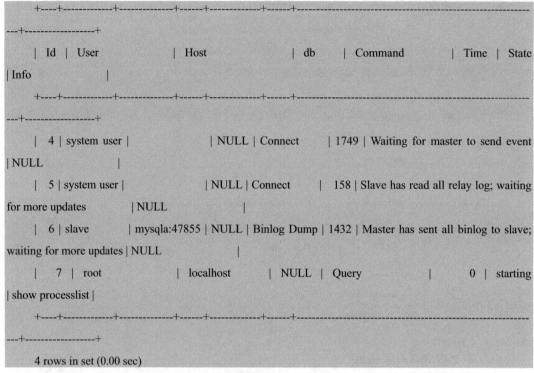

如果获得如上结果,说明双主复制配置成功,继续 Keepalived 的配置。

2. Keepalived 实现双节点双主复制高可用

在上述双主复制高可用的基础上,还可以使用 Keepalived 来令双主复制的可用性更上一层楼,MySQL 双主复制+Keepalived 示意图如图 17-4 所示。

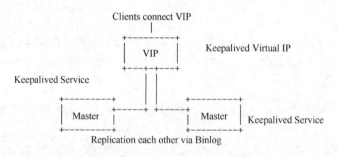

图 17-4　MySQL 双主复制+Keepalived 示意图

在负载均衡中用过 Keepalived,这里还要使用,只不过其搭档换成了 MySQL 的主服务器而已。在 MySQL A 和 MySQL B 上分别执行如下命令进行安装和配置:

```
sudo aptitude install keepalived -y
```

配置 Keepalived 只需要在 MySQL A 和 MySQL B 上分别创建 MySQL 健康检测脚本,脚本代码如下:

```
sudo vim /sbin/mysqld_check.sh
```

脚本内容如下：

```bash
#!/bin/bash                                 #检测 mysqld 进程是否存活的脚本
#Checking mysqld is alive or not
COUNTER=`ps -C mysqld --no-heading | wc -l`
                                            #--no-heading 参数将忽略表头只显示 mysqld
                                            进程个数

if [[ "${COUNTER}" = "0" ]]
then
systemctl stop keepalived                   #如果 mysqld 进程停止运行，进程数为 0,
                                            则关闭 Keepalived 进程，由另一个节点
                                            接管虚拟服务器


fi
```

添加执行权限：

```
sudo chmod u+x /sbin/mysqld_check.sh
```

Keepalived 高可用集群主要有两种模式，第一种是抢占模式，即如果集群有两个节点，其中一台设置为主节点（Master），另一个节点设置为从节点（Backup/Slave），当主节点出现异常时，从节点自动变身为主节点。一旦主节点恢复正常，其将变回为主节点，也就是说，如果主节点故障，就存在主从节点切换，这种模式大家已经掌握了。第二种是非抢占模式，即将主从节点初始状态均设置为 Backup，然后设置不同的优先级。如果主节点出现故障，则切换到从节点，故障恢复后主节点就成为从节点，从而避免了主从节点无谓切换的麻烦，这里采用此模式来实现 MySQL 数据库的双主高可用。运行如下命令在两台 MySQL 服务器上安装和编辑配置文件：

```
sudo vim /etc/keepalived/keepalived.conf
```

MySQL A 的配置文件如下：

```
! Configuration File for keepalived
global_defs {                               #Keepalived 全局配置
    notification_email {
        hxl2000@gmail.com                   #设置管理员邮箱地址，便于收取 Keepalived
                                            发出的提示信息

    }
    notification_email_from keepalived@gmail.com
                                            #设置发件人地址
    smtp_server smtp.gmail.com              #指定 smtp 服务器，本机最好配置
                                            smtp 服务，设置为 127.0.0.1 即可
    smtp_connect_timeout 30
```

```
    router_id mysqla                      #router_id 必须唯一，这里设置为当前主机名
}
vrrp_sync_group db_vsg {                  #定义 VRRP 实例组，本例比较简单，只有
                                           一个 VRRP 实例
    group {
        mysql_ha                          #VRRP 实例名称
    }
}
vrrp_script check_mysqld {                #VRRP 脚本配置，指定健康检测脚本的绝
                                           对路径，用于监控 mysqld 进程的运行状态
    script "/sbin/mysqld_check.sh"
    interval 1                            #定义运行健康检测脚本的间隔时间为 1 秒
}
vrrp_instance mysql_ha {                  #定义 VRRP 实例
    state BACKUP                          #不抢占 VIP 地址
    nopreempt                             #配置为非抢占，避免无谓的主从切换
    interface ens33                       #网络接口名称
    virtual_router_id 66                  #VPID 标记为 66，主从要一致
    priority 100                          #优先级设置为 100，非抢占模式以优先级
                                           的高低确定主从
    advert_int 1                          #主备之间的心跳间隔秒数
    authentication {
        auth_type PASS                    #指定认证方式为密码
        auth_pass 12345678                #定义认证密码
    }
    virtual_ipaddress {                   #定义和配置虚拟服务器
        192.168.1.200                     #设置虚拟 IP 的具体地址，可设置多个 VIP，
                                           并且可以指定端口，如 192.168.1.200 80
    }
    track_script {                        #设置 VRRP 脚本定义字段名为 check_mysqld，
                                           并通过该字段定义的路径和脚本名称找
                                           到 MySQL 健康检测脚本
        check_mysqld
    }
}
```

MySQL B 的配置文件如下：

```
! Configuration File for keepalived
global_defs {
        notification_email {
                hxl2000@gmail.com
        }
        notification_email_from keepalived@gmail.com
        smtp_server smtp.gmail.com
        smtp_connect_timeout 30
        router_id mysqlb
}
vrrp_sync_group db_vsg {
        group {
                mysql_ha
        }
}
vrrp_script check_mysqld {
    script "/sbin/mysqld_check.sh"
    interval 1
}
vrrp_instance mysql_ha {
        state BACKUP
        interface ens33
        virtual_router_id 66
        priority 80
        advert_int 1
        authentication {
                auth_type PASS
                auth_pass 12345678
        }
        virtual_ipaddress {
                192.168.1.200
        }
        track_script {
            check_mysqld
        }
}
```

配置好所有节点后，运行如下命令启动 Keepalived：

sudo systemctl restart Keepalived

然后运行如下命令查看两台服务器 Keepalived 的状态，其信息略有差异：

MySQL A

sudo systemctl status keepalived

结果如下：

● keepalived.service - Keepalive Daemon (LVS and VRRP)

　Loaded: loaded (/lib/systemd/system/keepalived.service; enabled; vendor preset: enabled)

　Active: active (running) since Sun 2018-07-08 13:45:22 UTC; 3min 33s ago

　Process: 5179 ExecStart=/usr/sbin/keepalived $DAEMON_ARGS (code=exited, status=0/SUCCESS)

　Main PID: 5188 (keepalived)

　　Tasks: 3 (limit: 2294)

　CGroup: /system.slice/keepalived.service

　　　　├─5188 /usr/sbin/keepalived
　　　　├─5189 /usr/sbin/keepalived
　　　　└─5190 /usr/sbin/keepalived

Jul 08 13:45:22 mysqla Keepalived_vrrp[5190]: Registering gratuitous ARP shared channel

Jul 08 13:45:22 mysqla Keepalived_vrrp[5190]: Opening file '/etc/keepalived/ keepalived.conf'.

Jul 08 13:45:23 mysqla Keepalived_vrrp[5190]: WARNING - default user 'keepalived_script' for script execution does not exist - please create.

Jul 08 13:45:23 mysqla Keepalived_vrrp[5190]: SECURITY VIOLATION - scripts are being executed but script_security not enabled.

Jul 08 13:45:23 mysqla Keepalived_vrrp[5190]: Sync group db_vsg has only 1 virtual router(s) - removing

Jul 08 13:45:23 mysqla Keepalived_vrrp[5190]: Using LinkWatch kernel netlink reflector...

Jul 08 13:45:23 mysqla Keepalived_vrrp[5190]: VRRP_Instance(mysql_ha) Entering BACKUP STATE

Jul 08 13:45:23 mysqla Keepalived_vrrp[5190]: VRRP_Script(check_mysqld) succeeded

Jul 08 13:45:26 mysqla Keepalived_vrrp[5190]: VRRP_Instance(mysql_ha) Transition to MASTER STATE

Jul 08 13:45:27 mysqla Keepalived_vrrp[5190]: VRRP_Instance(mysql_ha) Entering MASTER STATE

　　　　　　　　　　　　#生效状态

MySQL B

sudo systemctl status keepalived

结果如下：

● keepalived.service - Keepalive Daemon (LVS and VRRP)

　Loaded: loaded (/lib/systemd/system/keepalived.service; enabled; vendor preset: enabled)

Active: active (running) since Sun 2018-07-08 13:45:55 UTC; 4min 34s ago
Process: 24922 ExecStart=/usr/sbin/keepalived $DAEMON_ARGS (code=exited, status= 0/SUCCESS)
Main PID: 24927 (keepalived)
Tasks: 3 (limit: 2294)
CGroup: /system.slice/keepalived.service
├─24927 /usr/sbin/keepalived
├─24928 /usr/sbin/keepalived
└─24929 /usr/sbin/keepalived

Jul 08 13:45:55 mysqlb Keepalived_healthcheckers[24928]: Opening file '/etc/keepalived/keepalived.conf'.

Jul 08 13:45:55 mysqlb Keepalived_vrrp[24929]: Registering Kernel netlink command channel

Jul 08 13:45:55 mysqlb Keepalived_vrrp[24929]: Registering gratuitous ARP shared channel

Jul 08 13:45:55 mysqlb Keepalived_vrrp[24929]: Opening file '/etc/keepalived/keepalived.conf'.

Jul 08 13:45:55 mysqlb Keepalived_vrrp[24929]: WARNING - default user 'keepalived_script' for script execution does not exist - please create.

Jul 08 13:45:55 mysqlb Keepalived_vrrp[24929]: SECURITY VIOLATION - scripts are being executed but script_security not enabled.

Jul 08 13:45:55 mysqlb Keepalived_vrrp[24929]: Sync group db_vsg has only 1 virtual router(s) - removing

Jul 08 13:45:55 mysqlb Keepalived_vrrp[24929]: Using LinkWatch kernel netlink reflector...

Jul 08 13:45:55 mysqlb Keepalived_vrrp[24929]: VRRP_Instance(mysql_ha) Entering BACKUP STATE #备用状态

Jul 08 13:45:55 mysqlb Keepalived_vrrp[24929]: VRRP_Script(check_mysqld) succeeded

从两个节点都可以 ping 通 VIP 说明 Keepalived 正在提供高可用服务：

ping 192.168.1.200

PING 192.168.1.200 (192.168.1.200) 56(84) bytes of data.

64 bytes from 192.168.1.200: icmp_seq=1 ttl=64 time=0.031 ms

64 bytes from 192.168.1.200: icmp_seq=2 ttl=64 time=0.041 ms

64 bytes from 192.168.1.200: icmp_seq=3 ttl=64 time=0.081 ms

64 bytes from 192.168.1.200: icmp_seq=4 ttl=64 time=0.073 ms

需要注意的是，VIP 总是和当前生效的节点在同一台服务器上。

使用 MySQL 主主复制技术+Keepalived 是一种企业经常采用的便捷和低成本 MySQL 高可用解决方案，在高可用集群环境中，无论哪个节点提供数据库服务，VIP 总是保持不变，使用 Keepalived 自带的服务监控功能和自定义脚本来实现 MySQL 故障时自动切换非常灵活。如果有一台 MySQL 服务器死机或工作出现故障，Keepalived 将检测到，并将有故障的 MySQL 服务器从系统中去除。当 MySQL 服务器工作正常时，则自动将 MySQL

服务器加入服务器集群，无须人工干预。

3. MySQL 客户端通过 VIP 连接数据库

MySQL 客户端通过 VIP 连接数据库，首先需要远程访问授权，在所有数据库节点执行如下命令：

sudo mysql -uroot -p

再执行下列 SQL 语句：

mysql> GRANT ALL PRIVILEGES ON *.* TO 'root'@'%' IDENTIFIED BY '12345678' WITH GRANT OPTION;

mysql> FLUSH PRIVILEGES;

然后使用如下命令通过 VIP 登录数据库：

sudo mysql -uroot -h192.168.1.200 -p

结果如下：

Enter password:

Welcome to the MySQL monitor.　Commands end with ; or \g.

Your MySQL connection id is 8

Server version: 5.7.22-0ubuntu18.04.1-log (Ubuntu)

Copyright (c) 2000, 2018, Oracle and/or its affiliates. All rights reserved.

Oracle is a registered trademark of Oracle Corporation and/or its

affiliates. Other names may be trademarks of their respective

owners.

Type 'help;' or '\h' for help. Type '\c' to clear the current input statement.

mysql>

mysql> SHOW DATABASES;

+--------------------+
| Database |
+--------------------+
| information_schema |
| mysql |
| performance_schema |
| sys |
+--------------------+

4 rows in set (0.00 sec)

看到上述结果，说明已经通过 VIP 登录到可用的数据库节点，即使一个节点出现故障，Keepalived 也可以轻松地转移故障，VIP 可以稳定地提供服务，还可以关闭一个节点的数据库，测试数据库是否切换。至于双主复制的从服务器，无论是主从复制还是双主或双主

+Keepalived 高可用,配置和主从复制中的从服务器大同小异,此处不再赘述。

17.1.4 MySQL 主从/主主复制高可用常见故障

1. 二进制日志文件名和位置不匹配

MySQL 主从/主主复制高可用经常出现的故障是二进制日志的文件名称错误或 POS 的值不多,导致数据无法复制,报错信息如下:

```
Got fatal error 1236 from master when reading data from binary log
```

解决思路和步骤:二进制日志位置报错,解决方法也很简单,主复制服务器端使用如下命令获得正确的二进制文件名称和 POS(位置)值。

在 MySQL 命令行中输入如下命令:

```
mysql> SHOW MASTER STATUS\G;
```

结果如下:

```
*************************** 1. row ***************************
             File: mysql-bin.000003              #最新的二进制日志文件名
         Position: 1087                          #最新的 POS 位置
     Binlog_Do_DB:
 Binlog_Ignore_DB:
Executed_Gtid_Set:
1 row in set (0.00 sec)
```

从服务器端获得信息则稍微麻烦一点,需要执行如下命令:

```
mysql> STOP SLAVE;
mysql> CHANGE MASTER TO MASTER_HOST='192.168.1.180',
    MASTER_USER='replication',
    MASTER_PASSWORD='12345678',
    MASTER_LOG_FILE='mysql-bin.000003',     #修改为正确的二进制文件名
    MASTER_LOG_POS=1087;                    #修改为正确的 POS 位置
mysql> START SLAVE;
```

重新启动从服务器后,多数同步故障可以得到解决,还可以从二进制日志中获得位置信息,具体操作如下:

```
mysqlbinlog mysql-bin.000016 mysql>mysql-bin.txt
```

找到最近的那条信息,再次执行上述操作即可。如果要避免此类错误出现,就需要采用较新的 GTID 复制技术了。

2. 双主 MySQL 服务器配置错误

MySQL 双主/主主复制高可用配置经常会报如下错误,需要注意的是,该错误和前面的报错信息十分类似,但性质完全不同:

Got fatal error 1236 from master when reading data from binary log: 'Binary log is not open'

解决思路和方法如下：

通过报错分析，应该是二进制日志或中继日志配置缺失造成的，解决方法是编辑 MySQL 主配置文件 mysqld.cnf，然后确保如下关键配置存在即可：

```
...
log-bin = /var/lib/mysql/mysql-bin
relay-log = /var/lib/mysql/relay-bin
...
```

需要注意的是，重做日志和中继日志配置在双主配置中缺一不可。

Tips：清除主从复制文件命令。

很多时候都需要清除主从复制文件，具体操作如下：

◆ 清除主节点复制文件。

RESET MASTER;

◆ 清除从节点复制文件。

RESET SLAVE;

至此，MySQL 的主从复制、双主复制及 Keepalived 高可用双主复制就基本构建好了，其可用性从低到高，成本不高，配置不难，其成本及高可用程度可以被多数企业接受。此外，还可以在此基础上添加更多的配置以满足千差万别的需求。MySQL 复制高可用简单有效且性价比高，如果企业要求较高，还可以考虑采用较新的 GTID 复制技术、MHA 高可用技术或 MySQL 官方主推的 MGR 集群。

17.2 本章小结

本章详细介绍了 MySQL 数据库在生产环境中常用的主从复制、双主复制高可用方案的部署和配置方法，还有 MySQL 主从复制 Troubleshooting，以及帮助读者在生产环境得心应手地为最流行的开源数据库 MySQL 实现基于复制的常用高可用技术，满足企业对数据存储的需求。

第3篇 系统安全

第18章

全方位安全加固 Ubuntu 18.04 LTS Server

通过前面的章节可以掌握很多网络服务的用法,但若没有安全这一切都将变得毫无意义。所以,无论是对于 Ubuntu 工作站,还是服务器系统来说,安全都绝对是重中之重,而且 Ubuntu 服务器对安全的要求远超 Ubuntu 工作站,毕竟工作站大多处于内部网络且不易成为黑客的首选攻击对象。所以,安全的重心应该放在 Ubuntu Server 系统上,这绝不是说 Ubuntu 工作站的安全就不重要,也需要实现其基本的安全,避免其成为木桶的短板,防止堡垒从内部被突破。

目前被广泛认同和接受的信息安全模型是 CIA,即保密性、完整性和可用性这三个英文单词的首字母。此安全模型是评估敏感信息并建立安全策略的核心要点,进一步的说明如下。

- ◆ 保密性(Confidentiality):机密信息必须只对授权对象可用,对敏感信息加密及用户进行认证,可有效地防止未授权对象访问并获悉敏感内容。
- ◆ 完整性(Integrity):不应以任何方式修改信息,限制未授权用户篡改或者破坏机密信息的能力,也就是被篡改的内容不可信。
- ◆ 可用性(Availability):授权用户可以持续访问和使用信息,也就是没有可用性的任何信息、工具或服务都是无意义的。

掌握安全 CIA 原理就是为 CIA 模型进行的各种安全配置及措施做准备。由于系统安全的知识体系比较庞杂和宽泛,故本章将重点放在桌面工作站及服务器的 Basic Security 上。CIA 安全模型如图 18-1 所示。

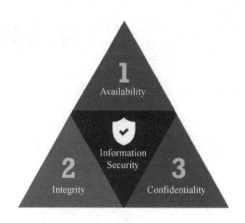

图 18-1　CIA 安全模型（图片来源：https://www.nissatech.com/）

需要提醒大家的是，对于多数企业环境而言，实现安全的主体应该是硬件安全产品或安全解决方案，如硬件防火墙、IPS 和 IDS 等，因而不能只将焦点放在操作系统上。诚然，操作系统本身包含一定的安全功能，如软件防火墙、PAM 等。但这些安全措施大多只是常规的防御性措施，即使在操作系统全副武装的情况下，也很难做到滴水不漏、不发生安全问题，毕竟安全是一个系统工程，操作系统仅是其中的一个重要部分而已，不能只把焦点放在操作系统层面。若操作系统上集中了大量的安全措施，会降低系统的应用及管理效率，很难做到两全其美。此外，下述用于加强 CIA 的安全措施，多数是不分版本的，即 Ubuntu 桌面工作站与服务器版本通用，只是根据使用习惯大致分为工作站安全和服务器的安全，大家可以根据自己的实际需求灵活选择实施。

18.1　网络安全

实现网络安全的主体应该是网络安全设备及整体安全解决方案，如思科的 ASA 或 Firepower 等核心防火墙，以及 IPS/VPN 等辅助安全技术。统一威胁管理（Unified Threat Management，UTM）设备也是中小企业的一个不错的选择，当然，如果条件允许，最好的选择是思科或其他有实力的安全厂商的安全解决方案，而不是某个或某几个孤立的安全设备，更不能将宝全部压在操作系统上，下面是笔者推荐的一些安全解决方案。

- ◆ Check Point 安全解决方案。Check Point 是第二代状态防火墙的创造者，防火墙技术在世界上居于领先地位（Gartner）。
- ◆ Palo Alto 安全解决方案。Palo Alto 是下一代防火墙的创造者，防火墙技术在世界上居于领先地位（Gartner）。
- ◆ 思科安全解决方案。思科的整体安全解决方案居于领先地位。

网络安全对于企业的信息安全和 Ubuntu Server 的系统安全来说极为重要，在网络安全上缩减必要的成本是不明智的，企业为了在安全方面省点小钱而招致巨大损失的例子实在太多了。

18.2 工作站安全精要

1. 启用加密文件系统

无论是桌面工作站还是服务器版，如果在部署 Ubuntu 系统时选择了使用系统自带的加密逻辑卷或文件系统，之后便会提示输入加密文件系统密码，成功部署后，每次启动时，都会提示输入所设置的密码，否则系统将无法启动。加密文件系统实现了 CIA 模型的 C，即加密的安全特性。

2. 定期更新

尽管 Ubuntu 工作站对安全要求较低，但也需要定期升级系统，打上 Ubuntu 的重要安全补丁，当然也不必过于频繁地升级，通常每一到两月更新一次就够了，具体升级方法如下：打开软件更新器，待同步后，单击"安装"按钮即可完成安装。

3. Linux 超级管理员用户

成功安装后的第一件事就是登录系统，与 RHEL/CentOS 不同，无论哪个 Ubuntu 版本，在系统安装时就强制创建一个普通账号。完成安装后，无论是图形界面登录还是文本方式登录，默认都是以普通用户身份管理系统，默认不开启管理员账号，对于 Linux 系统管理员而言，固然有不方便的一面，但收获的是安全。普通用户通过 sudo 进行各种管理操作，用普通用户的身份和密码临时获得超级管理员权限，可以减少使用超级用户及密码的次数。工作站系统所用的用户没有服务器那么关键，但对于服务器系统而言，不推荐大家激活超级管理员账号，也不推荐大家使用 su 命令切换为超级管理员，因为多数管理操作可以通过 sudo 来实现，实在需要使用超级用户时，可以运行如下命令来实现：

```
sudo -i
#
```

出现"#"号提示符，说明此时已经变身为超级管理员了，退出时只需要执行 exit 命令即可，这样既可以获得超级用户的便利，又不失起码的安全，一举两得。个人认为工作站无须防火墙，因为防火墙在更多时候是在添乱，如果一定要使用，下面将要介绍的 UFW 和 GUFW 都是不错的选择。

18.3 服务器安全精要

18.3.1 服务器物理安全

如果无法保证服务器的物理安全，那么服务器的安全就无从谈起，因为多数安全措施都是在此前提之下才有效的。服务器物理安全主要是所托管的 IDC 或企业自己的 IDC 对于服务器硬件的管理，如数据中心的安全和管理等，不能让非授权人员接触及操作企业的服务器。

此外，为服务器设置 BIOS 密码也是服务器物理安全的基础，笔者极力推荐为服务器设置 BIOS 密码，这样即使服务器被非授权人员接触，也可以将损失降到最低。

18.3.2 服务器操作系统安全

对安装介质的完整性测试通常是指对下载的安装镜像使用 MD5 或 SHA 算法进行校验，并和官方所公布的相应校验码进行对比，如果一致，则说明安装介质就是官方版本，没有被第三方修改或植入木马，否则就需要重新下载。

校验的另一个好处就是防止在下载过程中出现错误，导致安装介质不正确。校验不仅针对下载镜像，还可以对 CD/DVD 乃至 LiveUSB 进行，确保安装介质绝对没有问题。许多朋友嫌麻烦，常常跳过校验这一步，推荐大家在每次下载后或开始安装系统之前都要进行校验，虽然麻烦，但可以实现 CIA 模型中的 I，可以避免出现安装介质。

完整校验命令行如下：

```
md5sum *.iso
```

或使用如下命令：

```
shasum -a    1 (default)/224/256/512 *.iso        #可根据具体要求灵活选择参数进行校验
```

18.3.3 重视系统的升级包

操作系统定期发布的补丁（Patch）及补丁集（或称为升级包）是系统安全的重要保证，或者说系统最基本的安全措施就是定期安装更新。由于开源软件具有独特的开发模式，软件测试较为有限，导致开源软件安全堪忧，正因为如此，Linux 发行版提供商应运而生，如红帽 Linux、SUSE 及 Ubuntu。红帽 Linux 所谓的订阅服务，其实就是付费升级，以保证企业系统的安全和稳定。对于 Ubuntu 而言，桌面版 Ubuntu 享有一年的免费更新，Ubuntu Server 享有三年的免费更新，LTS 版本的免费支持时间就更长了，桌面版本为三年，服务器版本为五年。

补丁其实就是 Linux 发行版厂商对自己发行版（操作系统及所提供的软件应用）的漏洞（Vulnerabilities）提供的解决之道，厂商定期集中发布其所维护版本的系统及相关软件应用的补丁程序的集合，即补丁集。补丁及补丁集可以有效地降低系统或软件漏洞对企业系统安全造成的消极影响，并提升操作系统及相关软件应用的安全性。

安装好 Ubuntu 和 Ubuntu Server 并配置完网络后的第一件事就是安装系统更新，具体方法如下：

```
sudo aptitude update
sudo aptitude upgrade
```

需要注意的是，定期升级才能起到提升安全的目的，升级需要注意应用对服务器系统环境的要求，如果十分严格，就没有必要着急升级。

18.3.4 安全加固共享内存

共享内存可能被用于攻击正在运行的服务，这对于服务器来说比较致命，只需要修改如下配置文件及相关配置就可以消除此隐患，令系统更加安全，关键配置如下：

```
sudo vim /etc/fstab
```

在编辑器中添加如下内容：

```
tmpfs       /run/shm        tmpfs       defaults,noexec,nosuid      0       0
```

重启系统后生效。

18.3.5 Ubuntu 服务器的防火墙

无论是 Ubuntu 工作站还是服务器，系统防火墙总是最基本的安全措施，而前面推荐采用的硬件防火墙或安全解决方案主要是用来防范外患的，即防范来自企业网外部的攻击。不过根据对企业安全事件的分析和统计，大约有 80%的攻击及安全威胁是由企业内部网络发起的，为操作系统安装防火墙主要是用来解决内患，推荐为服务器系统部署和配置防火墙，即使是最基本的配置也可以有效地抵挡内部发起的攻击或嗅探。下面将以 Ubuntu 18.04 LTS Server 为例，对防火墙的选择、部署及配置等多个方面进行介绍。

防火墙的使用思路十分简单，就在"一通一堵"之间，"通"的是需要通过防火墙相应端口的流量，"堵"的是所有非开启端口流量。以 iptables 为例，其使用思路十分简单，通常先开启所需端口，然后将默认规则设置为拒绝所有。其他防火墙的使用思路类似，只是实现方法各不相同，不过在使用前，需要先选择一款合适的防火墙。

在 Ubuntu Server 环境下，防火墙有很多选择，从最易用便捷的 UFW 防火墙，到较新的动态防火墙 Firewalld，再到较为专业的防火墙 iptables，一应俱全。那么，如何选择一款合适的防火墙呢？

1. 最简单的防火墙 UFW

UFW（Uncomplicated Fire Wall）是 Ubuntu 系统默认的 iptables 防火墙配置工具，其名字的翻译就是不复杂的或简单的防火墙。顾名思义，UFW 应该是一款十分简单且容易使用的防火墙，尽管如此，UFW 还是完全支持 IPv4 和 IPv6 防火墙规则，对于服务器所需要的"通"和"堵"已经足够了。

个人认为，UFW 应该是最为简单的防火墙配置工具，通常被认为是入门级防火墙，但其功能其实并没有想象的那么不堪，对于服务器日常的启用或禁用某个网络端口来说，UFW 就足够用了，即使使用 Firewalld 或 iptables，其在大多数情况也都是做这些事情。推荐大家使用 Firewalld，主要是因为它具有动态生效特性，即配置完成后马上生效，用法虽然比 UFW 复杂一点，但也复杂不到哪里去。iptables 是经典防火墙，它其实只是 Linux 内核空间 netfilter 模块的一个用户空间的管理工具。真正实现各种防火墙功能的是内核模块。其实 Linux 的很多开源软件都是这样设计的，如负载均衡利器 LVM，内核空间模块实现具体功能，用户空间配置工具辅助内核模块，让其按照用户的想法实现相关功能。言归正传，iptables 的功能全面强大，可以实现很多 UFW 及 Firewalld 无法完成的网络功能，推荐有一定基础的用户使用。

运行如下命令安装 UFW：

```
sudo aptitude update
sudo aptitude install -y ufw                          #默认安装，仅限没有安装的系统
```

1）查看 UFW 状态

先来了解 UFW 防火墙的工作状态，关键操作如下：

```
sudo ufw status
Status: inactive
```

状态显示 UFW 防火墙没有生效，之后就可以运行如下命令启用 UFW：

```
sudo ufw enable
```

再次检测 UFW 状态，可以使用如下命令：

```
sudo ufw status
Status: active
```

状态显示 UFW 已经激活。

2）配置 UFW

定制 UFW 的默认安全策略，通常默认安全策略是拒绝所有进来的数据包，放行所有出去的数据包，关键操作如下：

```
sudo ufw default deny incoming
sudo ufw default allow outgoing
```

执行如下命令配置 UFW，开启必要的服务端口：

```
sudo ufw allow ssh                                    #开启 SSH 默认端口
sudo ufw allow http                                   #开启 HTTP 默认端口
sudo ufw allow https                                  #开启 HTTPS 默认端口
```

或使用如下等价命令：

```
sudo ufw allow 22
sudo ufw allow 80
sudo ufw allow 443
```

如果需要关闭不需要的端口，可以使用如下命令：

```
sudo ufw deny http                                    #关闭 HTTP 默认端口
```

或使用如下等价命令：

```
sudo ufw deny 80
```

3）屏蔽某个 IP 地址

经常需要屏蔽某个 IP 地址，UFW 操作如下：

sudo ufw deny from 192.168.1.23 to any	#屏蔽 192.168.1.27 这个 IP 地址

此外，还可以指定屏蔽端口：

sudo ufw deny from 192.168.1.23 to any port 80	#屏蔽 192.168.1.27 这个 IP 地址的 80 端口

4）针对端口范围的防火墙规则

可以针对一个端口的范围设置防火墙规则，如允许 X-Window 的端口通过，关键配置如下：

```
sudo ufw allow 6000:6007/tcp
sudo ufw allow 6000:6007/udp
```

5）基于网卡的访问控制

使用 UFW 对网卡进行访问控制，关键操作如下：

sudo ufw allow in on ens33 to any port 80	#允许 ens33 网卡 80 端口的连接通过
sudo ufw allow in on ens34 to any port 3306	#允许 ens34 网卡 3306 端口的连接通过

6）针对子网的防火墙配置

可以使用 UFW 对子网进行访问控制，关键操作如下：

```
sudo ufw allow from 192.168.1.0/24
```

还可以对来自子网的端口进行访问控制，具体操作如下：

```
sudo ufw allow from 192.168.1.0/24 to any port 22
```

7）删除过滤规则

要删除无效的规则，首先需要通过如下命令获得过滤规则信息：

```
sudo ufw status numbered
Numbered Output:
Status: active

     To                    Action        From
     --                    ------        ----
[ 1] 22                    ALLOW IN      Anywhere
[ 2] 80                    ALLOW IN      Anywhere
[ 3] 443                   ALLOW IN      Anywhere
[ 4] 22 (v6)               ALLOW IN      Anywhere (v6)    #v6 指 IPv6
...
```

然后找到欲删除的防火墙规则，并通过修改规则序号将其删除，关键操作如下：

```
sudo ufw delete 3
```

确认规则后选择 Yes 即可删除。

8）禁用 UFW

如果需要禁用 UFW，可以运行如下命令：

```
sudo ufw disable
```

9）重设 UFW

如果只需要重新开始配置 UFW，无须禁用 UFW，执行如下命令即可重新配置：

```
sudo ufw reset
```

关于 UFW 的更多使用方法请参考官方文档：https://wiki.ubuntu.com/UncomplicatedFirewall。

Tips：UFW 的图形化配置工具。

在 Ubuntu 工作站环境下还可以选择 UFW 图形化配置工具——GUFW，它可以让 UFW 更加简单，其安装方法如下：

```
sudo apt install -y gufw
```

成功安装后就可以在桌面环境运行了，GUFW 默认有 3 种防火墙模式：办公室、家庭（主页）和公共场所。对于桌面工作站而言，只需要简单地选择家庭（主页）模式即可，该模式拒绝所有传入的网络流量，只允许传出，这样网络中的其他计算机就无法访问到这台工作站了，但可以随意访问网络中的其他计算机。

如果需要定制防火墙规则，先将 GUFW 的状态切换为打开，然后单击规则（Rules）标签页，之后单击"+"按钮即可开始定制自己想要的防火墙规则了。此外，还可以定义自己的防火墙模式，具体方法为选择 GUFW 主菜单中的"编辑"→"首选项"选项，之后单击"+"按钮，就可以开始定制自己的防火墙模式了。

2. 使用动态防火墙 Firewalld

在 RHEL7 中，默认的防火墙 iptables 被一款名为 Firewalld 的防火墙取代，为什么要将经典且功能强大的 iptables 撤下呢？Firewalld 又是一款怎样的防火墙呢？Firewalld 是一款较新的动态防火墙，和 UFW 类似，同样基于 iptables。Firewalld 不仅完全支持 IPv4 和 IPv6 防火墙设置，而且不需要重启整个防火墙便可更改应用，让配置立即生效，因而被称作动态管理防火墙，而且其强大的区域（Zone）功能令使用更加便捷和高效。

Firewalld 使用区域（Zone）的概念来管理，使用起来像较新的硬件防火墙，但只是感觉像，其本质还是采用落伍的包过滤防火墙技术。这里的区域其实就是网络端口的集合，每个网卡都属于一个区域，这些区域的配置文件保存在 /usr/lib/firewalld/zones/ 目录下，默认的区域为 public，该区域默认不信任网络中的其他计算机，只允许选中的服务通过，Fiewalld 默认的区域为 public，该区域只允许 SSH 及 DHCP 客户端通过防火墙，此外，还有很多其他区域可用。

Block：Block 区域拒绝任何进入的网络连接，并返回 icmp-host-prohibited 报文（IPv4）或 icmp6-adm-prohibited 报文（IPv6），当然，初始化的网络连接是例外。

DMZ：DMZ 区域是非军事区的意思，其实是一个介于信任网络和非信任网络之间的隔离区域。处于该区域的计算机将有限地被外界网络所访问，且只允许指定的服务通过。

Drop：在 Drop 区域，任何流入网络的数据包都将被丢弃，也不做出任何响应。

Home：家庭区域用于家庭网络，默认信任网络中的大多数主机，且只允许指定的服务通过。

Internal：内部网络区域信任网络中的大多数计算机，且只允许指定服务通过。

Trusted：信任区域允许所有网络连接，即使没有开放任何服务，此区域的流量照样可以通过。

Work：适用工作网络环境，默认信任网络中的大多数计算机，且只允许指定服务通过。

Tips：防火墙分类。

防火墙技术发展到今天，从最初的包过滤技术开始，一直到最新的 NG 防火墙，经历了如下几代。

- 包过滤技术防火墙：又被称为无状态防火墙，第一代防火墙技术，基于所定义的过滤规则过滤或丢弃流量。
- 状态包过滤技术防火墙：又被称为状态防火墙，第二代防火墙技术，基于包过滤技术并添加状态保存功能，可以监控和保存会话及连接状态等。
- 代理服务器：代理服务器是可以有效隔离内部网络或外部网络的防火墙技术。
- 下一代（NG）防火墙：第三代防火墙技术，可以实现应用可视性与可控性、深度包检测、高级威胁保护和服务质量保证。

1）Firewalld 安装和配置

在安装 Firewalld 之前，首先需要将默认防火墙 UFW 彻底删除，具体操作如下：

sudo aptitude purge ufw

可以通过如下命令安装 Firewalld：

sudo aptitude update
sudo aptitude install -y firewalld

成功执行上述操作后，执行如下命令检查 Firewalld 的允许状态：

sudo systemctl status firewalld

结果如下：

● firewalld.service - firewalld - dynamic firewall daemon
   Loaded: loaded (/lib/systemd/system/firewalld.service; enabled; vendor preset: enabled)
   Active: active (running) since Wed 2018-07-11 01:48:56 UTC; 1min 19s ago
     Docs: man:firewalld(1)
 Main PID: 5332 (firewalld)
    Tasks: 2 (limit: 2293)
   CGroup: /system.slice/firewalld.service
           └─5332 /usr/bin/python3 -Es /usr/sbin/firewalld --nofork --nopid

Jul 11 01:48:56 us1804 systemd[1]: Starting firewalld - dynamic firewall daemon...
Jul 11 01:48:56 us1804 systemd[1]: Started firewalld - dynamic firewall daemon.

看到如上结果，说明 Firewalld 正在工作。

2）管理 Firewalld 防火墙

可以用如下命令管理 Firewalld：

```
sudo systemctl start firewalld                    #启动 Firewalld
sudo systemctl restart firewalld                  #重新启动 Firewalld
sudo systemctl stop firewalld                     #停止 Firewalld
sudo systemctl enable firewalld                   #启用 Firewalld
sudo systemctl disable firewalld                  #停用 Firewalld
```

通常使用默认区域 public，如果需要设置，可以使用如下命令来配置 Firewalld 的默认区域：

```
sudo firewall-cmd --set-default-zone=public
success
```

而 Ubuntu 服务器端通常使用命令进行各种配置，由于防火墙配置灵活和复杂，故下面只列出高频配置。

获得防火墙工作状态，可运行如下命令实现：

```
sudo firewall-cmd --state
running
```

获得 Firewalld 当前的开放信息，可以运行如下命令实现：

```
su do firewall-cmd --list-all
```

获得当前开放端口，可以运行如下命令实现：

```
sudo firewall-cmd --list-port
```

获得当前默认区域，可以运行如下命令实现：

```
sudo firewall-cmd --get-default-zone public
```

获得当前激活区域，可以运行如下命令实现：

```
sudo firewall-cmd --get-active-zones
```

获得当前活动的服务，可以运行如下命令实现：

```
sudo firewall-cmd --get-service
```

获得永久启用的服务，可以运行如下命令实现：

```
sudo firewall-cmd --get-service --permanent
```

重新加载防火墙配置，可以运行如下命令实现：

```
sudo firewall-cmd --reload
```

设置默认区域设置为 trusted，可以运行如下命令实现：

```
sudo firewall-cmd --set-default-zone=trusted        #可以设置任意区域为默认区域
```

需要强调的是，trusted 是信任等级最高的区域，默认允许所有连接，即使没有设置任何服务。

查看端口是否开放，可以运行如下命令实现：

```
sudo firewall-cmd --query-port=25/tcp               #查询 Postfix 的端口 25
```

```
sudo firewall-cmd --query-port=1812/udp              #查询 RADIUS 的端口 1812
```
添加所开放的端口,可以运行如下命令实现:
```
sudo firewall-cmd --add-port=443/tcp --permanent     #添加 HTTPS 的端口 443
sudo firewall-cmd --add-port=1813/udp --permanent    #添加 RADIUS 的端口 1813
```
开启或禁用服务端口,可以运行如下命令实现:
```
sudo firewall-cmd --add-service=ssh --permanent      #开启 SSH 的端口 22
sudo firewall-cmd --remove-service=http --permanent  #禁用 HTTP 的端口 80
```
上面介绍的是笔者认为比较基础的操作,大家可以灵活地套用,并根据实际需求修改定制,应用到各种网络服务上,更多操作请参考官方主页。

3)定制 Firewalld 区域

前面都是使用现成的区域,要么是默认区域,要么是 Fierwalld 可以直接修改配置文件或通过配置工具进行配置的命令,这里因为是远程操作,为了确保开启后 SSH 端口是开放的,所以直接修改配置文件。

使用如下命令查看默认区域的默认配置:

```
sudo vim /etc/firewalld/firewalld.conf
```

文件内容如下:

```
...
# firewalld config file
# default zone
# The default zone used if an empty zone string is used
# Default: public
DefaultZone=public
...
```

定位到 DefaultZone 关键字,可以看到默认区域为 public,下面就可以针对默认区域开始定制了,具体操作如下:

```
sudo   cp /usr/lib/firewalld/zones/public.xml /usr/lib/firewalld/zones/public.xml.bak
                                                     #备份默认规则
sudo vim /usr/lib/firewalld/zones/public.xml
```

根据如下配置修改 public.xml 文件:

```
<?xml version="1.0" encoding="utf-8"?>
<zone>
<short>Public</short>
<description>For use in public areas. You do not trust the other computers on networks to not harm your computer. Only selected incoming connections are accepted.</description>
<service name="ssh"/>
<service name="dhcpv6-client"/>
</zone>
```

上述配置表示在默认区域 public 中默认开启了 dhcpv6-client 端口和 ssh 端口，需要添加高频端口 HTTP 和 HTTPS，将 public.xml 文件修改为如下内容：

```xml
<?xml version="1.0" encoding="utf-8"?>
<zone>
<short>Public</short>
<description>For use in public areas. You do not trust the other computers on networks to not harm your computer. Only selected incoming connections are accepted.</description>
<service name="dhcpv6-client"/>
<service name="ssh"/>
<service name="http"/>                              #添加默认开启 HTTP 端口
<service name="https"/>                             #添加默认开启 HTTPS 端口
</zone>
```

保存配置后重启 Firewalld 生效，再查询 HTTP 和 HTTPS 服务，默认已经打开了。此外，如果要将上述定义的每个服务都对应为/usr/lib/firewalld/services/目录下的一个 XML 文件，需要进一步的配置。先备份，再编辑相应文件即可，下面就是几个常用的服务配置文件，可以根据需要修改：

```
/usr/lib/firewalld/services/dhcpv6-client.xml
/usr/lib/firewalld/services/ssh.xml
/usr/lib/firewalld/services/http.xml
/usr/lib/firewalld/services/https.xml
```

如果认为编辑配置文件修改不方便，还可以使用 firewall-config 和 firewall-cmd 进行配置，前者为图形界面工具，后者为命令行工具，Ubuntu 工作站可以选择图形界配置工具，毫无疑问，基于 zone 的 Firewalld 使用起来要比前面的 UFW，以及将要介绍的 iptables 更加简单方便，其动态生效，即配置好立马生效，且可以灵活定制，但 iptables 在功能上则更为强大和灵活。

3. 强大的防火墙 iptables

iptables 是 Linux 中功能最强大的防火墙，使用灵活，可以对流入和流出服务器的数据包进行精细地控制。当然，如果只用来开启或禁止某个网络服务的某个网络端口，则它和 UFW、Firewalld 都差不多，但要实现一些较为复杂的功能，则非 iptables 莫属了，如 OpenSwitch 所实现的虚拟交换机功能和 OpenStack 所需要实现的虚拟网络功能等。不过，想要用好 iptables，首先要熟悉其内部结构。只有掌握了 iptables 的内部结构，才能真正灵活自如地驾驭这个强大的防火墙。

iptables 的三大核心要素是表、链和规则。表主要是指 iptables 预置的三张规则过滤表（此处为了简单，不讨论位于 PREROUTING 链和 OUTPUT 链上的 RAW 表），即 Filter、NAT 和 Mangle 这三张表，这些表都位于内核空间，每张表都由一组特定的规则构成，且提供相应的功能。三张表的功能分别是包过滤、网络地址转换和包重构。三张表可以视为是数据包过滤预置规则、数据包地址转换预置规则及数据包重构预置规则的集合。

规则其实就是用户自定义的过滤规则或条件，当所经过的数据包符合定义的条件时，就根据 iptables 定义的相关操作对这个数据包进行相应的处理，通常这些规则是存储在 Filter 表中的，这些规则分别指定了源地址、目的地址、传输协议（TCP/UDP/CMP）和网络服务名称等信息。当数据包与规则匹配时，iptables 就根据规则所定义的方法来处理这些数据包，可使用接收（Accept）、丢弃（Drop）或拒绝（Reject）等操作。五链则是指 PREROUTING、INPUT、FORWARD、OUTPUT、POSTROUTING 这五条链，每条链都是数据包传播的路径，五条链就是 iptables 五条最基本的数据包路径，位置各不相同，所起的作用也十分灵活，且与三表的默认过滤规则及用户自定义规则相结合，从而实现所定义的防火墙功能。

iptables 是表的集合，包含四张表（常用的三张），表则是链的集合，每个表都包含若干个链，而链则是规则的集合，真正的过滤规则是属于链的。iptables 的结构原理图如图 18-2 所示。

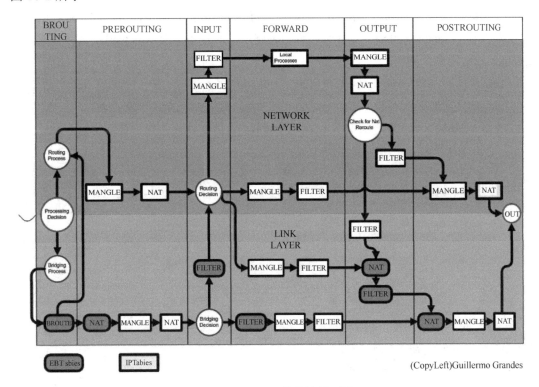

图 18-2　iptables 的结构原理图

1）部署和配置

iptables 可以说是 Linux 系统中功能最强大的防火墙，虽然 Ubuntu Server 预置的防火墙是 UFW，但可以动手将 iptables 安装到 Ubuntu Server，关键操作如下：

```
sudo aptitude update
sudo aptitude purge ufw
```

```
sudo aptitude purge firewalled
sudo aptitude install -y iptables          #默认安装，仅限没有安装的系统
```

2）管理 iptables 防火墙

可以用如下命令管理 iptables：

```
sudo systemctl start iptables              #启动 iptables
sudo systemctl restart iptables            #重启 iptables
sudo systemctl stop iptables               #停止 iptables
sudo systemctl enable iptables             #启用自动运行 iptables
sudo systemctl disable iptables            #停用自动运行 iptables
```

3）iptables 的使用

成功安装后就可以使用 iptables 功能强大的命令工具了，需要注意的是，所有 iptables 命令的结构大同小异。所以，掌握 iptables 命令结构虽不能说可以一通百通，但也可以说找到了精通 iptables 的门径，唯一需要注意的是，iptables 的命令仅当前会话有效，如果不保存，重启后防火墙规则将全部丢失。此外，每条 iptables 的命令都可以翻译成一条规则定义并保存到 iptables 的相关文件中，可随时调用，即使重启服务器也没关系。先来熟悉 iptables 的通用命令结构：

iptables [-t tbl] -COMMAND 链名 匹配条件 相应操作

　#[-t tbl]为可选参数，-t 用来指定具体操作的那张表，不指定的话默认是 Filter 表

◆ COMMAND。命令选项用于指定 iptables 的执行方式，包括插入规则、删除规则和添加规则，常用命令如下：

-A 或 --append：在规则列表的最后增加 1 条规则

#简写（一个横杠）和全称（两个横杠），敲对了使用哪个都可以，推荐使用简写，因为简写不容易犯错

-D 或 --delete：从规则列表中删除 1 条规则。

-F 或 --flush：删除表中的所有规则。

-I 或 --insert：在指定的位置插入 1 条规则。

-L 或 --list：查看 iptables 规则列表。

-P 或 --policy：定义默认策略。

-R 或 --replace：替换规则列表中的某条规则。

-X 或 --delete-chain：删除自定义链。

-Z 或 --zero：将表中数据包计数器和流量计数器归零。

◆ 匹配条件。匹配条件用来实现更为精细和具体的条件，如网络接口名称、协议名称、源/目的端口号等，常用的匹配条件如下。

```
-i 或 --in-interface：网络接口名称         #指定数据包从哪个网络接口进入
-m 或 --match：匹配的模块                  #指定数据包规则所使用的过滤模块
-o 或 --out-interface：网络接口名称        #指定数据包从哪个网络接口输出
```

-p 或 --proto：协议名称	#指定数据包匹配的协议，如 TCP、UDP 和 ICMP 等
-s 或 --source：源地址或子网地址	#指定数据包匹配的源地址
--state：数据包当前状态	#指定 ESTABLISHED、RELATED 等
--sport：源端口号	#指定数据包匹配的源端口号
--dport：目的端口号	#指定数据包匹配的目的端口号 iptables 规则的动作

◆ 相应操作。对于符合过滤规则或条件的数据包，需要进行相应的操作，如 ACCEPT、DNAT、DROP、LOG、MASQUERADE、REDIRECT、REJECT、SNAT 等，高频操作如下。

◇ ACCEPT：接收数据包。

◇ DNAT：目标地址转换，即改变数据包的目的地址。例如，将广域网的 IP（222.101. 98.54/24）→局域网的 IP（.1/24），且在 NAT 表的 PREROUTING 链上进行该动作。

◇ DROP：丢弃数据包。

◇ LOG：日志功能，将符合规则的数据包的相关信息记录在日志中，便于分析和排错。

◇ MASQUERADE：IP 伪装，改写数据包来源 IP 为防火墙的 IP 及端口，与 SNAT 不同的是，当进行 IP 伪装时，无须指定要伪装成哪个 IP，IP 会从网卡直接读取。

◇ REDIRECT：与 DROP 基本一样，区别在于除了阻塞包，还向发送者返回错误信息。

◇ SNAT：源地址转换，即改变数据包的源地址。

4）iptables 命令实例

下面就是一个典型的 iptables 命令：

iptables -A INPUT -i ens33 -p tcp --sport 80 -j ACCEPT

上述命令看似复杂，但将其拆开来看，其实很简单。首先，这条命令或规则中的-A 表示将此条规则附加到 iptables 规则上，由于没有指定链名，故采用默认的链 Filter，随后，-i 参数指定了此规则所用的网络接口 ens33，由于服务器网口众多，在编写自己的规则时，请确保知道通过哪个网口连接到网络。-p 参数用于指定协议，这条规则适用于 TCP 协议。-m 参数有点不同，其被用于判断，必须满足条件才能使流量不被拒绝，过滤条件是数据包的状态。--state 参数后接具体状态名，如 ESTABLISHED 或 RELATED 等。--sport 参数表示源端口，告诉 iptables 流量来自哪个端口。-j 参数用于对符合此条 iptables 规则的数据包执行操作，如 ACCEPT、DROP 或 REJECT 操作等。

5）Ubuntu Server iptables 高频规则及命令

对于 Ubuntu Server 而言，iptables 可以实现基本的安全，iptables 高频使用的规则及命令如下，由于服务器网卡众多，下面将采用默认的网卡 ens33。

查看当前所有规则。可以运行如下命令：

sudo iptables -vnL

在开始使用 iptables 之前，需要注意的是，使用 iptables 时，规则添加的顺序至关重要，当然这一条对于其他防火墙来说也适用。

清除当前所有规则。彻底清除之前添加了一些规则，可以通过如下命令将其清除：

```
sudo iptables -F
sudo iptables -X
sudo iptables -Z
```

清理当前所有规则的目的是防止当前规则影响自己的规则，使自己的规则能够按照自己的想法生效，建议先将老规则保存后再执行此命令，具体方法详见下文。

允许回路 Loopback。环回接口 Loopback 是 Linux 系统使用的内部接口，一定要允许回路 Loopback，关键操作如下：

```
sudo iptables -A INPUT -i lo -j ACCEPT
```

禁止其他主机 ping Ubuntu 服务器。通常服务器不允许其他主机 ping 自己，实现方法如下：

```
sudo iptables -A INPUT -i ens33 -p icmp -j DROP
```

如果要禁止来自某一 IP 的 ping，可以使用如下命令：

```
sudo iptables -A INPUT -i ens33 -p icmp -s 192.168.1.23 -j DROP
                                        #禁止 192.168.1.23 发出的 ping
```

封杀指定 IP。可使用 iptables 封杀指定 IP，关键操作如下：

```
sudo iptables -I INPUT -i ens33 -s 192.168.1.23 -j DROP    #DROP 调取来自
                                                           192.168.1.23 的所有数据包
```

在上述规则存在的条件下，要解封 IP 192.168.1.23，只需要将参数-I 换成-D 即可。此外，如果想清空封掉的 IP 地址，可以运行如下命令：

```
sudo iptables -F
```

封杀指定网段。要添加 IP 段到封停列表中，可以使用下面的命令：

```
sudo iptables -I INPUT -i ens33 -s 192.168.1.0/24 -j DROP  #DROP 调取所有来自
                                                           192.168.1.0 网段的
                                                           数据包
```

封杀指定端口。可以使用 iptables 封杀指定 IP 端口，关键操作如下：

```
sudo iptables -I INPUT -i ens33 -p tcp --dport 1234 -j DROP   #封杀 1234 端口
```

如果要放行某些 IP 的 1234 端口，可以进行如下操作：

```
sudo iptables -I INPUT -i ens33 -s 192.168.1.0/24 -p tcp --dport 1234 -j ACCEPT
                                                           #放行源地址来自
                                                           192.168.1.0 网段
                                                           1234 端口的所有数
                                                           据包
```

允许 SSH 服务。服务器大多需要 SSH 服务，iptables 需要开启 SSH 端口，具体操作如下：

```
sudo iptables -A INPUT -i ens33 -p tcp --dport 22 -j ACCEPT
```

允许域名服务。服务器要启用 DNS 服务，iptables 需要开启相应端口，关键操作如下：

```
sudo iptables -A INPUT -i ens33 -p tcp --dport 53 -j ACCEPT
sudo iptables -A INPUT -i ens33 -p udp --dport 53 -j ACCEPT
```

允许时间服务。将需要允许的计算机连接到 NTP 服务器以获取时间，具体操作如下：

```
sudo iptables -A INPUT -i ens33 -p udp --dport 123 -j ACCEPT
```

允许 Web 服务。服务器大多需要访问 Web 服务，可以用如下规则打开 Web 服务访问：

```
sudo iptables -A INPUT -i ens33 -p tcp    --sport 80 -j ACCEPT
sudo iptables -A INPUT -i ens33 -p tcp    --sport 443 -j ACCEPT
```

允许 E-mail 服务。由于电子邮件的发送和接收比较麻烦，这里采用默认和安全两种方式，关键操作如下：

```
SMTP
sudo iptables -A INPUT -i ens33 -p tcp --dport 25 -j ACCEPT
sudo iptables -A INPUT -i ens33 -p tcp --dport 465 -j ACCEPT
POP3
sudo iptables -A INPUT -i ens33 -p tcp --dport 110 -j ACCEPT
sudo iptables -A INPUT -i ens33 -p tcp --dport 995 -j ACCEPT
IMAP
sudo iptables -A INPUT -i ens33 -p tcp --dport 143 -j ACCEPT
sudo iptables -A INPUT -i ens33 -p tcp --dport 993 -j ACCEPT
```

如果是上述服务之外的服务，如 MySQL 或 Postgre 等，用相应端口替换即可。

拒绝其他数据包。需要的端口和协议都已开启，最后就需要 iptables 绝对拒绝上面规则之外的数据包内容，具体操作如下：

```
sudo iptables -A INPUT -j REJECT
sudo iptables -A FORWARD -j REJECT
sudo iptables -A OUTPUT -j REJECT
```

由于企业的需求千变万化，不尽相同，而防火墙的配置参数既多又复杂，故上述所有的防火墙规则仅供学习和参考，待掌握之后再在此基础上定制出适合自己应用环境的防火墙规则，让防火墙为服务器的安全出一份力。

6）将 iptables 命令保存为规则文件

前面展示了 iptables 的强大功能和高频操作，所有操作都可以通过命令行来实现，其缺点是配置烦琐，且无法保存防火墙规则。在企业实际应用中，如果总是一条条地键入 iptables 规则，一方面很容易出错，因为 iptables 的命令大多很长；另一方面一旦服务器重启，好不容易键入的规则将全部丢失。那么可以创建 iptables 规则文件，规则文件可以保存，重启服务器后可以直接调用，比通过命令行的方式便捷得多，关键操作如下：

```
sudo    iptables-save > ~/iptables_save_08062018.txt
```

iptables 防火墙规则文件其实就是一个具有一定格式的规范的文本文件，该文件通用格式如下：

```
*nat                                                    #星号表名
iptables 规则 1
iptables 规则 2
iptables 规则 3
...
*filter
iptables 规则 1
iptables 规则 2
iptables 规则 3
...
*mangle
iptables 规则 1
iptables 规则 2
iptables 规则 3
...
COMMIT                                                  #结束标记
```

该文件总是以 COMMIT 结尾，中间的规则也很简单，去掉 iptables 命令行中的 iptables 命令即可。此外，再次强调，防火墙规则的排列顺序十分重要。

7）导入 iptables 规则

如何恢复前面保存的 iptables 规则呢？只需要运行如下命令即可导入保存好的 iptables 规则文件：

```
sudo iptables-restore < ~/iptables_save_08062018.txt
```

最后需要强调的是，通过手动或规则文件添加的 iptables 规则都不是永久的。如果重启计算机，这些规则都将被清空，需要重新添加或从文件导入。

18.4　Ubuntu Server 的 SELinux-Apparmor（Application Armor）

众所周知，SELinux（Security-Enhanced Linux）是增强 Linux 系统安全的一项重量级技术，是由美国国家安全局（NAS）开发和维护的，Linux Kernel 2.6 将其整合到了内核之中，CentOS/RHEL 默认强制开启 SELinux 以加强系统安全，虽然只启用一小部分 SELinux 的安全功能（若完全开启 SELinux 功能，则理论上 Linux 操作系统可以达到可信计算机系统评估标准 B2 安全级别），用于提升 Linux 服务器的安全性能，尤其是网络服务的安全性能。但其使用和配置比较烦琐，常常充当一个成事不足（即使开启也达不到足够的安全），败事有余（常常导致部署和配置的网络服务失败）的角色，通常手动关闭此功能。而 Ubuntu 则独辟蹊径，从 Ubuntu 7.04 版本开始选择了相对简单的 AppArmor 作为其默认的安全后盾。

正由于 SELinux 过于庞大和复杂，且需要一个支持此扩展属性的文件系统的配合，于是就有了相对简单的 AppArmor 安全项目。AppArmor 是由 Immunix 开发，并由 Novell 维护的一个 Linux 安全框架，是 SELinux 的一个替代品，主要功能是为应用程序设置访问控制权限、限制应用程序读/写某个目录/文件及打开/读/写网络端口等，且对文件系统没有任何要求，使用和管理起来比 SELinux 要简单很多。其与 SELinux 类似，同样基于 Linux 安全模块（LSM）框架，并作为 Linux 内核的一个安全模块，提供了和 SELinux 类似的强制访问控制功能，以提升系统的安全性。

至于 AppArmor 的使用，在第 15 章中修改 MySQL 的默认目录时已经介绍过了，下面就对其进行深入介绍，首先可以通过如下命令获得其运行状态：

```
sudo systemctl status apparmor
```

使用如下命令管理 AppArmor 服务：

```
sudo systemctl start apparmor
sudo systemctl restart apparmor
sudo systemctl stop apparmor
sudo systemctl reload apparmor
```

AppArmor 最基本的操作是查看 AppArmor 的当前状态，具体操作如下：

```
sudo apparmor_status
```

结果如下：

```
apparmor module is loaded.
12 profiles are loaded.                    #12 个 Profile 已经加载
12 profiles are in enforce mode.           #处于 Enforce 模式
    /sbin/dhclient
    /usr/bin/lxc-start
    /usr/bin/ubuntu-core-launcher
...
```

从返回结果可以看出，当前 AppArmor 已处于 Enforce 模式，并加载了 12 个 Profile 文件。

AppArmor 将 Profile 文件分为两种模式，一种是 Enforce 模式，另一种是 Complain 模式，这两种模式的具体含义如下。

- Enforce 模式：如果某个应用程序不符合其 Profile 文件所定义的限制条件，该应用程序的操作将会失败，此状态类似于 SELinux 的 Enforce 模式。
- Complain 模式：如果某个应用程序不符合其 Profile 文件所定义的限制条件，AppArmor 将记录该程序所做的所有操作，并记录到系统日志中，但此应用程序访问操作则不受任何影响，此模式类似于 SELinux 的 Promisive 模式。

无论在上述哪种模式下，Profile 文件都保存在 /etc/apparmor.d/ 目录下，并可以对 Profile 文件进行相应的操作，要对 Profile 进行操作需要安装相应的配置工具，关键操作如下：

```
sudo aptitude install -y apparmor-utils
```

将 Profile 设置为 Enforce 模式，关键操作如下：

```
sudo aa-enforce 应用程序名称
```

将 MySQL 切换为 Enforce 模式的具体操作如下：

```
sudo aa-enforce  usr.sbin.mysqld
Setting /etc/apparmor.d/usr.sbin.mysqld to enforce mode.
```

运行如下命令将 Profile 设置为 Complain 模式：

```
sudo aa-complain 应用程序名称
```

将 MySQL 切换为 Enforce 模式的关键操作如下：

```
sudo aa-complain usr.sbin.mysqld
Setting /etc/apparmor.d/usr.sbin.mysqld to complain mode.
```

最后需要提醒大家的是，AppArmor 和 SELinux 的本质区别在于，AppArmor 使用文件名或路径名作为其安全标签，而 SELinux 使用文件的 inode 充当安全标签。与 SELinux 相比，AppArmor 机制可以通过修改文件名被绕过，而采用 inode 则不存在此种可能性，尽管如此，相对于习惯性关闭的 SELinux，默认开启的 AppArmor 还是可以起到提升安全性的目的。

18.5　各种网络服务的硬化

在 Ubuntu Server 中，网络服务安全是最关键的一环，不过由于服务的项目众多，加固比较麻烦，又没有统一的方法，只能逐个加固，故方法较多且比较零碎。

1. 修改 SSH 默认端口

SSH 可以说是 Linux 使用最普遍的远程登录利器，基于安全的 SSH 协议远程对服务器进行各种操作，需要首先进行安全加固的是修改默认端口，关键配置如下：

```
sudo vim /etc/ssh/sshd_config
```

在编辑器中修改如下配置：

```
Port 3456                        #修改 SSH 默认端口号，由 22 重定义为 3456
...
```

保存重启 SSH 服务即可：

```
sudo systemctl restart ssh
```

最后使用如下命令登录：

```
ssh henry@192.168.1.23 -p 3456
```

2. 禁止 root 用户登录 SSH 服务

修改 SSH 默认端口后，还需要禁止超级管理员登录到 SSH 服务，修改 sshd_config 文件，关键配置如下：

```
...
PermitRootLogin no                  #禁止 root 用户登录
...
```

保存重启 SSH 服务即可。

3. SSH 相互授权自动登录

在集群或高可用环境中，各节点大多通过 SSH 的密钥认证方式实现集群节点的无密码登录，既可达到方便管理的目的，又可以防止中间人（Man in the middle）攻击，实现 SSH 相互授权安全自动登录的方法如下：

1）安装 SSH 服务器及相关配置

```
aptitude install -y openssh-server
                                    #如果已经安装了 SSH 服务器，可以忽略此步
ssh localhost                       #登录到本机，自动在当前用户家目录下创建.ssh 目录
exit
cd ~/.ssh
```

服务器间通过 SSH 无密码登录，首先使用如下命令创建密钥对：

```
ssh-keygen -t rsa                   #加密算法，搞错频报 Permission denied (publickey).错误，
                                    则一定为 rsa，不是 dsa
```

2）测试本地登录无密码

运行如下命令首先实现本地登录无密码：

```
cat ./id_rsa.pub >> authorized_keys
```

再次运行如下命令测试无密码本地登录：

```
ssh localhost
```

3）复制密钥到其他节点

应该已经不需要密码了，然后将公钥分发到需要无密码登录的各服务器节点上，关键操作如下：

```
ssh-copy-id root@192.168.1.181
ssh-copy-id root@192.168.1.182
ssh-copy-id root@192.168.1.183
```

依次使用下列命令测试无密码登录：

```
ssh root@192.168.1.182
ssh root@192.168.1.184
ssh root@192.168.1.185
```

如果全部通过,说明 SSH 无密码登录没有问题,可以按如上方法对其他服务器节点进行操作。

4. 安全模块令 Apache 更加安全

Apache 要获得更高的安全性,就要用到两个著名的安全模块——Mod_security 和 Mod_evasive。Mod_security 可以充当 Web 服务的防火墙,拒安全隐患于门外,Mod_evasive 则擅长防止 DoS 和 DDoS 攻击,下面就来部署它们,令 Web 服务更加安全。

1) Mod_security 模块

Mod_security 模块可以充当 Apache 的防火墙,可以有效地防范网络的暴力攻击,该模块的部署方法如下:

```
sudo aptitude install -y libapache2-mod-security2
```

成功部署后执行如下命令重启 Apache 服务:

```
sudo systemctl restart apache2
```

2) Mod_evasive

Mod_evasive 模块可以有效防止 DoS 及 DDoS 攻击,该模块的部署方法如下:

```
sudo aptitude install -y libapache2-mod-evasive
```

成功部署后执行如下命令重启 Apache 服务:

```
sudo systemctl restart apache2
```

5. 隐藏 Apache 和 Nginx 的版本信息

Apache 的版本号对于黑客来说价值巨大,根据版本号便可以顺藤摸瓜找到漏洞,从而为进一步的攻击做准备,获取 Apache 的版本号轻而易举,具体操作如下:

```
curl -I http://192.168.1.23
```

获得如下结果:

```
HTTP/1.1 200 OK
Date: Wed, 11 Jul 2018 04:28:32 GMT
Server: Apache/2.4.29 (Ubuntu)                    #Apache 的版本号
Last-Modified: Wed, 11 Jul 2018 04:26:46 GMT
ETag: "2aa6-570b1a7923eac"
Accept-Ranges: bytes
Content-Length: 10918
Vary: Accept-Encoding
Content-Type: text/html
```

对于使用者而言,一定要隐藏 Apache 的版本号(其他服务也类似),关键操作如下:

```
sudo vim /etc/apache2/conf-enabled/security.conf
```

定位到 ServerTokens 关键字,将其值修改为如下内容:

```
ServerTokens Prod
```

之后重启 Apache 服务器，结果如下：

```
curl -I http://192.168.1.23
```

结果如下：

```
HTTP/1.1 200 OK
Date: Wed, 11 Jul 2018 04:29:54 GMT
Server: Apache                                          #版本号消失
...
```

这样，Apache 的版本号就不见了。至于 PHP 版本号，Ubuntu Server 18.04 默认不显示，故不用配置。

至于 Nginx，隐藏版本号也很简单，具体的方法如下：

```
sudo vim /etc/nginx/nginx.conf
```

定位到如下行，取消#号注释即可：

```
#server_tokens off;
```

修改后运行命令重启 Nginx 服务即可隐藏版本号。

6. SSL 加固 MySQL 数据库

MySQL 数据库默认使用非加密方式连接 MySQL 数据库，在网络中传输的所有信息都是明文的，可以被网络中的黑客截取，重要信息或敏感信息可能泄露，如传送密码等，重要场合可以采用 SSL 连接的方式令 MySQL 更加安全。

由于使用超级用户比较方便，故首先获得超级管理员权限，关键操作如下：

```
sudo -i
```

Ubuntu Server 18.04 软件仓库中的 MySQL 版本为 MySQL 5.7.21，其配置 SSL 的方法和 MySQL 5.7.6 之前的版本有很大不同，关键操作如下：

```
mysql_ssl_rsa_setup
chown mysql.mysql -R /data/mysql        #使用 MySQL 提供的脚本创建 SSL 文件，
                                         默认将会创建到数据目录中
```

之后修改 MySQL 服务端配置文件 my.cnf，添加如下参数：

```
sudo vim /etc/mysql/mysql.conf.d/mysqld.cnf
```

文件内容如下：

```
[mysqld]
...
ssl-ca=/data/mysql/ca.pem
ssl-cert=/data/mysql/server-cert.pem
ssl-key=/data/mysql/server-key.pem
...
```

最后重启 MySQL 服务后生效，可以登录 MySQL 后运行如下命令检验：

```
mysql> SHOW GLOBAL VARIABLES LIKE '%ssl%';
```

结果如下：

```
+---------------+----------------------------+
| Variable_name | Value                      |
+---------------+----------------------------+
| have_openssl  | Yes                        |
| have_ssl      | Yes                        |
| ssl_ca        | /var/lib/mysql/ca.pem      |
| ssl_capath    |                            |
| ssl_cert      | /var/lib/mysql/server-cert.pem |
| ssl_cipher    |                            |
| ssl_crl       |                            |
| ssl_crlpath   |                            |
| ssl_key       | /var/lib/mysql/server-key.pem |
+---------------+----------------------------+
9 rows in set (0.00 sec)
```

如果还不放心，可以创建一个远程账号登录，具体结果如下：

```
sudo mysql -uroot -h192.168.0.200 -p
```

结果如下：

```
...
mysql> status
...
SSL:            Cipher in use is DHE-RSA-AES256-SHA
                #SSL 加密连接，连接比非加密要慢很多
...
```

看到上述结果，说明 SSL 已经启用。需要注意的是，如果是本地连接数据库，SSL 的状态将会显示 Not in use，即不使用 SSL 方式。

Tips：如何进行 MySQL 非加密登录？

一旦 MySQL 服务器端启用了 SSL 加密，客户端发起连接时默认将采用 SSL 加密方式，如果要进行非加密的普通登录呢？还记得第 15 章中的 MySQL 命令参数--ssl-ca 吗，可以通过这个参数来进行非加密登录，关键操作如下：

```
sudo mysql -h192.168.1.23 -uroot -p --ssl-mode=DISABLED
```

值得一提的是，2018 年 7 月，英国国家网络安全中心（National Cyber Security Centre）发布了提升 Ubuntu 18.04 的安全建议，对于广大 Ubuntu 用户来说极具参考价值，感兴趣的朋友可以访问扩展阅读中的相关内容。

18.6 本章小结

本章较为系统地讲解了安全的基本原理 CIA，以及专门针对工作站、服务器、网络服务的安全和加固。服务器中的重点是防火墙，本章深入介绍了 UFW、Firewalld 和 iptables 等较为常用的防火墙，以及 Ubuntu Server 的 SELinux-AppArmor 安全机制和常用网络服务的安全加固，如 SSH 服务的安全加固、MySQL 的安全加固等。本章内容多且杂，比较零碎。企业的 IT 安全不能指望操作系统级的这些措施，更重要的是要有自己的安全设备、解决方案、安全体系及制度，忽视安全将是 CTO 的重大失误，可能导致灾难性后果。

Ubuntu Server 高频命令

本附录为 Ubuntu Server 18.04 高频命令及选项的使用基础,同时也是本书的命令仓库。本附录将 Linux 命令分类,并通过应用实例进行讲解,还将给出获得联机手册帮助的命令和方法。下面所有的命令都已在 Ubuntu Server 18.04 终端中运行通过。

用户和 Kernel 之间的桥梁是 Shell,绝大多数的 Linux 采用 bash 充当默认的 Shell,100% 的 Linux 命令都需要在 Shell 中运行。Linux 命令可以分为内部命令和外部命令两大类,内部命令就是 bash 本身提供的命令,如 cd、echo 等。外部命令则是不由 bash 本身提供的命令,这些命令只是需要 bash 作为其运行环境而已。

根据功能将繁多的外部命令分为如下几类,下面将逐类实践和学习。

A.1 获得在线帮助命令

由于 Linux 命令众多,本附录不可能讲解全部命令和选项,那么,在工作中如果遇到不会的命令和选项怎么办?这就要掌握获得联机帮助的命令和用法。

1. help 和 man 命令

Linux 命令可以分为内部命令和外部命令,内部命令是由 Linux 默认 Shell-bash 提供的命令,而非 bash 提供的命令就是外部命令。

对于内部命令,大家可以使用 help 命令来获取帮助,如要获得 cd 命令的帮助可以使用如下命令来查询:

```
help cd
```

其实,日常使用中大家遇到的绝大多数命令都是外部命令,不必刻意区分内部命令和外部命令,大家只要有这个概念就好。外部命令浏览其帮助文档需要使用 man 命令。man 命令可以向用户提供快速的在线帮助,Linux 包括一套完整的 man 和 man 帮助文档。这些 man 帮助文档涉及 Linux 系统的命令、程序、配置文件和程序库的功能等说明。一直以来,这些文档都是某些操作系统书籍的主要资料来源，自从有了互联网和图形用户界面，直接使用这些文档的人变少了，但它仍是重要的信息来源。操作系统安装好之后，这些文档就可以马上使用了。

man 的帮助文件有很多，通常以章分类，存放在 /usr/share/man 目录中，每章讨论一项专题，分为 man1、man2、man3 等子目录。章的划分符合 AT&T UNIX 的文档结构，继承了其方便、实用的特点，并且保持向后兼容。大多数用户命令可以在 man1 中找到，如果要使用其他手册，可在 man 和所查找命令之间加上具体手册的编号，例如：

```
man passwd
man 5 passwd
```

第一个 man 命令查找的是 passwd 命令的 manpage，而第二个 man 命令查找的则是 /etc/passwd 文件的 manpage。其中，5 表示配置文件手册类型，而非默认的可执行程序类型。

如果是程序开发者，还需要使用如下命令安装开发所需要的 manpage：

```
sudo aptitude install manpages-posix
sudo aptitude install manpages-posix-dev
```

在 Ubuntu 中可以使用如下命令查看 manpage 手册的分类：

```
man man
```

在一个系统中可能会有成千上万的 man 帮助文档，为了节省磁盘空间，数据文件都是以压缩格式（.gz）存储的，如"zcat.1.gz"就是 zcat 命令的帮助文档。如果用户要创建自己的 man 帮助文档，最好也遵循这种格式。

2. whatis 和 apropos 命令

有时用户可能没有准确地记住某个命令的名字，但知道它是做什么用的，这时可以通过 apropos 或 whatis 命令来在 whatis 数据库中进行查找：

```
apropos <所搜索的命令>
whatis <所搜索的命令>
```

whatis 数据库包含了系统中不同的命令和功能，并有简短的描述以便用户识别。这些描述相当于 man 命令的"-f"参数。用户不仅可以对命令名进行搜索，还可以针对描述进行模糊搜索。也就是说，如果用户知道某个命令是做什么的，但不知道它的名字，仍然能用 apropos 命令查找到该命令，apropos 相当于"man -k"命令。

查看 ls 命令的简短信息：

```
whatis ls
ls (1)                  - list directory contents
man -f ls
ls (1)                  - list directory contents
```

分别查看包含 fstab 关键词的帮助信息：

```
apropos fstab
endfsent (3)            - handle fstab entries
fstab (5)               - static information about the
…
man -k fstab
endfsent (3)            - handle fstab entries
fstab (5)               - static information about the
…
```

两个命令的结果一致。

3. -h 或 --help 参数

多数 Linux 命令加上 -h 或 --help 参数，都会显示一个简短的命令使用说明，如查找 fdisk 命令的帮助：

```
fdisk -h
Usage:
  fdisk [options] <disk>      change partition table
  fdisk [options] -l [<disk>] list partition table(s)
Display or manipulate a disk partition table.
Options:
  -b, --sector-size <size>    physical and logical sector size
  -c, --compatibility[=<mode>]  mode is 'dos' or 'nondos' (default)
…
```

限于篇幅，本书只能基于日常应用挑选高频命令及参数，且只能介绍它们的基本使用方法及应用场景，更多参数及使用方法需要大家通过查询 manpage 或搜索来解决，所以这部分内容一定要烂熟于心。

A.2 作业管理命令

一个正在执行的进程被称为一个作业（job），大部分进程都能被放入后台，每个 Shell 都会维护一个 job table，后台中的每个 job 都在 job table 中对应一个 Job 项（JOB_SPEC），将进程放入后台后，会立即返回其父进程，一般手动放入后台的进程都是在 bash 下进行的，所以立即返回 bash 环境。在返回父进程的同时，还会将其 jobid 和 pid 返回给父进程，如果要引用 jobid，则应该在 jobid 前加上百分号"%"，如"kill -9 %1"表示终止 jobid 为 1 的后台进程，此外使用"%%"表示当前 job。

1. jobs 命令

jobs 命令用于查询后台运行的作业（进程），使用方法如下：

```
jobs
[1]+  Stopped                 vim lshw.html
```

可以看到存在一个后台进程。

2. fg 命令

fg 命令可以将在后台运行的程序切换到前台，使用方法如下：

```
fg %1
vim lshw.html
```

运行完上述命令，vim 就切换回终端了。需要再次强调作业的编号，要引用 jobs 所显示作业列表中的作业，需要使用"%"。

3. bg 命令

既然有 fg 可以将程序从后台切换到前台，那自然就有工具可以将程序从前台切换至后台，那就是 bg 命令，具体使用方法如下。

在后台运行 find 命令：

```
sudo find / -name password
^Z
[3]+  Stopped         sudo find / -name password      #执行后按 Ctrl+Z 组合键暂停该进程
```

运行 bg 命令，将暂停的作业运行起来，具体操作如下：

```
bg %1
[1]+ sudo find / -name password &                     #暂停的作业已经运行了
```

再运行如下命令查看：

```
jobs
[1]+  Running         sudo find / -name password &
```

可以看到，作业又开始运行了，终端还不时地显示部分信息：

```
henry@us1804:~$ /snap/core/4486/var/lib/pam/password
/snap/core/4917/var/lib/pam/password
/var/lib/pam/password
```

4. nohup 命令

nohup 就是不挂起的意思（no hang up），如果正在运行一个进程，而且估计退出当前会话时该进程还不会结束，那么可以使用 nohup 命令。只要系统运行良好，该命令可以在退出账户或关闭终端之后继续运行相应的进程。

```
nohup wget http://....iso &                           #下载大文件，又不想中间受影响
```

需要注意的是，使用 nohup 命令提交作业后，通常该作业的所有输出都被重定向到一

个名为 nohup.out 的文件中，可以在终端中使用如下命令监控该日志：

```
tail -f nohup.out
...
```

A.3 进程管理命令

一个程序运行起来，可能有多个进程，要进行 Linux 进程的管理，需要通过进程管理工具实现。

1. ps 命令

ps 命令提供了 Linux 进程某一时刻的状态，当然 ps 输出的结果并不是 Linux 进程动态连续的状态。

ps 提供了很多实用选项，可以使用 ps 工具显示 Ubuntu 进程：

```
ps -aux |more
USER    PID  %CPU %MEM   VSZ   RSS TTY    STAT START   TIME COMMAND
root     1   0.0  0.3  182480 3968 ?      Ss   16:44   0:02 /sbin/init splash
...
```

其中，-a 参数显示所有用户的所有进程；-u 参数按用户名和启动时间的顺序来显示进程；-x 参数则显示无控制终端的进程。

```
ps -auxf
USER    PID  %CPU %MEM   VSZ   RSS TTY    STAT START   TIME COMMAND
root     2   0.0  0.0    0     0  ?       S    16:44   0:00 [kthreadd]
...
```

-f 参数用树形格式来显示进程，上面没有-f 参数及添加-f 参数的对比。

2. kill 和 killall 命令

kill 命令用来给进程发送信号量，其功能远没有它的名字那样杀气腾腾，只是将指定的信号量传给进程而已，可以使用 Ctrl+C 组合键终止一个前台进程，但是后台进程就必须用 kill 命令来终止，需要先使用 ps/pidof/pstree/top 等工具获取进程 PID，然后使用 kill 命令来终止该进程。kill 命令是通过向进程发送指定的信号来结束相应进程的。在默认情况下，采用编号为 15 的 TERM 信号。TERM 信号将终止所有不能捕获该信号的进程。那些可以捕获该信号的进程就要用编号为 9 的 kill 信号，强行终止该进程。

kill 的用法一般为，先用 ps 程序查出该程序的进程号，然后用 kill 终止，具体操作如下：

```
ps -ef|grep apache2
root      1032     1  0 08:50 ?        00:00:00 /usr/sbin/apache2 -k start
www-data  1077  1032  0 08:50 ?        00:00:00
...
```

最后执行 kill 命令：

```
kill 1077
```

如果要强制停止一个进程，可以先获得 PID，然后使用 kill 命令，实际操作如下：

```
sudo kill -9 1077
```

上述命令中 kill 传递给进程的信号编号为 9，表示强行终止进程。

kill 和 killall 的使用基本相同，最大区别就是 kill 通过 PID 终止进程，而 killall 则通过进程的名字终止进程，其使用方法如下：

```
Killall apache2
```

无论使用 kill 还是使用 killall，都应该注意强行终止进程将会带来一些副作用，如果进程数据丢失，只有在万不得已时才用 kill 或 killall 强行终止进程。

3. pkill 命令

pkill 和 killall 的应用方法差不多，也是直接杀死运行中的程序。

4. pstree 命令

pstree 命令以树状图显示进程间的关系（display a tree of processes）。ps 命令可以显示当前正在运行的进程的信息，但是对于它们之间的关系却显示得不够清晰。在 Linux 系统中，系统调用 fork 可以创建子进程，通过子 Shell 也可以创建子进程，Linux 系统中进程之间的关系天生就是一棵树，树的根就是进程 PID 为 1 的 Systemd 进程。

树状图只显示进程的名字，且相同进程合并显示，命令如下：

```
pstree
systemd─┬─VGAuthService
        ├─accounts-daemon───2*[{accounts-daemon}]
        ├─apache2───2*[apache2───26*[{apache2}]]
...
```

树状图显示进程，同时还显示 PID，可以运行如下命令：

```
pstree -p
systemd(1)─┬─VGAuthService(906)
           ├─accounts-daemon(892)─┬─{accounts-daemon}(900)
           │                      └─{accounts-daemon}(904)
           ...
```

此外，还可以以树状图显示进程 PID 及子进程，具体操作如下：

```
pstree 1077
apache2───26*[{apache2}]
henry@us1804:~$ pstree -p 1077
apache2(1077)─┬─{apache2}(1109)
              ├─{apache2}(1110)
```

```
        ├─{apache2}(1111)
        ├─{apache2}(1112)
        ...
```

以树状图显示进程，相同名称的进程不合并显示。最后，如果还需要显示命令参数，可以使用如下命令：

```
pstree -a
systemd maybe-ubiquity
    ├─VGAuthService
    ├─accounts-daemon
    │   └─2*[{accounts-daemon}]
    ├─apache2 -k start
    │   ├─apache2 -k start
    │   │   └─26*[{apache2}]
    ...
```

需要注意的是，如果返回信息过多，最好与 more 或 less 配合使用，可以使用上下箭头查看，按 Q 键退出，关键操作如下：

```
pstree -p | less
```

5. top 命令

top 命令是 Linux 中最常用的性能分析工具，能够实时显示系统中各进程的资源占用状况，类似于 Windows 的任务管理器，只不过 top 是基于文本界面的。top 是一个动态显示程序，即可以通过用户按键来不断刷新当前状态。如果在前台执行该命令，它将独占前台，直到用户终止该程序为止。top 命令提供了对系统处理器的实时状态监视，它将显示系统中 CPU 最"敏感"的任务列表、内存使用和执行时间及任务排序等系统信息。

具体来说，top 直观地显示了当前系统正在执行的进程的相关信息，如进程 ID、CPU 和内存占用率等详细信息，下面将逐行分析 top 结果，帮助大家对其有更加深入的认识和了解，直接执行该命令：

```
top
top - 09:00:53 up 11 min,  2 users,  load average: 0.06, 0.13, 0.10
Tasks: 155 total,   1 running,  85 sleeping,   0 stopped,   0 zombie
%Cpu(s):  0.0 us,  0.7 sy,  0.0 ni, 99.3 id,  0.0 wa,  0.0 hi,  0.0 si,  0.0 st
KiB Mem :  2017292 total,  1595064 free,   162540 used,   259688 buff/cache
KiB Swap:  2097148 total,  2097148 free,        0 used.  1699888 avail Mem

   PID USER      PR  NI    VIRT    RES    SHR S  %CPU %MEM     TIME+ COMMAND
  1488 henry     20   0   42784   4036   3404 R   0.7  0.2   0:00.04 top
   467 root      19  -1   94836  16060  15312 S   0.3  0.8   0:00.60 systemd-jo+
```

```
        779 systemd+  20   0   71136   6592   5588 S   0.3   0.3
```
...

◆ 第一行，任务队列信息，同 uptime 命令的执行结果。

重要信息分段说明如下：

09:00:53：当前系统时间。

up 11 min：系统已经运行了 11 分钟。

2 users：当前有 2 个用户登录系统。

load average: 0.06, 0.13, 0.10：分别为 1 分钟、5 分钟、15 分钟的负载情况。

需要提醒大家的是，load average 数据是每隔 5 秒检查一次活跃的进程数，然后按特定算法计算出的数值，通常负载超过 3 则比较高，超过 5 则高，超过 10 就不正常了，服务器的状态很危险。

◆ 第二行，任务信息。

系统共有 155 个进程，其中有 1 个处于运行中，有 85 个在休眠（sleep），有 0 个处于 stoped 状态，有 0 个处于 zombie 状态（僵尸）。

◆ 第三行，处理器状态信息。

0.0% us：用户空间占用 CPU 的百分比。

0.7% sy：内核空间占用 CPU 的百分比。

0.0% ni：改变过优先级的进程占用 CPU 的百分比。

99.3% id：空闲 CPU 的百分比。

0.0% wa：I/O 等待占用 CPU 的百分比。

0.0% hi：硬中断（Hardware IRQ）占用 CPU 的百分比。

0.0% si：软中断（Software Interrupts）占用 CPU 的百分比。

需要注意的是，在这里 CPU 的使用比率和 Windows 的概念不同，需要理解第 10 章 Linux 系统用户空间和内核空间的相关知识。此外，多核处理器可按 1 键获得全部核心的动态。

◆ 第四行，内存状态。

2017292 total：物理内存总量。

1595064 free：空闲内存总量。

162540 used：使用中的内存总量。

259688 buff/cache：缓存总量。

◆ 第五行，swap 交换分区信息。

2097148 total：交换区总量。

2097148 free free：空闲交换区总量（32GB）。

0 used：使用的交换区总量（0KB）。

经验之谈，建议密切监控第五行 swap 交换分区的 used，如果这个数值在不断变化，说明内核在不断进行内存和 swap 的数据交换，内存不够用了。

◆ 第六行是空行，第七行以下为各进程（任务）的状态监控。

PID：进程 id。

USER：进程所有者。

PR：进程优先级。

NI：nice 值。负值表示高优先级，正值表示低优先级。

VIRT：进程使用的虚拟内存总量，单位 KB，VIRT=SWAP+RES。

RES：进程使用的、未被换出的物理内存大小，单位 KB，RES=CODE+DATA。

SHR：共享内存大小，单位 KB。

S：进程状态。D=不可中断的睡眠状态；R=运行；S=睡眠；T=跟踪/停止；Z=僵尸进程。

%CPU：上次更新到现在的 CPU 时间占用百分比。

%MEM：进程使用的物理内存百分比。

TIME+：进程使用的 CPU 时间总计，单位 1/100 秒。

COMMAND：进程名称（命令名）。

此部分存在大量进程，可以用 top 的搜索功能快速获得所需要的信息。

6. htop 命令

htop 是一个文本界面的、交互式的进程查看器，可以替代 top，或者说是 top 的高级版。需要注意的是，htop 命令不像 top 命令是系统默认安装的，需要运行如下命令进行安装：

```
sudo aptitude install -y htop
```

和 top 类似，htop 也采用了文本界面，但颜色更加丰富多彩，如果能够掌握如下命令（多数可用于 top 命令），可以提高 htop 的使用效率，高频命令如下。

/：搜索关键字。

ESC：返回默认界面。

u：显示所有用户，并可以选择某一特定用户的进程。

s：将调用 strace 追踪进程的系统调用。

t：显示树形结构。

H：显示/隐藏用户线程。

I：倒转排序顺序。

K：显示/隐藏内核线程。

M：按内存占用排序。

P：按 CPU 排序。

T：按运行时间排序。

此外，方向键和空格键也可以提高 htop 的效率，功能如下。

上下键或 PgUp、PgDn：移动选中进程。

左右键或 Home、End：移动列表。

Space（空格）：标记/取消标记一个进程。命令可以作用于多个进程，如"kill"将应用于所有已标记的进程。

Tips：htop 常用功能键知多少。

F1：查看 htop 使用说明。

F2：设置。

F3：搜索进程。

F4：过滤器，按关键字搜索。

F5：显示树形结构。

F6：选择排序方式。

F7：减少 nice 值，这样可以提高对应进程的优先级。

F8：增加 nice 值，这样可以降低对应进程的优先级。

F9：终止选中的进程。

F10：退出 htop。

htop 是 top 的一个绝佳替代品，其界面美观，功能强大，且多数功能和 top 类似，推荐大家使用。

7. lsof 命令

lsof 命令可以显示打开指定文件的所有进程列表，惯用法如下：

```
lsof
```

lsof 命令最常用的参数是-i，此参数可以指定网络地址、协议和端口等参数，惯用法为后接冒号和端口号，实际操作如下：

```
sudo lsof -i:22
…
sshd      1263    root     3u   IPv4   25851      0t0  TCP 192.168.1.115:ssh-> 192.168.1.128:18793 (ESTABLISHED)
…
```

这样即可获得关于 22 号端口的相关信息。

A.4 计划任务和服务器性能监控命令

Linux 中的计划任务大致可分为一次性和周期性两大类，一次性计划任务可以通过 at 命令和 atd 服务来完成，而周期性计划任务则需要使用 crontab 命令和 crond 服务来完成。

1. at 命令

at 命令使用起来十分简单，后面直接跟参数和时间即可，首先使用如下命令查看 at 任务：

```
sudo -i                                          #超级管理员创建计划任务比较方便
atq
```

如果没有返回结果，说明当前还没有 at 任务，此时即可创建 at 任务，方法如下：

```
at 10:00
at> echo `date` > /dev/tty3
at> <EOT>                                        #按 Ctrl+D 组合键即可
job 3 at Sun Jul 15 10:00:00 2018
```

再添加一个 at 计划任务：

```
at 12:30 tomorrow                                #明天 12 点半，输出时间到 at.log 中
at> date > /root/at.log
at> <EOT>
job 1 at Mon Jul 16 12:30:00 2018
```

再次使用 atq 查看：

```
1        Sun Jul 15 10:00:00 2018 a root
2        Mon Jul 16 12:30:00 2018 a root
```

已经存在两个任务了，再创建一个任务，后天下午一点再次打印时间戳到 at.log。

```
at 1pm+2 days
at> date >> /root/at.log
at> <EOT>
job 2 at Tue Jul 17 13:00:00 2018
```

这时发现，已经不再需要任务 2，可以执行如下命令删除该任务：

```
atrm 2
```

更多用法请参见 manpage，此处不做赘述。

2. crontab 命令

at 命令针对一次性的定时任务，如要循环运行的计划任务，Linux 则是通过 crond 服务来实现的。crond 是 Linux 中周期性执行某个任务的一个守护进程，与 Windows 下的计划任务十分类似，同时也是 Linux 系统的核心服务之一，故 Linux 默认安装此服务，crond 每分钟会定期检查是否有要执行的任务，如果有则自动执行该任务，而 crond 服务是通过 crontab 命令来规划和管理计划任务的。

可以通过如下命令查看当前的用户任务调度情况：

```
sudo crontab -l
```

运行该命令后，将获得当前用户的 crond 计划任务列表，该列表的每一行都代表一项任务，每行的每个字段代表一项设置，其格式共分为六个字段，前五段是时间设定段，第六段是要执行的命令段，格式如下：

```
minute   hour   day   month   week   command
```

各个字段解释如下。

minute：表示分钟，可以是从 0 到 59 的任何整数。

hour：表示小时，可以是从 0 到 23 的任何整数。

day：表示日期，可以是从 1 到 31 的任何整数。

month：表示月份，可以是从 1 到 12 的任何整数。

week：表示星期几，可以是从 0 到 7 的任何整数，这里的 0 或 7 代表星期日。

command：要执行的命令，既可以是系统命令，也可以是自己编写的脚本，需要注意的是，无论是命令还是脚本，一定要用绝对路径表示，脚本还要记得添加执行权限。

Tips：妙用特殊字符定义计划任务。

星号（*）：表示所有可能的值，month 字段如果是星号，则表示在满足其他字段的制约条件后每月都执行该命令操作。

逗号（,）：可以用逗号隔开值，指定一个列表范围，如"1,2,5,7,8,9"。

中杠（-）：可以用整数之间的中杠表示一个整数范围，如"2-6"表示"2,3,4,5,6"。

正斜线（/）：可以用正斜线指定时间的间隔频率，如"0-23/3"表示每 3 小时执行一次，此外正斜线可以和星号一起使用，如*/1，如果用在 minute 字段，表示每分钟执行一次。

除了上述的"1"参数之外，crontab 还可以使用如下参数。

-e：编辑某个用户的 crontab 文件内容。如果不指定用户，则表示编辑当前用户的 crontab 文件。

-r：从/var/spool/cron 目录中删除某个用户的 crontab 文件，如果不指定用户，则默认删除当前用户的 crontab 文件。

-u user：设定某个用户的 crontab 服务，此参数通常由 root 用户来运行。

创建一个计划任务：

```
sudo -i                                    #对于系统级的计划任务，超级用户使用起来比较方便
crontab -e
...
*/1 * * * * /bin/echo 'date' > /dev/tty2
```

保存并退出。系统将每隔 1 分钟向控制台输出一次当前时间。tty2 是设备文件，表示 2 号控制台，即每分钟打印日期时间到 2 号控制台。要查看当前计划任务，可以运行如下命令：

```
crontab -l
...
# m h  dom mon dow   command
*/1 * * * * /bin/echo 'date' > /dev/tty2
```

3. mpstat 命令

mpstat 是 Multiprocessor Statistics 的缩写，即实时系统监控工具，可以查看所有 CPU 的详细统计数据，实现对处理器的性能监控。要使用 mpstat，首先需要安装，具体方法如下：

```
sudo aptitude -y install sysstat
```

成功安装后，直接运行 mpstat 即可，可查看 CPU 的当前运行状况信息：

```
mpstat
Linux 4.15.0-23-generic (us1804)        03/15/2019      _x86_64_        (1 CPU)
01:26:58 AM  CPU    %usr   %nice    %sys %iowait    %irq   %soft  %steal  %guest  %gnice   %idle
01:26:58 AM  all    0.30    0.05    0.73    0.03    0.00    0.02    0.00    0.00    0.00   98.86
```

更多时候，还可以跟踪间隔时间和重复次数，实例如下：

```
mpstat  2 3                                #表示间隔 2 秒，重复 3 次
Linux 4.15.0-23-generic (us1804)        03/15/2019      _x86_64_        (1 CPU)
01:28:15 AM  CPU    %usr   %nice    %sys %iowait    %irq   %soft  %steal  %guest  %gnice   %idle
01:28:17 AM  all    0.00    0.00    0.50    0.00    0.00    0.00    0.00    0.00    0.00   99.50
01:28:19 AM  all    0.00    0.00    1.01    0.00    0.00    0.00    0.00    0.00    0.00   98.99
01:28:21 AM  all    0.00    0.00    0.50    0.00    0.00    0.00    0.00    0.00    0.00   99.50
Average:     all    0.00    0.00    0.67    0.00    0.00    0.00    0.00    0.00    0.00   99.33
```

Tips：统计字段的含义如下：

%usr：在间隔时间段内，用户态的 CPU 时间（%），不包含 nice 值为负的进程，计算公式为（usr/total）×100。

%nice：在间隔时间段内，nice 值为负进程的 CPU 时间（%），计算公式为（nice/total）×100。

%sys：在间隔时间段内，内核时间（%），计算公式为（system/total）×100。

%iowait：在间隔时间段内，硬盘 IO 等待时间（%），计算公式为（iowait/total）×100。

%irq：在间隔时间段内，硬中断时间（%），计算公式为（irq/total）×100。

%soft：在间隔时间段内，软中断时间（%），计算公式为（softirq/total）×100。

%idle：在间隔时间段内，CPU 除去等待磁盘 I/O 操作的闲置时间（%），计算公式为（idle/total）×100。

4. ifstat 命令

ifstat 工具是一个网络接口监测工具，可以简单地查看网络流量，可以用如下命令安装：

```
sudo aptitude -y install ifstat
```

ifstat 使用起来也很简单，直接运行即可开始监控网卡：

```
ifstat
```

需要注意的是，默认 ifstat 不监控回环接口，显示的流量单位是 KB。如要监控包括回环接口在内所有网卡，可使用如下命令：

```
ifstat -a
```

ifstat 可以监控网络流量概况，如要停止监控，只需要按 Ctrl+C 组合键即可。

5. iftop 命令

和 ifstat 类似，iftop 也是一款实时流量监控工具，不过监控的数据更加丰富，可以运行如下命令进行安装：

```
sudo aptitude install -y iftop
```

如果以普通用户身份运行，将得到如下结果：

```
iftop
…
pcap_open_live(ens33): ens33: You don't have permission to capture on that device (socket: Operation not permitted)
```

所以，需要以 root 身份运行 iftop。

```
sudo iftop
```

按 Ctrl+C 组合键退出，要想采用直观的文本界面显示搜集到的网卡数据，如果喜欢 ifstat 的输出样式，可以运行如下命令：

```
iftop -t
 Time              ens33              ens34              ens35              ens36
HH:MM:SS     KB/s in   KB/s out   KB/s in   KB/s out   KB/s in   KB/s out   KB/s in   KB/s out
02:01:50       0.00       0.00      0.06       0.29      0.00       0.00      0.00       0.00
02:01:51       0.00       0.00      0.06       0.19      0.00       0.00      0.00       0.00
…
```

6. iostat 命令

iostat 是 I/O statistics（输入/输出统计）的缩写，iostat 可以对系统的磁盘操作活动进行监视，监控磁盘活动统计数据，此外也会监控 CPU 的使用情况。iostat 的弱点就是不能对某个进程进行深入分析，仅能对系统的整体情况进行分析。

直接运行 iostat 命令即可显示服务器处理器和 I/O 设备的负载情况及详细监控数据，具体操作如下：

```
iostat
```

结果如下：

```
Linux 4.15.0-23-generic (us1804)        03/15/2019      _x86_64_        (1 CPU)

avg-cpu:  %user   %nice %system %iowait  %steal   %idle
```

	0.27	0.06	0.68	0.03	0.00	98.96	
Device	tps	kB_read/s	kB_wrtn/s	kB_read	kB_wrtn		
loop0	0.92	1.04	0.00	8889	0		
loop1	0.01	0.12	0.00	1048	0		

...

还可以定时显示监控信息,具体方法如下:

```
iostat 2 3                               #表示间隔 2 秒,重复 3 次
Linux 4.15.0-23-generic (us1804)    03/15/2019    _x86_64_    (1 CPU)
avg-cpu:  %user   %nice %system %iowait   %steal   %idle
          0.27    0.06    0.67    0.03    0.00    98.98
...
```

监控信息太多,如果只需要监控某一磁盘的监控数据,可以执行如下命令:

```
iostat -d sda
Linux 4.15.0-23-generic (us1804)    07/15/2018    _x86_64_    (1 CPU)
Device       tps     kB_read/s    kB_wrtn/s    kB_read    kB_wrtn
sda         2.02      36.96         27.28      329890     243528
```

Device 监控字段的含义如下。

tps:该设备每秒的传输次数(Transfers Per Second),需要注意的是,"一次传输"的意思是"一次 I/O 请求"且"一次传输"请求的大小未知。

kB_read/s:每秒从设备(drive expressed)读取的数据量,单位均为 KB。

kB_wrtn/s:每秒向设备(drive expressed)写入的数据量。

kB_read:读取的总数据量。

kB_wrtn:写入的总数据量。

Iostat 的更多参数请参考其 manpage,此处不再赘述。

7. vmstat 命令

vmstat 可以监控给定时间间隔的系统状态值,如处理器使用状况、内存的使用状况、虚拟内存交换情况和 I/O 读写情况等,运行如下命令即可获得当前系统的关键参数:

```
vmstat
procs -----------memory---------- ---swap-- -----io---- -system-- ------cpu-----
 r  b   swpd   free    buff   cache   si   so    bi    bo   in   cs us sy id wa st
 0  0      0 1367036  35768 433720    0    0    34    25   51   84  1 0 99 0 0
```

此外,与前面介绍的 mpstat 和 iostat 类似,vmstat 也可以通过两个数字参数来执行,第一个参数是监控的时间间隔,单位为秒,第二个参数是采样的次数,具体实现如下:

```
vmstat 2 3
procs -----------memory---------- ---swap-- -----io---- -system-- ------cpu-----
```

r	b	swpd	free	buff	cache	si	so	bi	bo	in	cs	us	sy	id	wa	st
0	0	0	1366904	35792	433720	0	0	34	25	51	84	0	1	99	0	0
0	0	0	1366904	35792	433720	0	0	0	0	44	67	0	1	99	0	0
0	0	0	1366904	35792	433720	0	0	0	0	43	67	0	1	99	0	0

vmstat 监控数据字段的含义如下。

r：表示运行队列，即多少个进程分配到处理器，从以上述监控数据可以看出，笔者的系统没有什么程序在运行，不过当这个值超过了处理器数目，就会出现处理器瓶颈了。

b：表示阻塞的进程。

swpd：虚拟内存已使用的大小，如果大于 0，表示计算机的物理内存不够用了，排除程序内存泄漏的可能，就只能升级内存了。

free：空闲的物理内存大小。

buff 和 cache：都是缓存，但又存在一些差异。

si：每秒从磁盘读入虚拟内存的大小，如果这个值大于 0，表示物理内存不够用或内存泄漏了。

so：每秒虚拟内存写入磁盘的大小，如果这个值大于 0，表示物理内存不够用或内存泄漏了。

bi：块设备每秒接收的块数量。

bo：块设备每秒发送的块数量，通常 bi 和 bo 都要接近于 0，否则 I/O 过于频繁，需要调优。

in：处理器每秒的中断次数，包括时间中断。

cs：上下文切换每秒次数，这个值越小越好，上下文切换次数过多表示处理器大部分浪费在上下文切换上，导致处理器干活的时间少了，处理器资源没有被充分利用。

us：用户处理器时间。

sy：系统处理器时间，如果 I/O 操作频繁，则可能导致 sy 值偏高。

id：空闲处理器时间，通常 id + us + sy = 100。

wa：等待 I/O 的处理器时间。

8. sar 命令

sar 也是系统监控的重要工具，该工具可以帮助大家监控系统资源的使用情况，如处理器和内存等。和其他监控工具的用法类似，sar 也可以根据监控的间隔时间和次数来使用，具体操作如下：

```
sar 2 3
Linux 4.15.0-23-generic (us1804)        03/15/2019      _x86_64_        (1 CPU)

03:26:18 AM     CPU     %user     %nice   %system   %iowait    %steal     %idle
03:26:20 AM     all      0.00      0.00      0.50      0.00      0.00     99.50
03:26:22 AM     all      0.00      0.00      0.51      0.00      0.00     99.49
```

03:26:24 AM	all	0.50	0.00	1.00	0.00	0.00	98.50
Average:	all	0.17	0.00	0.67	0.00	0.00	99.16

将上述命令稍加改进，即可将监控到的处理器数据写入二进制文件 sar.log 中，关键操作如下：

```
sar -u -o sar.log 2 3                            #-u 参数表示监控处理器
```

sar 关键监控字段说明如下。

%user：处理器处在用户模式下的时间百分比。

%system：处理器处在系统模式下的时间百分比。

%ioswait：处理器等待输入输出完成的时间百分比。

%idle：处理器空闲时间的百分比。

在实际应用中要特别关注%wio 和%idle。如果%wio 的值过高，表示硬盘存在 I/O 瓶颈。如果%idle 的值过高，表示处理器较空闲。如果%idle 的值高，但系统响应慢，很有可能是因为处理器在等待分配内存，此时应增大内存。如果%idle 的值持续低于 10，则说明系统的处理器处理能力低，表明系统的瓶颈在处理器。

查看二进制文件 sar.log 中的内容，可以运行如下命令：

```
sar -u -f sar.log
```

欲监控硬盘，如每 2 秒采样一次，连续采样 3 次，可以运行如下命令：

```
sar -d 2 3
```

sar 命令的用法有很多也很灵活，用得好就可以了解系统的瓶颈，进而有针对性地进行调优，更多的参数及用法可参考 manpage，此处就不赘述了。

A.5 磁盘操作、文件系统和逻辑卷管理命令

1. fdisk 命令

fdisk 命令用于获得硬盘分区信息，在第 13 章中已经使用过多次，也可以对硬盘分区，运行如下命令获得当前系统磁盘分区的信息：

```
sudo fdisk -l
...
Disk /dev/sda: 240 GiB, 257698037760 bytes, 503316480 sectors
Units: sectors of 1 * 512 = 512 bytes
Sector size (logical/physical): 512 bytes / 512 bytes
I/O size (minimum/optimal): 512 bytes / 512 bytes
Disklabel type: gpt                              #GPT 分区
Disk identifier: 84F5F588-78A5-4A6E-A084-1C903C517176
Device       Start        End      Sectors   Size Type
```

/dev/sda1	2048	4095	2048	1M BIOS boot
/dev/sda2	4096	2101247	2097152	1G Linux filesystem
/dev/sda3	2101248	503314431	501213184	239G Linux filesystem

这里的"-l"参数表示 list，即列出所有磁盘分区。至于使用 fdisk 进行分区，也很简单，命令后直接跟具体磁盘或分区的文件名即可，具体操作如下：

```
sudo fdisk /dev/sda
```

进入 fdisk 分区界面后，可先键入"m"，获得 fdisk 全部菜单。

```
Welcome to fdisk (util-linux 2.31.1).
Changes will remain in memory only, until you decide to write them.
Be careful before using the write command.

Command (m for help): m
Help:

  Generic
     d   delete a partition
     F   list free unpartitioned space
     l   list known partition types
     n   add a new partition
     p   print the partition table
     t   change a partition type
     v   verify the partition table
     i   print information about a partition

  Misc
     m   print this menu
     x   extra functionality (experts only)

  Script
     I   load disk layout from sfdisk script file
     O   dump disk layout to sfdisk script file

  Save & Exit
     w   write table to disk and exit
     q   quit without saving changes

  Create a new label
     g   create a new empty GPT partition table
     G   create a new empty SGI (IRIX) partition table
     o   create a new empty DOS partition table
     s   create a new empty Sun partition table
```

Command (m for help)：之后可键入"p"命令，显示当前分区表的详细情况。

p
Disk /dev/sda: 240 GiB, 257698037760 bytes, 503316480 sectors
Units: sectors of 1 * 512 = 512 bytes
Sector size (logical/physical): 512 bytes / 512 bytes
I/O size (minimum/optimal): 512 bytes / 512 bytes
Disklabel type: gpt
Disk identifier: 84F5F588-78A5-4A6E-A084-1C903C517176

Device	Start	End	Sectors	Size Type
/dev/sda1	2048	4095	2048	1M BIOS boot
/dev/sda2	4096	2101247	2097152	1G Linux filesystem
/dev/sda3	2101248	503314431	501213184	239G Linux filesystem

从返回结果可以得知，磁盘 sda 的大小为 240GB，是 GPT 格式的分区，该磁盘被分为三个分区，第一个为自动分配，第二个为/boot 分区，第三个为/分区。创建分区需要使用"n"命令：

Command (m for help): n
Partition number (4-128, default 4):

根据 Linux 的分区习惯，1～4 号分区为主分区，4 号以后的分区为逻辑分区，这里采用默认的 4 号分区，默认的开始扇区和结束扇区如下：

Partition number (4-128, default 4): 4
First sector (34-503316446, default 503314432):   #可直接输入分区的大小
Last sector, +sectors or +size{K,M,G,T,P} (503314432-503316446, default 503316446):

然后输入 p 命令查看当前磁盘信息：

Device	Start	End	Sectors	Size Type
/dev/sda1	2048	4095	2048	1M BIOS boot
/dev/sda2	4096	2101247	2097152	1G Linux filesystem
/dev/sda3	2101248	503314431	501213184	239G Linux filesystem
/dev/sda4	503314432	503316446	2015	1007.5K Linux filesystem

可以发现，此时已经多出一个磁盘分区了，这样就用 fdisk 创建了一个分区，使用"w"命令写入到磁盘后生效，最后用"q"命令退出。如果要删除一个磁盘，只需要将"n"命令替换为"d"命令，再输入分区标号即可，使用 fdisk 分区也没有想象的那么难。需要注意的是，创建好分区之后，还需要对分区进行格式化才能在系统中使用。

2. lsblk 命令

lsblk 命令可以列出当前系统中的所有块设备，并将其以文本界面直观地显示出来。如果仅查看磁盘分区情况，lsblk 完全可以替代 fdisk -l 命令。

```
lsblk
NAME     MAJ:MIN RM    SIZE RO TYPE MOUNTPOINT
loop0    7:0      0   86.9M  1 loop /snap/core/4917
loop1    7:1      0   86.6M  1 loop /snap/core/4486
sda      8:0      0    240G  0 disk
├─sda1   8:1      0      1M  0 part
├─sda2   8:2      0      1G  0 part /boot
└─sda3   8:3      0    239G  0 part /
sr0      11:0     1    806M  0 rom
```

3. blkid 命令

在 Linux 系统中，常常用 UUID 表示一个块设备文件，但如何获得块设备文件的 UUID 呢？blkid 可以帮忙算出指定设备的 UUID，还可以获得块设备更多的属性，其用法如下：

```
blkid /dev/sda2
/dev/sda2:    UUID="e0318cae-49ac-11e8-91ee-000c2951351e"    TYPE="ext4"    PARTUUID="f4367d7f-38fe-43d9-8126-52abebd72d38"
```

4. mkfs 命令

创建分区后，也需要类似 Windows 环境的格式化操作，不过 Linux 称为创建文件系统。可以使用 mkfs 来创建文件系统，方法如下：

```
sudo mkfs -t ext4 /dev/sda3
```

其中，"-t" 参数可以指定所创建文件系统的类型，如 ext3、ext4、reiserfs 或 xfs 等各类文件系统，不过在命令行中输入 "mk"，再按两下 Tab 键即可得到很多类似的命令，如：

mkfs.btrfs	mkfs.ext3	mkfs.minix
mkfs.vfat	mkdosfs	mkfs.ext4
mkfs.msdos	mkfs.xfs	mklost+found
mkntfs	mktemp	mke2fs
mkfs.bfs	mkfs.ext2	mkfs.fat
mkfs.ntfs		

其实 mkfs 在执行命令的时候，也是通过调用上述工具实现的。

5. dd 命令

dd 命令可以用指定大小的块复制一个文件，并在复制的同时进行指定的转换，再指定输入和输出文件名，还可以指定复制块的大小和数量，在第 10 章中已经使用过了，用来复制 512B 的 MBR 及更大的 GPT 分区表。

dd 命令高频参数如下：

◆ bs=bytes：同时设置读写块的大小为 bytes。

- conv=conversion[,conversion...]：用指定的参数转换文件。
- count=num：复制 num 个块。
- if=file：输入文件名，默认为标准输入。
- of=file：输出文件名，默认为标准输出。
- seek=num：从输出文件开头跳过 num 个块后再开始复制
- skip=num：从输入文件开头跳过 num 个块后再开始复制

dd 命令常被用来备份系统中的块设备，如备份整个磁盘，具体操作如下：

```
dd if=/dev/sdx of=//backup/image          #将/dev/hdx 全盘数据备份到指定路径的 image 文件
dd if=/dev/sdx | gzip >//backup/image.gz
```

如果需要恢复，可使用如下命令：

```
dd if=//backup/image of=/dev/sdx          #将备份文件恢复到指定盘
gzip -dc //backup/image.gz | dd of=/dev/sdx   #将压缩的备份文件恢复到指定盘
```

还可以用 dd 命令复制光盘，具体方法如下：

```
dd if=/dev/cdrom of=/backup/dvd.iso       #将 DVD 光盘复制为 iso 文件
```

将光盘数据复制到 backup 文件夹下，并保存为 dvd.iso 文件。

6. df 命令

df 命令可以获得系统磁盘空间的占用情况，可以利用该命令来获取硬盘被占用了多少空间，以及还有多少空余空间的信息。

```
df
Filesystem      1K-blocks      Used   Available  Use%  Mounted on
udev             978812          0      978812    0%   /dev
tmpfs            201732       1236      200496    1%   /run
/dev/sda3     245625084    4625052   228453320    2%   /
...
```

通常使用 -h 令 df 的结果更加容易读懂，具体操作如下：

```
Filesystem      Size   Used  Avail  Use%  Mounted on
udev            956M      0   956M   0%   /dev
tmpfs           198M   1.3M   196M   1%   /run
/dev/sda3       235G   4.5G   218G   2%   /
...
```

还可以用 inode 模式显示磁盘使用情况，关键操作如下：

```
df -i
Filesystem     Inodes    IUsed    IFree  IUse%  Mounted on
udev           244703      449   244254    1%   /dev
```

```
tmpfs              252161      725     251436     1% /run
...
```

更多参数请参照其 manpage。

7. du 命令

du 命令也是用来查看使用空间的,但是与 df 命令不同的是,du 命令得到的文件和目录磁盘使用大小的信息更接近事实。

```
du
4       ./.gnupg/private-keys-v1.d
8       ./.gnupg
28      ./keepalived-2.0.5/genhash/include
84      ./keepalived-2.0.5/genhash/.deps
...
40      ./keepalived-2.0.5/bin_install
16496   ./keepalived-2.0.5
4       ./.cache
27716   .
```

如果只显示文件的总和及大小,可以用如下命令和参数:

```
du -s
27716   .
```

如果要以更加易懂的方式显示结果,可以运行如下命令:

```
du -sh
28M     .
```

8. partprobe 命令

通常修改磁盘分区表后需要重启计算机才能生效,不过使用 partprobe 命令就可以让系统立刻知道磁盘分区表发生了变更而无须重启,使用也极为简单,具体操作如下:

```
sudo partprobe                                          #需要超级用户权限
```

逻辑卷(LVM)管理命令众多,并且可以使用 LVM 的交互模式来对逻辑卷进行操作,下面就来使用 LVM 的高频命令。

9. pv 命令

pv 命令可以初始化物理磁盘的分区,创建 LVM 的物理卷,这是使用 LVM 的基础步骤,有了物理卷才能创建 LVM 的卷组和逻辑卷。此外,需要知道的是,LVM 物理卷在 fdisk 中的分区编码为 8e,pv 命令操作如下:

```
sudo pvcreate /dev/sdb1
    Physical volume "/dev/sdb1" successfully created.   #如果使用虚拟机,可自行添
                                                         加硬盘来学习
```

10. pvs 命令

pvs 命令可以查看系统的物理卷，如果需要更为详尽的信息，可以使用 pvdisplay 查看，具体操作如下：

```
sudo pvs                                          #LVM 的相关操作都需要超
                                                  级用户权限，故都需要 sudo
  PV          VG Fmt    Attr PSize PFree
  /dev/sdb1      lvm2 ---   1.00g 1.00g
  /dev/sdb2      lvm2 ---   2.00g 2.00g
```

或使用如下命令显示详细信息：

```
sudo pvdisplay
  --- Physical volume ---
  PV Name               /dev/sdb1
  VG Name               vg0
  PV Size               1.00 GiB / not usable 4.00 MiB
  Allocatable           yes
  PE Size               4.00 MiB
  Total PE              255
  Free PE               255
  Allocated PE          0
  PV UUID               Bn31JH-imbK-ifNk-NxX2-1efe-ZlYj-uO4LXO

  --- Physical volume ---
  PV Name               /dev/sdb2
  VG Name               vg0
  PV Size               2.00 GiB / not usable 4.00 MiB
  Allocatable           yes
  PE Size               4.00 MiB
  Total PE              511
  Free PE               511
  Allocated PE          0
  PV UUID               ID5Rbr-EBIp-rxZy-Vesh-X4b1-eb5K-GoQG2a
```

11. pvremove 命令

如果不需要某个物理卷，可以使用 pvremove 命令直接将其删除，具体操作如下：

```
sudo pvremove /dev/sdb
  Labels on physical volume "/dev/sdb" successfully wiped.
```

12. vgcreate 命令

有了物理卷就可以创建卷组 vg 了，vgcreate 命令可以完成这个任务，只需要将物理卷放到命令之后，即可创建卷组，创建卷组 vg0，包含物理卷/dev/sdb1 和/dev/sdb2，具体操作如下：

```
sudo vgcreate vg0 /dev/sdb1 /dev/sdb2
  Volume group "vg0" successfully created
```

13. vgextend 命令

该命令可以将新物理卷添加到卷组，对卷组进行扩容以满足企业业务的增长，具体操作如下：

```
sudo vgextend vg0 /dev/sdb3
  Volume group "vg0" successfully extended
```

14. vgs 命令

vgs 命令可以查看系统的卷组，如果需要更详尽的信息，可以使用 vgdisplay 查看，具体操作如下：

```
sudo vgs
  VG   #PV #LV #SN Attr   VSize VFree
  vg0    2   0   0 wz--n- 2.99g 2.99g
```

或使用如下命令显示详细信息：

```
sudo vgdisplay
  --- Volume group ---
  VG Name               vg0
  System ID
  Format                lvm2
  Metadata Areas        2
  Metadata Sequence No  1
  VG Access             read/write
  VG Status             resizable
  MAX LV                0
  Cur LV                0
  Open LV               0
  Max PV                0
  Cur PV                2
  Act PV                2
  VG Size               2.99 GiB
  PE Size               4.00 MiB
```

```
Total PE              766
Alloc PE / Size       0 / 0
Free  PE / Size       766 / 2.99 GiB
VG UUID               DaGAoK-AN9v-rfyw-vyLb-wLh1-YiPv-Nx2cx3
```

扩容后的结果如下:

```
sudo vgs
  VG   #PV #LV #SN Attr   VSize  VFree
  vg0   3   0   0 wz--n- <5.99g <5.99g
```

15. vgremove 命令

如果不需要某个卷组,可以使用 vgremove 命令将其删除,具体操作如下:

```
sudo vgremove vg0
  Volume group "vg0" successfully removed
```

16. lvcreate 命令

创建好卷组,就可以在此基础上创建逻辑卷了,具体操作如下:

```
sudo lvcreate -L 2G -n lv01 vg0                    #在卷组 vg0 上创建一个名为 lv01 的逻辑卷,大小为 2GB
  Logical volume "lv01" created.
```

17. lvs 命令

使用 lvs 命令可以查看系统的卷组,如果需要更详尽的信息,可以使用 lvdisplay 查看,具体操作如下:

```
sudo lvs
  LV   VG  Attr       LSize Pool Origin Data%  Meta%  Move Log Cpy%Sync Convert
  lv01 vg0 -wi-a----- 2.00g
```

或使用如下命令显示详细信息:

```
sudo lvdisplay
  --- Logical volume ---
  LV Path                /dev/vg0/lv01
  LV Name                lv01
  VG Name                vg0
  LV UUID                dLKSFo-B2cT-Qhmw-268w-C0pZ-bDqt-Y2j4Ac
  LV Write Access        read/write
  LV Creation host, time us1804, 2018-07-23 10:59:02 +0000
  LV Status              available
  # open                 0
```

LV Size	3.00 GiB
Current LE	768
Segments	2
Allocation	inherit
Read ahead sectors	auto
- currently set to	256
Block device	253:0

18. lvremove 命令

如果需要删除某个逻辑卷，可以使用 lvremove 命令，具体操作如下：

```
sudo lvremove /dev/vg0/lv01                              #逻辑卷名称中的 vg0 为卷名，lv01
                                                          则为逻辑卷名称
Do you really want to remove and DISCARD active logical volume vg0/lv01? [y/n]: y
  Logical volume "lv01" successfully removed
```

输入"y"确认删除后，操作成功。

19. lvextend 命令

可以使用 lvextend 命令自由扩充逻辑卷的大小，如将 lv01 扩大 2GB，具体操作如下：

```
sudo lvextend -L +1G /dev/vg0/lv01                       #逻辑卷扩大 1GB，前提是 vg0 必
                                                          须有空间，如果空间不足就需要添
                                                          加新物理卷到 vg0 卷组
  Size of logical volume vg0/lv01 changed from 2.00 GiB (512 extents) to 3.00 GiB (768 extents).
  Logical volume vg0/lv01 successfully resized.
```

更多命令请参阅 manpage，此外，几乎上述所有命令都可以在 lvm 命令的交互模式中运行，具体方法如下：

```
lvm
  WARNING: Running as a non-root user. Functionality may be unavailable.
sudo lvm
[sudo] password for henry:
lvm>
lvm> help                                                #首先用 help 名令学习如何使用该命令
  Available lvm commands:
  Use 'lvm help <command>' for more information

  config          Display and manipulate configuration information
  devtypes        Display recognised built-in block device types
  dumpconfig      Display and manipulate configuration information
  ...
```

上述高频命令都在支持之列，使用 exit 命令即可退出 lvm 的交互模式。

LVM 可以自由对磁盘进行扩容操作，但却只能对磁盘进行扩容操作，无法做到文件系统的扩容，EXT 文件系统可以使用 resieze2fs 命令扩充文件系统，更便捷的方法是使用 lvextentd 命令的"-r"参数，调整逻辑卷的同时自动调整文件系统的大小，匹配逻辑卷和文件系统大小。

20. resieze2fs 命令

resieze2fs 命令可以为 EXT 系列文件系统扩容，使用极其简单，具体操作如下：

```
sudo resize2fs /dev/vg0/lv01          #以扩容后的 lv01 为例，将文件系统扩容
```

A.6　硬件管理命令和内核模块管理

通过服务器硬件管理命令可以获得最详尽的服务器或工作站的硬件信息，知己知彼，以令其发挥出最好的性能，下面这些命令可以帮助用户获得最详尽的计算机信息。

1. lshw 命令

lshw(Hardware Lister)是另外一个可以查看硬件信息的工具，使用方法如下：

```
sudo lshw
```

要让结果以 HTML 及 XML 格式输出，可以用如下参数：

```
sudo lshw -html >lshw.html
sudo lshw -xml >lshw.xml
```

2. lspci 命令

lspci 命令可以列出计算机所有的 PCI 设备，具体使用方法如下：

```
lspci
00:00.0 Host bridge: Intel Corporation 440BX/ZX/DX - 82443BX/ZX/DX Host bridge (rev 01)
...
02:08.0 SATA controller: VMware SATA AHCI controller
```

3. lsusb 命令

lsusb 命令可以列出计算机所有的 USB 设备，具体使用方法如下：

Module	Size	Used by
vmw_balloon	20480	0
...		
i2c_piix4	24576	0
pata_acpi	16384	0

4. lsmod 命令

显示当前系统所有的内核模块，具体使用方法如下：

```
lsmod
Module                  Size    Used by
...
snd_ac97_codec          131072  1 snd_ens1371
gameport                16384   1 snd_ens1371
snd_rawmidi             32768   1 snd_ens1371
snd_seq_device          16384   1 snd_rawmidi
...
```

从左到右依次为内核模块名称、大小和依赖关系。需要注意的是，内核模块也存在类似程序的依赖关系，可以通过 lsmod 查看。

5. modinfo 命令

modinfo 命令可以获得内核模块的详细信息，具体使用方法如下：

```
modinfo snd-ens1371
filename:      /lib/modules/4.15.0-20-generic/kernel/sound/pci/snd-ens1371.ko
                            #模块在文件系统中的位置
description:   Ensoniq/Creative AudioPCI ES1371+
license:       GPL
author:        Jaroslav Kysela <perex@perex.cz>, Thomas Sailer <sailer@ife.ee.ethz.ch>
srcversion:    FFC1E7C5DB0B323BFFC55A7
alias:         pci:v00001102d00008938sv*sd*bc*sc*i*
alias:         pci:v00001274d00005880sv*sd*bc*sc*i*
alias:         pci:v00001274d00001371sv*sd*bc*sc*i*
depends:       snd-pcm,snd,snd-rawmidi,gameport,snd-ac97-codec
                   #此模块依赖于 gameport 和 snd_ac97_codec 等模块
retpoline:     Y
intree:        Y
name:          snd_ens1371
vermagic:      4.15.0-20-generic SMP mod_unload
...
```

内核模块的详细信息就呈现在眼前了。

6. insmod 命令

如果当前系统没有所需要的模块，可以插入所需模块，建议使用 modprobe 来替代此命令。

7. rmmod 命令

当前系统加载了无用的内核模块，可以使用 rmmod 命令将不需要的内核模块从系统中卸载，具体操作如下：

```
sudo rmmod raid1
```

如果遇到特殊情况，需要强制移除某一模块，可以使用"-f"参数来强制移除模块，需要注意的是，此选项较为危险，不要轻易尝试：

```
sudo rmmod -f raid1
```

8. depmod 命令

depmod 命令可以解决内核模块间的依赖关系，其实 modprobe 命令也是通过调用该命令自动解决模块的依赖关系的，depmod 读取在 /lib/modules/4.15.0-23-generic/ 下的所有模块，并根据每个模块的 symbol（依赖）和被依赖属性，创建一个依赖关系表。在默认情况下，关系表保存在 /lib/modules/4.15.0-23-generic/ 下的 modules.dep 文件中，看起来比较复杂，但使用起来还是很简单的，具体操作如下：

```
sudo depmod
```

然后即可更新 /lib/modules/4.15.0-23-generic/modules.dep 文件，即内核模块的依赖关系表。

9. modprobe 命令

modprobe 命令和 insmod/rmmod 命令功能类似，可载入或卸载指定的内核模块，该命令比 insmod 聪明的地方是 modprobe 比较自动化，可以自动解决所加载模块的依赖关系，此外，在卸载模块时，modprobe 和 rmmod 操作类似，模块名也不能带有后缀，具体使用如下：

```
sudo modprobe raid1                    #添加内核模块 raid1
sudo modprobe -r raid1                 #卸载内核模块 raid1
```

通常使用 modprobe 来代替 insmod 和 rmmod 命令，当然不仅仅是加载和卸载内核模块这么简单，其还有很多相关的增强功能。

可以用 modprobe 查看内核模块的配置文件，方法如下：

```
sudo modprobe -c
```

通常和 grep 或 less 命令连用。

还可以查看内核模块的依赖关系，具体操作如下：

```
sudo modprobe --show-depends raid456
insmod /lib/modules/4.15.0-23-generic/kernel/lib/raid6/raid6_pq.ko
insmod /lib/modules/4.15.0-23-generic/kernel/crypto/async_tx/async_tx.ko
insmod /lib/modules/4.15.0-23-generic/kernel/crypto/xor.ko
...
```

至此，Ubuntu 18.04 服务器高频命令就分类介绍完了，大家可以通过实例掌握这些高频命令的基本使用方法，并结合相关章节进行练习。

Ubuntu 官方版本国内用户定制

国内用户使用官方 Ubuntu 版本，也可以轻松安装和使用国内特色软件，如办公套件 WPS 和 Foxit PDF 阅读器等软件，下面就来定制官方版本的 Ubuntu，以使国内的用户用起来更加顺手和高效。

B.1 手动修改为国内软件仓库

无论是最小模式安装，还是标准模式安装，成功安装 Ubuntu 18.04 之后，都可以更换为国内的软件仓库，使其速度更快。可以添加阿里云软件仓库和清华软件仓库。

```
sudo cp /etc/apt/sources.list /etc/apt/sources.list.bak    #首先备份原始文件
sudo gedit /etc/apt/sources.list                           #用文本编辑器打开软件仓库列表
```

根据实际情况选择最适合的软件仓库，之后执行如下命令更新软件仓库索引：

```
sudo apt update
```

B.2 安装中文版 manpage 手册

man 默认是英文的，可以安装中文版的 manpage 手册，具体操作如下：

```
sudo apt install -y manpages-zh
```

安装后编辑其配置文件：

```
sudo nano /etc/manpath.config
```

将 /usr/share/man 替换为 /usr/share/man/zh_CN 即可，注意要先将中文支持安装好。

B.3 安装使用 WPS 办公套件

Ubuntu 18.04 默认安装的 LibreOffice 开箱即用，使用便捷，如果更加习惯 WPS 办公套件，可以安装其 Linux 版本，具体操作如下。

1. 卸载 LibreOffice

如果不是采用最小安装，而是标准安装的 Ubuntu 系统，需要先运行如下命令卸载：

```
LibreOffice：sudo apt-get remove --purge libreoffice*
sudo apt clean
sudo apt autoremove                          #清除无用软件包
```

2. 下载

可以从 WPS 的官方网址下载对应版本的 deb 安装包。

需要注意的是，所选版本要和自己的计算机一致，如 64 位的处理器要选择 64 位版本，下载完成后，直接双击完成安装，成功安装后，桌面上就出现了 WPS 的图标。

3. 安装字体

WPS 的字体很漂亮，如果需要可以进行下载并安装。

双击 WPS 图标即可运行最新版本的 WPS，它比 LibreOffice 更适合国人使用。

B.4 安装使用 Foxit PDF 阅读器

Foxit PDF 阅读器是一个小巧、免费的 PDF 文档阅读器，支持 Linux、Mac 和 Windows 系统，Ubuntu 18.04 安装 Foxit PDF 阅读器的方法如下。

1. 下载

下载 Foxit PDF 阅读器安装包到 Ubuntu。

2. 解 tar 安装

解压下载的 tar 包：

```
tar xvzf FoxitReader.enu.setup.2.4.4.0911.x64.run.tar
./FoxitReader.enu.setup.2.4.4.0911.x64.run.tar          #注意文件名最左侧的单引号
```

在出现的安装界面中选择安装目录，然后依次单击"Next"按钮和"Finish"按钮，即可顺利完成安装。

在 GNOME3 桌面环境搜索 Foxit 关键字，即可出现熟悉的图标，双击即可运行。

至此，已完成了默认的 Ubuntu 本地化定制操作，虽然不能满足所有用户的需求，但对于多数用户而言已经够用了。

在Windows10中使用Ubuntu子系统

  Windows一直以来都是桌面操作系统的霸主，最新的Ubuntu 18.04作为子系统正式加入到了Windows商店。

  众所周知，一台计算机如果要"鱼和熊掌兼得"，要么借助虚拟化技术，如虚拟机安装Ubuntu，要么将Ubuntu和Windows 10组成双系统来体验或使用Ubuntu。其实对于Windows 10用户来说，系统已经正式支持Ubuntu子系统WSL（Windows Subsystem for Linux）了。

  附录C就告诉大家如何在Windows 10下使用Ubuntu子系统WSL，以及无风险使用Ubuntu 18.04。

C.1 安装Ubuntu子系统

1. 检测Windows 10版本

  在Windows中安装Ubuntu子系统是有条件的，Windows 10的版本（OS Build）要等于或高于14393且为64位系统才可以，可以在Windows设置（Settings）中选择"系统"（System）→"关于"（About）选项，检测Windows 10系统的版本信息，如果版本太低，可以在"更新和安全"（Update & Security）中将其升级到最新版本。

2. 启用Windows开发者模式

  Windows 10版本满足要求后就需要启用Windows开发者模式，关键操作为在Windows设置中选择"更新和安全"（Update & Security）→"针对开发人员"（For developers）选项，单击启用开发者模式（Developer Mode）将弹出确认窗口，确认后将会下载相应软件包，具体操作如图C-1所示。

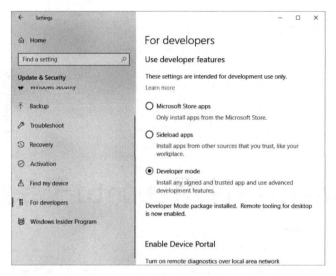

图 C-1　启用开发者模式

3. 安装 Linux 子系统

最后运行控制面板（Control Panel），直接搜索启用或关闭 Windows 功能（Turn Windows features on or off），在弹出的对话框中选择适用于 Linux 的 Windows 子系统（Windows Subsystem for Linux）选项，单击"确定"按钮安装，成功安装后重启系统。

4. 应用商店安装

登录 Windows 系统，开启应用商店，搜索 Ubuntu 18.04，在其主页中单击"获得"按钮开始安装，完成后直接运行，在弹出的终端窗口中添加用户，设置密码之后就可以用了。

C.2　使用 Ubuntu 命令终端

1. 定制终端

在运行中使用 bash 命令启动 Ubuntu 终端窗口，右键单击终端窗口，在菜单中选择属性（Properties）来定制终端窗口，笔者将其定制为以较大的 20 号绿色字符显示。

2. 运行命令

第一次使用需要为 Ubuntu 子系统创建用户名和密码，成功创建后就可以随心所欲地使用各种 Linux 命令了，运行如下命令：

```
sudo add-apt-repository ppa:dawidd0811/neofetch-daily
sudo apt install -y neofetch
```

运行如下命令获得所安装 Ubuntu 的子系统版本：

```
neofetch
```

具体结果如图 C-2 所示。

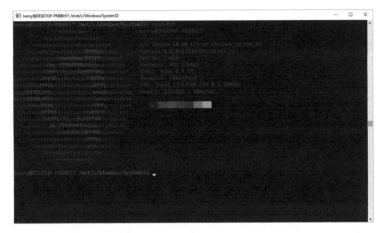

图 C-2　显示 Ubuntu 18.04 的详细信息

还可以运行如下命令添加国内软件仓库，让操作更快速：

sudo vi /etc/apt/sources.list

Windows 10 磁盘的挂载点会被自动创建，可以轻松访问 Windows 文件系统，关键操作如下：

cd /mnt/<drive letter>/

如果要访问 C 盘，可以运行如下命令：

cd /mnt/c

ls -lF

...

如果要退出终端，可以运行如下命令：

exit

在 Ubuntu 子系统中可以操练本书附录中的多数 Linux 命令，无须安装 Ubuntu 即可学习和练习 Linux 命令。

3. 卸载 Ubuntu 子系统

如果需要卸载并删除 Ubuntu 子系统，可以使用如下命令：

lxrun /uninstall

This will uninstall Ubuntu on Windows.

...

Type "y" to continue:

输入 y 命令即可开始卸载，需要注意的是，默认不删除用户的 Ubuntu 主目录，如果要彻底删除 Ubuntu，可以运行如下命令：

lxrun /uninstall /full

C.3 使用 Ubuntu 丰富的图形应用

1. 安装 X-Window 的 Windows 实现-Xming

要使用 Ubuntu 丰富及优秀的图形界面应用,需要首先安装 X-Window 的 Windows 实现-Xming。

通常安装后无须配置即可直接使用,安装和配置方法十分简单,故此处不再赘述。

2. 运行 Ubuntu 图形应用

要运行 Ubuntu 图形界面应用,除了需要提前运行 Xming,还需要将其安装到 Ubuntu 子系统,以大家熟悉的 Ubuntu 默认浏览器 Firefox 为例,看如何令其在 Windows 10 中运行起来,关键操作如下:

```
sudo apt install -y firefox gimp        #安装 Firefox 和 GIMP 及相关软件包
DISPLAY=:0 firefox                      #Windows 环境运行火狐浏览器
DISPLAY=:0 gimp                         #Windows 环境运行 GIMP 图形编辑器
```

稍等片刻,就可以在 Windows 10 的桌面上看到 Ubuntu 的默认火狐浏览器运行起来了。

原理很简单,Xming 就是一个 Windows 环境的 X-Window 显示服务器,由于已经设置了环境变量,就可以模拟出一个类似 Ubuntu 的图形应用运行环境,已经安装的 Ubuntu 图形应用自然可以运行,这里仅以最简单的火狐浏览器为例,其实前面章节所推荐的多数 Ubuntu 应用都可以使用这种方式在 Windows 10 中运行。

无论是 Ubuntu 命令行还是 Ubuntu 图形应用,都可以通过 WSL 在 Windows 10 中使用,对 Ubuntu 的初学者十分友好,对于开发者而言则更加便捷。